改訂3版 電験2種 数学入門帖

石橋 千尋 著

1 電験2種のための数学とは **2** 2種の三角関数は3種とどう違いどこまで必要か **3** 2種の複素数は3種とどう違いどこまで必要か **4** 微分法とは何か **5** 積分法とは何か **6** 積分法の応用はどこまで学習するのか **7** 微分方程式・ラプラス変換とは **8** ラプラス変換の応用はどこまで学習するのか **9** その他の数学 －数学公式－

2種合格へ好スタートを!! Q&A方式でわかりやすく解説!!

電気書院

はじめに

　電験第3種に合格し，第2種の学習を始めると，まず，つきあたるのが数学で，いろいろな参考書を見ても内容が難しく，そのうち途中で投げ出すケースが多いと聞きます．

　私自身，今まで第3種合格者に第2種の学習指導を行ってきましたが，初学者に適切な参考書が見あたらず，自分なりに作ったテキストを使って指導してきました．

　本書は，そのテキストをもとに，いかにわかりやすく，早い時期に第2種に合格するために必要な数学を学習してもらうかをテーマに書きあげたもので，次のような構成となっています．

第1章：戦を起こすには，まず敵を知らねばなりません．この章では，第2種で出題される問題を解くためにはどのような数学力が必要かを分析し，学習のポイントとしてまとめてみました．これにより，今まで難しいと考えていた第2種の数学が恐るるには足らぬものであることがわかるはずです．

第2章〜第8章：数学は積み上げの学習です．したがって，効率よく学習するためには，順序が大切です．その意味で，本書は，三角関数，複素数，微分法，積分法，微分方程式・ラプラス変換の順で記述してあります．

　おのおのの項目には，数学の問題や実際に出題されるレベルの応用問題を収め，単なる数学の学習としてではなく，あくまで電験に出題される問題と直結した学習ができるように工夫してあります．

　ただし，応用問題を解くことができるようになるには，理論をはじめとする各科目の一通りの知識も必要です．したがって，初めて学習する方の場合には，まず，数学に関する箇所を学習し，一次試験および二次試験の各科目の進度と合わせて関連する応用問題を学習してください．

　また，おのおのの項目の末尾には，まとめと練習問題がついていますので，これにより自分の理解度をチェックしてください．

第9章：以上の項目のほかに，スポット的に必要な数学的知識もあります．これらをこの章にまとめて記述してあります．

　参考書を使っての学習は，本を読むだけでは実力がつかないことを胆に銘じてください．本書の計算も，必ずペンを持って，計算過程を自分で追って解いてください．最初は書き写すだけかもしれませんが，何度も繰り返すことによって，体で覚える段階に至ります．そのようになれば，公式や解き方の手順は簡単に忘れるものではありません．

　なお，巻末に，第3種での学習事項も含めて数学公式集を付記しておきましたので活用してください．

　一人でも多くの受験者が電験第2種に合格することを祈念いたします．

著者しるす

電験 2 種数学入門帖 ● 目次

はじめに

● 第 1 章　電験 2 種のための数学とは

1　3 種の数学とはどこが違うのか　　2

● 第 2 章　2 種の三角関数は 3 種とどう違いどこまで必要か

1　弧度法による角度と立体角　　18
2　三角関数をグラフで表すと　　20
3　三角関数の相互関係は　　24
4　加法定理とは　　25
5　加法定理から導かれる諸公式は　　27
6　この章をまとめると　　32
7　基本問題（数学問題）　　37
8　応用問題　　40

● 第 3 章　2 種の複素数は 3 種とどう違いどこまで必要か

1　複素数とは　　46
2　複素数の表示方法は　　48
3　複素数の計算法則は　　49
4　共役複素数と電力ベクトルとは　　52
5　ベクトルオペレータとは　　56
6　この章をまとめると　　58
7　基本問題（数学問題）　　62
8　応用問題　　64

● 第4章　微分法とは何か

1	微分とはそもそも何をどうすることなのか	72
2	極限とは何か	77
3	微分係数と導関数とは	79
4	整関数の微分はどうするか	81
5	合成関数の微分はどうするか	85
6	無理関数の微分はどうするか	87
7	三角関数の微分はどうするか	89
8	指数関数・対数関数の微分はどうするか	91
9	微分法の応用はどこまで学習すればよいのか	94
10	この章をまとめると	100
11	基本問題（数学問題）	104
12	応用問題	106

● 第5章　積分法とは何か

1	積分とはそもそも何をどうすることなのか	116
2	不定積分・定積分とは	120
3	べき関数の積分とは	123
4	$1/x$ を積分すると	126
5	三角関数の積分とは	129
6	指数関数の積分とは	131
7	置換積分とは	134
8	部分積分とは	140
9	この章をまとめると	142
10	基本問題（数学問題）	149

● 第 6 章　積分法の応用はどこまで学習するのか

1	面積を積分で求めると	154
2	球の表面積と体積を積分で求めると	157
3	平均値と実効値を積分で求めると	160
4	電界の強さと電位差の関係は	164
5	電流密度と電位差の関係は	168
6	ビオ・サバールの法則を使って磁界の強さを求めると	172
7	アンペアの周回積分の法則とは	175
8	照明の計算に積分をどう使う	180
9	この章をまとめると	183
10	応用問題	189

● 第 7 章　微分方程式・ラプラス変換とは

1	微分方程式とはそもそも何か	198
2	微分方程式の立て方は	201
3	ラプラス変換とは	203
4	なぜラプラス変換が必要なのか	207
5	逆ラプラス変換とは何か	209
6	三角関数のラプラス変換はどのようにして導かれるのか	213
7	ラプラス変換を使って微分方程式を解くと	214
8	この章をまとめると	217
9	基本問題（数学問題）	220

● 第 8 章　ラプラス変換の応用はどこまで学習するのか

1	過渡現象をラプラス変換を使って解くと	224
2	伝達関数とラプラス変換とは	230
3	初期値定理と最終値定理とは	232

	4	この章をまとめると	235
	5	応用問題	236

● **第 9 章　その他の数学**

	1	行列と四端子定数	246
	2	二項定理と近似値	249
	3	図形と方程式	251
	4	ベクトル軌跡とは	254
	5	この章をまとめると	256
	6	応用問題	259

数学公式		267
索　　引		273

第 **1** 章

電験2種のための数学とは

第1章 電験2種のための数学とは

1 • 3種の数学とはどこが違うのか

Q1：3種の数学レベルからは，まず何を学習するのがいいですか．

2種で出題された問題の過半数は，微分・積分および微分方程式の知識を必要とせず，代数・三角関数および複素数で解ける内容となっています．

ここで，代数とは，第1表の学習内容を含むものとして，本書では扱っています．

これら代数の各項目は，3種で終わりというものではなく，あくまでも，2種，ひいては1種までの数学の基礎と言えるものです．あえて，全てをもう一度復習せよとは言いませんが，苦手なところがあれば，再学習したり，折に触れて不明なところは調べるなりして実力を養成しておく必要があります．

次に，これら代数の各項目に加えて重要な項目が三角関数と複素数です．これらは，すでに3種で学習ずみの項目となっているわけですが，2種では，式が複雑化したり，3種ではあまり使わなかった種々の公式がいたるところで出てきます．したがって，3種の復習を万全に行うとともに，2種での適用パターンを踏まえて実力をブラッシュアップして，計算力を強化しておくことが必要です．

また，特に三角関数は，微分・積分などにも頻繁に使われ，十分な三角関数の知識がなく，これら学習に入った場合にはすぐにカベにぶちあたり，かえって，効率の悪い学習となる可能性が多分にあります．

第1表　代数の学習項目と内容

項目	主な学習内容
分数	○四則演算（足し算，引き算，掛け算，割り算） ○帯分数の計算 ○繁分数の計算
式の展開	○基本法則（交換法則，結合法則，分配法則） ○乗法公式 $\{(a\pm b)^2 = a^2 \pm 2ab + b^2,\ (a+b)(a-b) = a^2 - b^2$ など$\}$
因数分解	○基本公式 $\{a^2 \pm 2ab + b^2 = (a\pm b)^2,\ a^2 - b^2 = (a+b)(a-b)$ など$\}$
比例と反比例	○比例の式とグラフ ○反比例の式とグラフ
方程式	○一次方程式，連立一次方程式の解き方（代入法，加減法） ○二次方程式 $\left(\text{根の公式}: x = \dfrac{-b \pm \sqrt{b^2 - 4ac}}{2a}\right)$
不等式	○不等式の性質と解き方
指数法則	○平方根を含む式の計算（$\sqrt{a}\sqrt{b} = \sqrt{ab},\ \sqrt{a}/\sqrt{b} = \sqrt{a/b}$）有理化 ○分数の指数（$\sqrt[n]{a} = a^{1/n}$），負の指数（$1/a^n = a^{-n}$） ○指数法則（$a^m a^n = a^{m+n},\ (a^m)^n = a^{mn},\ (ab)^n = a^n b^n$ など）
対数	○対数の定義 $a^m = N \rightarrow m = \log_a N$ ○常用対数と自然対数 ○基本公式（$\log_a AB = \log_a A + \log_a B,\ \log_a \dfrac{A}{B} = \log_a A - \log_a B$ など）
行列式	○二次および三次の行列式 ○行列式を用いた連立方程式の解法

（注）本表は，「工事士から電験第3種への数学徹底攻略」（拙著　電気書院刊）をもとに作成した．

したがって，3種の数学レベルからは，次の学習手順とするのが合理的と考えられます．

(1) 三角関数の復習と，2種に特有な適用パターンの学習

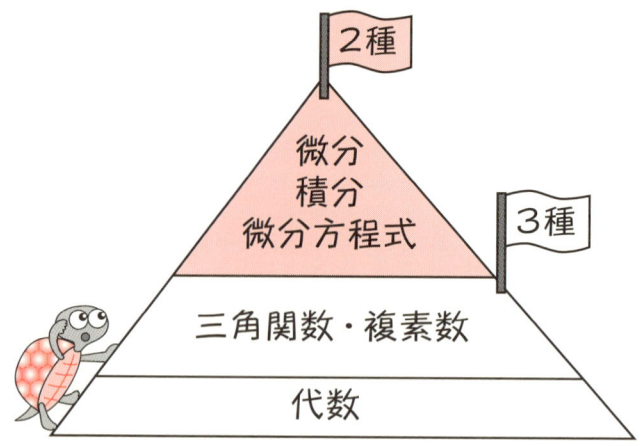

(2) 複素数の復習と，2種レベルの計算力の養成
(3) ベクトル・オペレータ，四端子定数の複素数計算のテクニックの学習
(4) これらの学習ののち，微分・積分および微分方程式の学習を行う

Q2：3種では学習しなかった数学で必要なものはなんですか？

　　Q1の第1表に示したもののほかに必要な数学の項目についてまとめると次のとおりです．なお，（　）内には，本書で記述してある箇所を示してあります．

(1) **部分分数展開**（第7章第5節）

　ラプラスの逆変換を行う際に必要な項目で，分母が s の関数の積になっている式を分母が s の一次式の分数の和（差）に変形するテクニックです．

　例えば，

$$\frac{1}{s(s+a)} = \frac{1}{a}\left(\frac{1}{s} - \frac{1}{s+a}\right)$$

のように使われます．

(2) 三角関数（第2章）

3種では，主として，sin，cos，tan と，$\sin^2\theta + \cos^2\theta = 1$ の関係が使われましたが，2種では，次のような種々の公式が使われることになります．

① 二項式を単項式で表す方法

$$a\sin\alpha + b\cos\alpha = \sqrt{a^2+b^2}\sin(\alpha+\phi)$$
$$a\cos\alpha - b\sin\alpha = \sqrt{a^2+b^2}\cos(\alpha+\phi)$$
$$\text{ただし，}\phi = \tan^{-1}\frac{b}{a}$$

これは，電気回路の瞬時値計算や，変圧器の電圧変動率を表す式 $\varepsilon \fallingdotseq p\cos\varphi + q\sin\varphi\,[\%]$ の変形などに適用されます．

② 倍角の公式

$$\cos 2\alpha = \cos^2\alpha - \sin^2\alpha,\quad \sin 2\alpha = 2\sin\alpha\cos\alpha$$

これらは，主に積分の式を容易にするために使われるもので，

$$\begin{cases} \cos 2\alpha = 2\cos^2\alpha - 1 & \therefore\ \cos^2\alpha = \dfrac{1+\cos 2\alpha}{2} \\ \cos 2\alpha = 1 - 2\sin^2\alpha & \therefore\ \sin^2\alpha = \dfrac{1-\cos 2\alpha}{2} \\ \sin\alpha\cos\alpha = \dfrac{1}{2}\sin 2\alpha & \end{cases}$$

となることを使って，

$$\int_\alpha^\beta \cos^2\theta\,\mathrm{d}\theta = \int_\alpha^\beta \frac{1+\cos 2\theta}{2}\,\mathrm{d}\theta$$

$$\int_\alpha^\beta \sin^2\theta\,\mathrm{d}\theta = \int_\alpha^\beta \frac{1-\cos 2\theta}{2}\,\mathrm{d}\theta$$

$$\int_\alpha^\beta \sin\theta\cos\theta\,\mathrm{d}\theta = \int_\alpha^\beta \frac{\sin 2\theta}{2}\,\mathrm{d}\theta$$

のように，積分の式を変形します．

③ 積を和にする公式

$$\sin\alpha\cos\beta = \frac{1}{2}\{\sin(\alpha+\beta) + \sin(\alpha-\beta)\}$$

$$\cos\alpha\sin\beta = \frac{1}{2}\{\sin(\alpha+\beta) - \sin(\alpha-\beta)\}$$

$$\cos\alpha\cos\beta = \frac{1}{2}\{\cos(\alpha+\beta) + \cos(\alpha-\beta)\}$$

$$\sin\alpha\sin\beta = \frac{1}{2}\{\cos(\alpha-\beta) - \cos(\alpha+\beta)\}$$

これらも，主に積分の式の変形に用いられます．例えば，$\sin\omega t$ と $\sin(\omega t - \varphi)$ の積分は，次のような形に変形されます．

$$\int_\alpha^\beta \sin\omega t \sin(\omega t - \varphi)\,dt$$

$$= \int_\alpha^\beta \frac{1}{2}\{\cos\{\omega t - (\omega t - \varphi)\} - \cos\{\omega t + (\omega t - \varphi)\}\}\,dt$$

$$= \int_\alpha^\beta \frac{1}{2}\{\cos\varphi - \cos(2\omega t - \varphi)\}\,dt$$

(3) 複素数（第3章）

3種では，主に直交座標形（$\dot{Z} = a + jb$ の表し方）の複素数を使いましたが，2種では，この他の表し方でも自由に扱える計算力が必要で，とりわけ，指数

関数形表示が大切です．

　また，理論，送配電などでは，電圧 $\dot{E}$ または電流 $\dot{I}$ のどちらかを共役複素数として，$\dot{E}\bar{I}$ または $\bar{\dot{E}}\dot{I}$ で電力を求めることもしばしば使われているので，このような計算にも慣れておくことが必要となります．

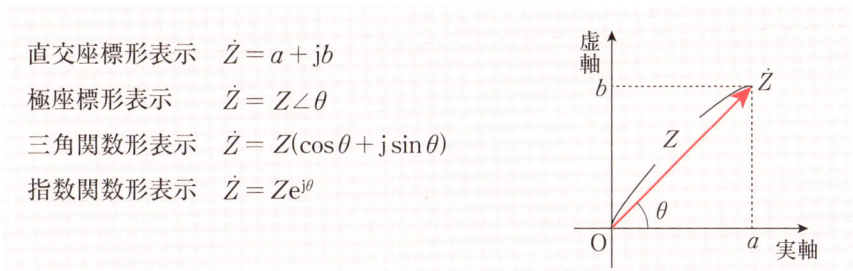

直交座標形表示　$\dot{Z} = a + jb$
極座標形表示　$\dot{Z} = Z\angle\theta$
三角関数形表示　$\dot{Z} = Z(\cos\theta + j\sin\theta)$
指数関数形表示　$\dot{Z} = Ze^{j\theta}$

(4) **微分**（第4章）

2種の範囲では，微分は主に最大・最小の条件を導くために用いられます．3種では最小定理で解く問題が多かったわけですが，2種ともなると，それだけでは解くことのできない問題が出題されます．ただし，微分をマスターすれば，全ての問題を解くことができます．

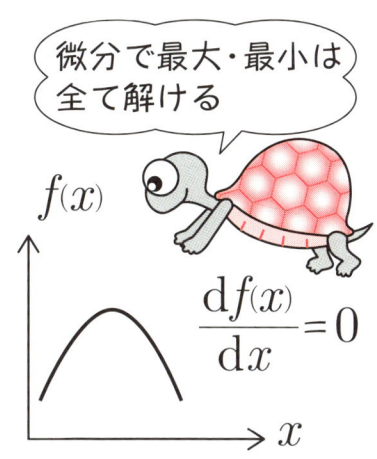

(5) **積分**（第5～6章）

　積分の計算とは，簡単に言えば，次図のようなアカアミ部の面積を求めることで，これは台形波や三角波の平均値・実効値を求める問題に応用されます．

1 ● 3種の数学とはどこが違うのか　　7

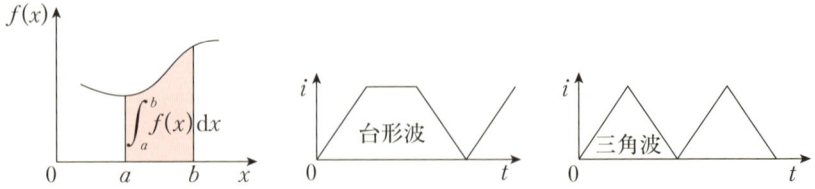

　また，微小部分の物理量を表す微分式を立て，それを積分して全体の量を求めるような計算に多く活用されます．例えば，半径 a の内球導体と内半径 b の外球導体とが同心配置されており，その間が抵抗率 ρ の物質で満たされているとき，中心から x の点に，厚さが Δx のごく薄い球殻を考えると，この部分の抵抗 ΔR は，

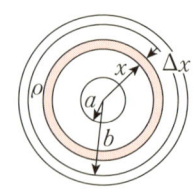

$$\Delta R = \frac{\rho \Delta x}{4\pi x^2}$$

と表されます．

　この Δ を微分記号 d に変えて，

$$dR = \frac{\rho\, dx}{4\pi x^2}$$

として，全体の抵抗は，

$$R = \int_a^b \frac{\rho\, dx}{4\pi x^2} = \frac{\rho}{4\pi}\left[-\frac{1}{x}\right]_a^b = \frac{\rho}{4\pi}\left(\frac{1}{a} - \frac{1}{b}\right)$$

となります．

　積分は，この他のいろいろな物理量を導くことにも応用されますが，それらについては，第 6 章で詳しく解説します．

(6) **微分方程式**（第 7 ～ 8 章）

　微分方程式の知識は，主に次の分野で必要となります．

① 　理論：過渡現象の問題

② 　機械：自動制御全般

　微分方程式の解き方にはいろいろありますが，①～②に共通に使用でき，かつ，簡単な基礎公式さえ理解すれば容易に微分方程式が解けるものがラプラス変換です．したがって，2 種としては，ラプラス変換を学習することが最も合

理的です.

(7) その他の数学 (第 9 章)

3種では,右上図のような回路の電圧降下 e は,右下図のベクトル図で $E_s \fallingdotseq \overline{OP}$ となることより図形的に,

$$e = E_s - E_r$$
$$\fallingdotseq I(R\cos\theta + X\sin\theta)$$

と導きましたが,これを代数的に導くためには二項定理の知識が必要となります.

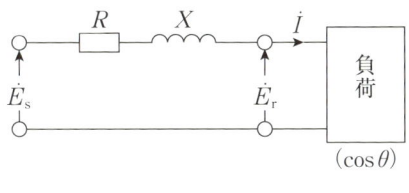

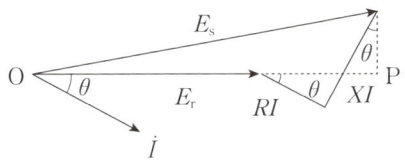

またこの他に,行列を使った四端子定数の式の扱い,図形を表す方程式を応用してベクトル軌跡を描く学習なども必要となります.

Q3：では,それら数学で,最低どこまで学習すればよいのでしょうか？

Q2であげたおのおのの項目について,重要度と,出題頻度を考慮し,学習のポイントをまとめると,第2表となります.

第2表 学習のポイント

項目	学習のポイント	
	重要事項	特に重要なパターン
部分分数展開	逆ラプラス変換しやすい形へ変形することが部分分数展開の目的であることを理解する.	(1) $\dfrac{1}{s(s+a)} = \dfrac{1}{a}\left(\dfrac{1}{s} - \dfrac{1}{s+a}\right)$ (2) $\dfrac{1}{s^2+as+b}$ $= \dfrac{1}{\alpha-\beta}\left(\dfrac{1}{s-\alpha} - \dfrac{1}{s-\beta}\right)$ ただし $\alpha, \beta = \dfrac{-a \pm \sqrt{a^2-4b}}{2}$ で,$\alpha \neq \beta$ とする.

項目	学習のポイント	
	重要事項	特に重要なパターン
三角関数	加法定理から導かれる諸公式を式の変形に使うことが多くなるので，これら公式の導出方法についてよく学習しておく．	(1) 二項式を単項式に変形 $a\sin\alpha + b\cos\alpha$ $= \sqrt{a^2+b^2}\sin(\alpha+\phi)$ $(\phi = \tan^{-1}b/a)$ (2) 倍角の公式 $\cos^2\alpha = \dfrac{1+\cos 2\alpha}{2}$ $\sin^2\alpha = \dfrac{1-\cos 2\alpha}{2}$ (3) 積を和にする公式 $\sin\alpha\sin\beta$ $= \dfrac{1}{2}\{\cos(\alpha-\beta) - \cos(\alpha+\beta)\}$
複素数	指数関数形表示の複素計算に慣れておくこと．また，複素数を使った電力ベクトルの計算ができること．	(1) $\dot{E}_s$ が $\dot{E}_r$ より位相が θ 進んでいるとき，$\dot{E}_r$ を基準ベクトルとすれば，$\dot{E}_s$ は， $\dot{E}_s = E_s e^{j\theta}$ と表される． (2) 電圧を $\dot{E}$，電流を $\dot{I}$ とすれば，$\dot{E}\overline{\dot{I}}$ または $\overline{\dot{E}}\dot{I}$ の実数部が有効電力に，虚数部が無効電力になる．
微分	微分とは，接線の傾きを求める計算であることを理解し，簡単な関数の導関数および基礎公式を暗記しておく． 最大・最小の判定の要領について学習しておく．	(1) 重要な導関数 ① $\dfrac{\mathrm{d}x^n}{\mathrm{d}x} = nx^{n-1}$ ② $\dfrac{\mathrm{d}C}{\mathrm{d}x} = 0$（$C$：定数） ③ $\dfrac{\mathrm{d}}{\mathrm{d}x}\sin x = \cos x$ ④ $\dfrac{\mathrm{d}}{\mathrm{d}x}\cos x = -\sin x$ ⑤ $\dfrac{\mathrm{d}e^x}{\mathrm{d}x} = e^x$

項目	学習のポイント	
	重要事項	特に重要なパターン
微分		⑥ $\dfrac{d}{dx}\log x = \dfrac{1}{x}$ （log：自然対数） (2) 重要な公式 ① $\dfrac{dCf(x)}{dx} = C\dfrac{df(x)}{dx}$ （C：定数） ② $\dfrac{d\{f(x) \pm g(x)\}}{dx}$ 　　$= \dfrac{df(x)}{dx} \pm \dfrac{dg(x)}{dx}$ ③ $\dfrac{d}{dx}\{f(x) \cdot g(x)\}$ 　　$= g(x)\dfrac{df(x)}{dx} + f(x)\dfrac{dg(x)}{dx}$ ④ $\dfrac{d}{dx}\left\{\dfrac{f(x)}{g(x)}\right\}$ 　　$= \dfrac{g(x)\dfrac{df(x)}{dx} - f(x)\dfrac{dg(x)}{dx}}{\{g(x)\}^2}$ ⑤ $y = f(x)$，$z = g(y)$ のとき 　　$\dfrac{dz}{dx} = \dfrac{dy}{dx} \cdot \dfrac{dz}{dy}$
積分	積分は微分の逆計算である．したがって，微分で暗記した公式がそのまま使える． 　積分は面積を求める計算であることを理解するとともに，電位差や磁界の強さなどの物理量を積分を使って求める学習を十分に行っておく．特に， $\displaystyle\int_a^b \dfrac{1}{x^2}dx$，$\displaystyle\int_a^b \dfrac{1}{x}dx$ のパターンを使って解く問	(1) 重要な積分公式 ① $\displaystyle\int x^n dx = \dfrac{1}{n+1}x^{n+1} + C$ 　　$\begin{pmatrix} n \neq -1 \\ C：積分定数 \end{pmatrix}$ $n = -2$ のときは， $\displaystyle\int_a^b \dfrac{1}{x^2}dx = \left[-x^{-1}\right]_a^b$ 　　$= \left[-\dfrac{1}{x}\right]_a^b$ 　　$= \dfrac{1}{a} - \dfrac{1}{b}$

項目	学習のポイント	
	重要事項	特に重要なパターン
積分	題が非常に多く出題されている.	② $\int_a^b \frac{1}{x}dx = [\log x]_a^b$ $= \log b - \log a = \log \frac{b}{a}$ ③ 置換積分 $\int f(x)dx = \int f(\varphi(t))\varphi'(t)dt$
微分方程式	簡単な関数のラプラス変換が導けるようにし，かつ暗記しておく. 補助回路の描き方をマスターしておけば，極めて簡単に，電気回路の過渡現象が解ける.	(1) 重要なラプラス変換公式 ① $\mathcal{L}E = \frac{E}{s}$ （E：定数） ② $\mathcal{L}t = \frac{1}{s^2}$ ③ $\mathcal{L}e^{\alpha t} = \frac{1}{s-\alpha}$ ④ $\mathcal{L}e^{-\alpha t} = \frac{1}{s+\alpha}$ ⑤ $\mathcal{L}\frac{di}{dt} = sI - i_0$ （i_0：i の初期値）
その他の数学	(1) 行列で表された四端子定数の式を通常の複素数の式に直すことができるようにしておくこと. (2) 二項定理を使って近似式を求める計算の要領について学習しておくこと. (3) 直線と円がどのような式で表されるかを理解すること.	(1) $\begin{pmatrix} \dot{E}_s \\ \dot{I}_s \end{pmatrix} = \begin{pmatrix} \dot{A} & \dot{B} \\ \dot{C} & \dot{D} \end{pmatrix} \begin{pmatrix} \dot{E}_r \\ \dot{I}_r \end{pmatrix}$ $\Downarrow$ $\begin{cases} \dot{E}_s = \dot{A}\dot{E}_r + \dot{B}\dot{I}_r \\ \dot{I}_s = \dot{C}\dot{E}_r + \dot{D}\dot{I}_r \end{cases}$ (2) $(1+\alpha)^n \fallingdotseq 1 + n\alpha$ （ただし，$\alpha \ll 1$） (3) 直線の方程式 $y = ax + b$ 円の方程式 $(x-\alpha)^2 + (y-\beta)^2 = a^2$

これらの項目の学習の際に注意すべきことは，おのおのの項目自体が底なし沼のようなもので，やればやるほど深みに入ってしまう恐れが多分にあることです．したがって，ある程度のレベルに達したら学習をやめ，あとで必要となったときに補足して調べるような学習方法が合理的となります．

　それでは，どこで歯止めをかけるかというと，そのガイドラインとして示したのが第2表の"特に重要なパターン"に記載した基本公式です．これだけを理解し，暗記できれば，2種に必要な数学はほとんど身に付いたことになります．

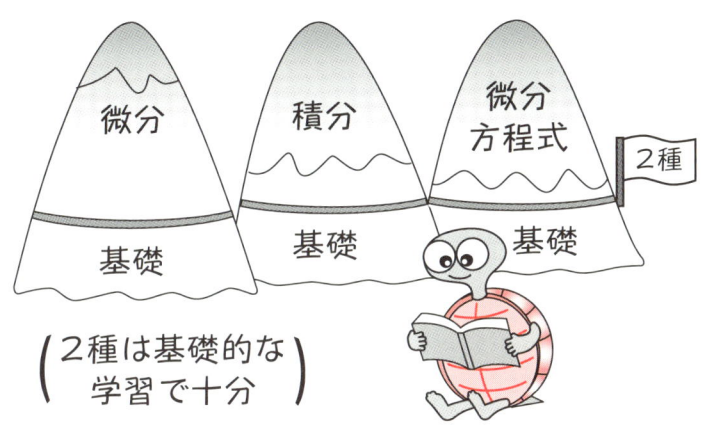

Q4：3種の数学以外で必要なものが分かりました．具体的に，どれから学習すればよいでしょう？

　今まで出題された問題の分析結果から，代数・三角関数および複素数が最も重要です．これらの基礎がしっかりできていないと，地盤のゆるい土地に家を建てるようなもので，すぐに家は傾いてしまいます．

　したがって，これらの項目を優先すべきですが，特に，三角関数と複素数の計算力をつけておくことが必要です．

　一般に，2種の数学では微分・積分が必要と言われ，すぐにこれらに手を出しがちですが，三角関数と複素数の計算がしっかりできないと，かえって能率が悪い学習となります．数学は積み重ねの学問です．急がば回れのことわざど

1 ● 3種の数学とはどこが違うのか　　13

おり，まずは，三角関数・複素数の復習と 2 種に出題される問題を解くに足る計算力をつけることを最優先としましょう．

三角関数・複素数の学習が終われば，いよいよ微分・積分および微分方程式の学習となるわけですが，すでに述べたとおり，これらを完全にマスターしようなどとは思わないことです．そうしようと思えばどんなに時間がかかるかわかりません．したがって，これらの学習に際しては，次のような学習が実戦的です．

(1) 定義はじっくりと学習する．
(2) 公式は 2 種に必要な基礎公式だけを選んで覚える．いたずらに難度の高い数学の問題は，かえって混乱をきたす恐れが多分にある．
(3) 電験に出題された問題を何度も繰り返して学習し，その使い方について，実戦的な面から身に付けておく．

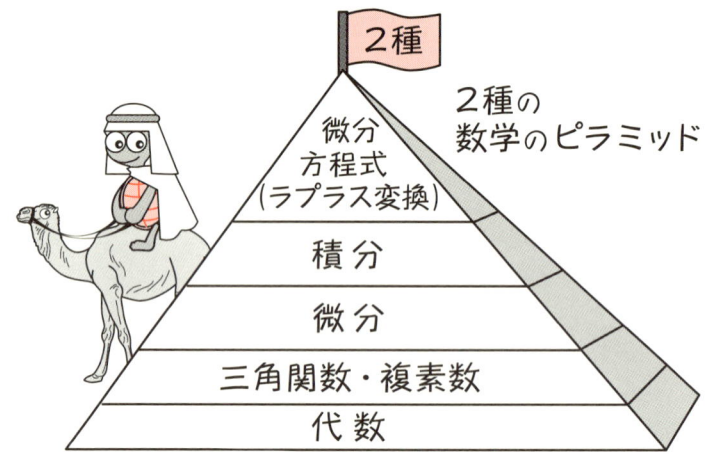

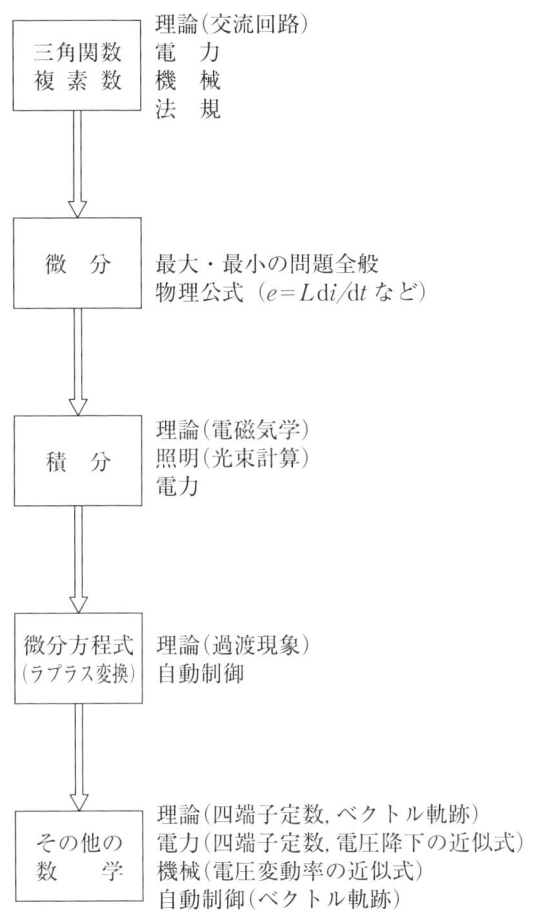

　2種では，微分方程式はラプラス変換を使って解くことが合理的ですが，時間関数のラプラス変換は積分を使って求めることになります．したがって，ラプラス変換については積分をすませた後に学習をすれば効率が上がります．

　ここまでで2種の数学のメインルートとしての学習が終わり，回路の過渡現象および自動制御の学習に入ることができます．

　なお，さほど難しい数学の知識は必要としませんが，3種ではなじみのうすい項目に，四端子定数，近似式，ベクトル軌跡があります．これらについては第9章にまとめておきましたので，適宜学習すればよいでしょう．

第2章

2種の三角関数は3種とどう違いどこまで必要か

第2章 2種の三角関数は3種とどう違いどこまで必要か

1 • 弧度法による角度と立体角

Q1：弧度法による角度について整理して示してください．また，これらの知識は特にどのような学習で必要になるかについても示してください．

(1) **弧度法の定義は**

弧度法による角度 θ は，第2-1図の動径の長さを r，弧の長さを l とすると，

$$\theta = \frac{l}{r} \quad [\mathrm{rad}]（ラジアン）$$

と定義されます．3種では，角度は主に60分法を用いましたが，微分・積分で扱う角度は全て弧度法となります．したがって，2種で扱う角度は，そのほとんどが弧度法によるものと考えて学習することが必要です．

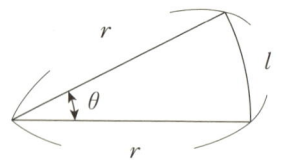

第2-1図

(2) **どのような学習で使われるか**

弧度法による角度は，2種の学習のいたるところに出てきますが，その一例を示してみましょう．

第2-2図のような半径 R の球の表面積を積分計算する場合，一般にその前段階として，微小角度 $\Delta\theta$ [rad] に対応する微小表面積 ΔS を

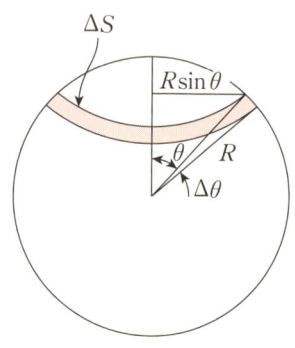

第2-2図

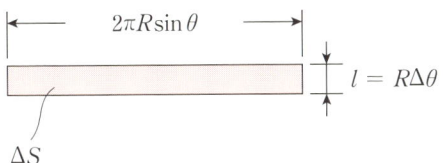

第 2-3 図

考えます．ΔS の部分を展開すると第 2-3 図のような帯状の図となり，その幅 l が $\Delta\theta$ に対する弧の長さ $R\Delta\theta$ として表されます．したがって，ΔS の面積は，

$$\Delta S = 2\pi R\sin\theta \times R\Delta\theta$$

で近似することができます．（第 6 章第 8 節）

【問 2-1-1】 次の 60 分法で表された角度を弧度法で表せ．

① 360° ② 120° ③ 90° ④ 60° ⑤ 45°

Q2：立体角について整理して示してください．また，これらの知識は特にどのような学習で必要になるかについても示してください．

(1) **立体角の定義は**

立体角は，空間的広がりの度合いを表すもので，

立体角 $\omega = \dfrac{S}{r^2}$ [sr]（ステラジアン）

r：球体の半径
S：球体の中心 O から空間的に広がる錐体が，半径 r の球から切り取る表面積（第

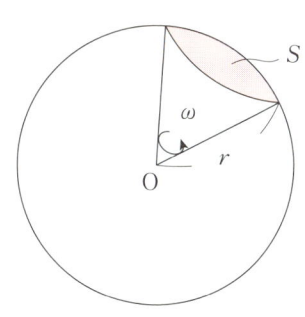

第 2-4 図

1 ● 弧度法による角度と立体角　19

2-4 図の▢部分）と定義されます．

(2) どのような学習で使われるか

立体角の知識は主に機械の照明計算で必要となります．これは，光度 I [cd] が，光束の立体角密度と定義され，

$$I = \frac{\Delta F}{\Delta \omega}$$

$\Delta \omega$：微小立体角［sr］

ΔF：$\Delta \omega$ 内の光束［lm］

と表されることに基づきます．

照明で出てくる計算の一例は第 2-5 図に示す表面積 S の球帽部分の立体角を求める計算です．S の大きさは，積分を使って，

$$S = 2\pi R^2 (1 - \cos\theta)$$

と求まるので，この立体角は，

$$\omega = \frac{S}{R^2} = 2\pi(1 - \cos\theta) \quad [\text{sr}]$$

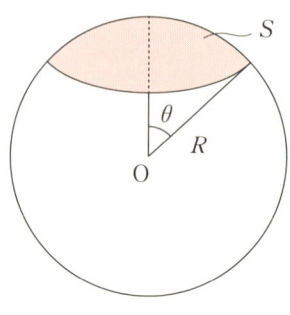

第 2-5 図

のように計算します．（第 6 章第 8 節）

2 ● 三角関数をグラフで表すと

Q1：三角関数のグラフを示してください．また，グラフからどんなことが分かるかについても解説してください．

(1) 三角関数のグラフ

正弦（sin），余弦（cos）および正接（tan）のグラフを第 2-6 図〜第 2-8 図に示します．これらのグラフから次の三角関数の基本的性質を理解することができます．

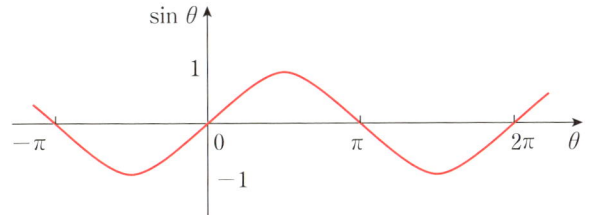

第 2-6 図　$\sin\theta$ のグラフ

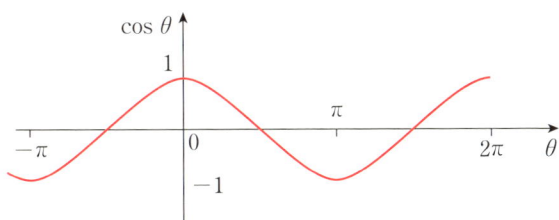

第 2-7 図　$\cos\theta$ のグラフ

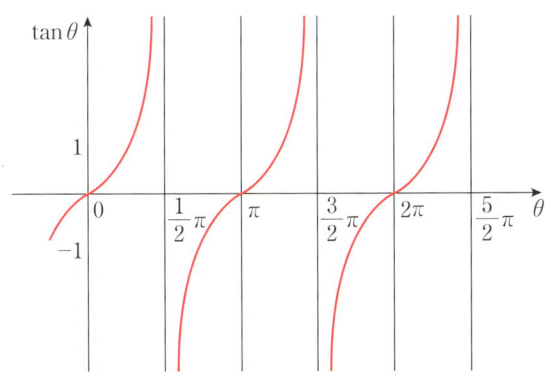

第 2-8 図　$\tan\theta$ のグラフ

(2) **三角関数の基本的性質**

(a) $\sin\theta$, $\cos\theta$ の周期は 2π, $\tan\theta$ の周期は π

$$\sin(\theta+2\pi)=\sin\theta,\quad \cos(\theta+2\pi)=\cos\theta,\quad \tan(\theta+\pi)=\tan\theta$$

(b) $\sin\theta$, $\tan\theta$ は奇関数, $\cos\theta$ は偶関数

$$\sin(-\theta)=-\sin\theta,\quad \cos(-\theta)=\cos\theta,\quad \tan(-\theta)=-\tan\theta$$

(c) 補角の三角関数

$$\sin(\pi-\theta)=\sin\theta,\quad \cos(\pi-\theta)=-\cos\theta,\quad \tan(\pi-\theta)=-\tan\theta$$

(d) 余角の三角関数

$$\sin\left(\frac{\pi}{2}-\theta\right)=\cos\theta, \quad \cos\left(\frac{\pi}{2}-\theta\right)=\sin\theta, \quad \tan\left(\frac{\pi}{2}-\theta\right)=\cot\theta$$

$\sin\theta$ のグラフを例にとり，これらの関係が成り立つことを調べてみましょう．いま，第 2-9 図のように任意の角 α および β について，

Ⓐ点とⒷ点より $\sin\alpha=\sin(2\pi+\alpha)$，Ⓐ点とⒸ点より $\sin(-\alpha)=-\sin\alpha$

Ⓐ点とⒹ点より $\sin(\pi-\alpha)=\sin\alpha$，Ⓔ点とⒻ点より $\sin(\pi/2-\beta)=\cos\beta$

の関係が分かります．

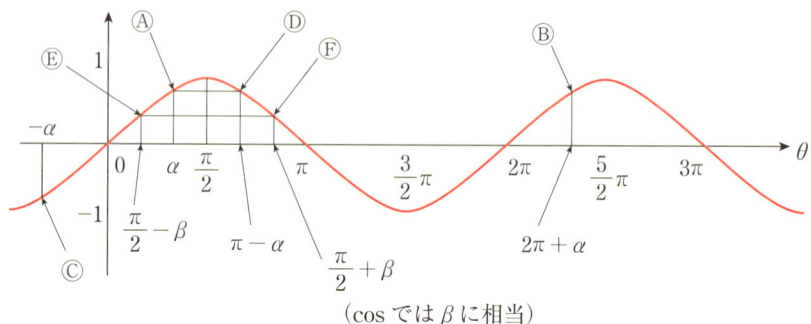

（cos では β に相当）

第 2-9 図 $\sin\theta$ のグラフ

Q2：電気工学では，「電流が電圧より 30°位相が遅れている」のような表現をしますが，位相の遅れ，進みがグラフではどのような関係で表されるかについて説明してください．

　　まず，手はじめとして第 2-10 図の実線と点線で表された二つのグラフを比較してみましょう．②の実線のグラフは①の点線のグラフを θ 軸の方向へ α だけ平行移動したものです．

②は①よりも前に出ているため，直観的に②は①より位相が α 進んでいると思いがちですが，実は②は①より位相が α 遅れた関係にあります．位相の遅れ，進みの関係は，次の事項をもとに考えると分かりやすくなります．

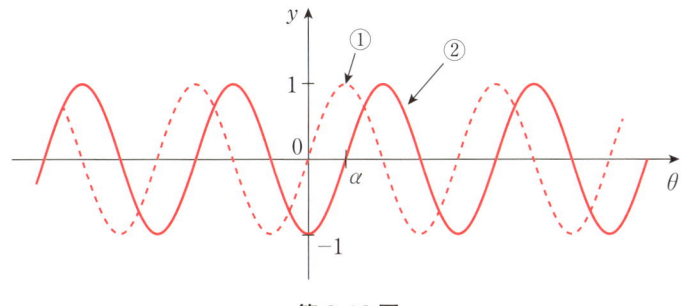

第 2-10 図

基準波形を $v = V_m \sin\omega t$ とするとき，
(ア) $i = I_m \sin(\omega t + \alpha)$ であれば，i は v より位相が α 進んでいるという．
(イ) $i = I_m \sin(\omega t - \alpha)$ であれば，i は v より位相が α 遅れているという．

つまり，①の波形を $y = \sin\theta$ とすると，②は，$\theta = \alpha$ のとき $y = 0$ となるカーブとなっています．したがって，②を式で表すと，

$$y = \sin(\theta - \alpha)$$

となり，α の前の符号がマイナスであることから，②は①より位相が α 遅れた関係にあることが分かります．

なお，①と②の関係を，
「カーブ②は，α 経過したのちに，①の値をとる．したがって，②は①よりも位相が α 遅れている．」
と表現すれば，②が遅れていることが理解できるでしょう．

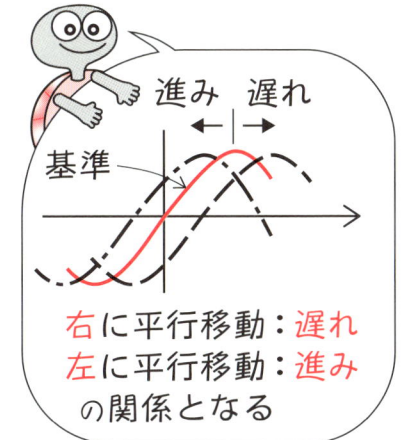

2 ● 三角関数をグラフで表すと

3 ● 三角関数の相互関係は

Q1：三角関数の相互の関係について公式が多くて覚えるのに苦労しています．何か良い方法があれば教えてください．

三角関数の相互関係を覚える方法に第 2-11 図の六角形を使う方法があります．これを使えば，三角関数の基本的関係が機械的に求まります．

(1) 第 2-11 図の描き方

まず，六角形を描き，上辺の左に $\sin\theta$，右に $\cos\theta$ を記入し，次に，$\tan\theta$ を図の位置に描きます．そして，そのおのおのの対角の点に，逆数の三角関数を記入し，最後に図の中央に 1 を書き入れます．

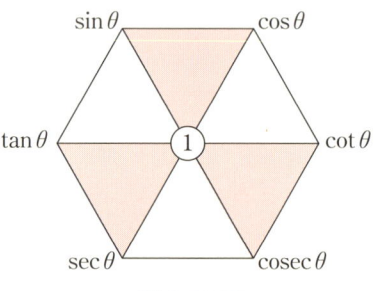

第 2-11 図

(2) 第 2-11 図の使い方

① 中央の 1 を挟む二つの三角関数を掛け合わせると 1 になります．

$$\sin\theta \cdot \mathrm{cosec}\,\theta = 1$$
$$\cos\theta \cdot \sec\theta = 1$$
$$\tan\theta \cdot \cot\theta = 1$$

② 周囲にある三角関数は，これを挟む二つの三角関数の積に等しくなります．例えば，$\sin\theta$ は，$\cos\theta$ と $\tan\theta$ に挟まれているので，

$$\sin\theta = \cos\theta \cdot \tan\theta$$

となります．同様にして，次の式が成り立ちます．

$$\tan\theta = \sin\theta \cdot \sec\theta, \quad \sec\theta = \tan\theta \cdot \mathrm{cosec}\,\theta, \quad \mathrm{cosec}\,\theta = \sec\theta \cdot \cot\theta$$
$$\cot\theta = \cos\theta \cdot \mathrm{cosec}\,\theta, \quad \cos\theta = \sin\theta \cdot \cot\theta$$

③　図には三角形▽が3個含まれていますが，この三角形を構成する三つの量について，水平に並ぶ二つの量の2乗の和は，下の一つの量の2乗に等しくなります．

$$\sin^2\theta + \cos^2\theta = 1, \quad \tan^2\theta + 1 = \sec^2\theta, \quad 1 + \cot^2\theta = \mathrm{cosec}^2\theta$$

4 ● 加法定理とは

Q1：加法定理はどのようにして導かれるか説明してください．

　　三角関数の諸公式の中で最も重要なものが加法定理です．特に，正弦（サイン）と余弦（コサイン）の加法定理の式は暗記しておくことが必要です．

では，第2-12図をもとに，加法定理を導いてみます．

$$\sin(\alpha+\beta) = \frac{\overline{AB}}{\overline{OA}} = \frac{\overline{AE} + \overline{EB}}{\overline{OA}}$$

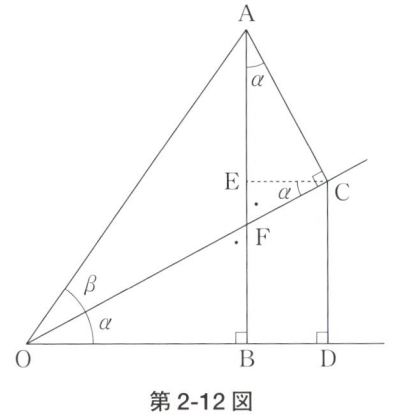

第2-12図

ここで，$\overline{AE} = \overline{AC}\cos\alpha = \overline{OA}\sin\beta\cos\alpha$
　　　　$\overline{EB} = \overline{OC}\sin\alpha = \overline{OA}\cos\beta\sin\alpha$

$$\sin(\alpha+\beta) = \frac{\overline{OA}\sin\beta\cos\alpha + \overline{OA}\cos\beta\sin\alpha}{\overline{OA}}$$

$$\therefore \quad \sin(\alpha+\beta) = \sin\alpha\cos\beta + \cos\alpha\sin\beta \qquad (1)$$

次に，余弦の加法定理については，

$$\cos(\alpha+\beta) = \frac{\overline{OB}}{\overline{OA}} = \frac{\overline{OD}-\overline{BD}}{\overline{OA}} = \frac{\overline{OC}\cos\alpha - \overline{AC}\sin\alpha}{\overline{OA}}$$

$$= \frac{\overline{OA}\cos\beta\cos\alpha - \overline{OA}\sin\beta\sin\alpha}{\overline{OA}}$$

$$\therefore \quad \cos(\alpha+\beta) = \cos\alpha\cos\beta - \sin\alpha\sin\beta \qquad (2)$$

(1),(2)式で β に $(-\beta)$ を代入すると，$\cos(-\beta)=\cos\beta$，$\sin(-\beta)=-\sin\beta$ となることから，次の2式が導かれます．

$$\sin(\alpha-\beta) = \sin\alpha\cos\beta - \cos\alpha\sin\beta$$
$$\cos(\alpha-\beta) = \cos\alpha\cos\beta + \sin\alpha\sin\beta$$

Q2：加法定理をもう少し簡単に導く方法があれば示してください．また，正接（tan）の加法定理の導き方について説明してください．

(1) オイラーの公式を使った加法定理の導出

複素数で学習したオイラーの公式

$$e^{j\theta} = \cos\theta + j\sin\theta \qquad (1)$$

を使えば，加法定理を簡単に導くことができます．

いま，$e^{j\alpha}$ と $e^{j\beta}$ の二つの積について次の等式が成り立ちます．

指数法則 $a^m \cdot a^n = a^{m+n}$ より，

$$e^{j(\alpha+\beta)} = e^{j\alpha} \cdot e^{j\beta} \qquad (2)$$

ここで，(2)式について，

$$\text{左辺} = \cos(\alpha+\beta) + j\sin(\alpha+\beta) \qquad (3)$$
$$\text{右辺} = (\cos\alpha + j\sin\alpha)(\cos\beta + j\sin\beta)$$
$$= (\cos\alpha\cos\beta - \sin\alpha\sin\beta) + j(\sin\alpha\cos\beta + \cos\alpha\sin\beta) \qquad (4)$$

左辺 = 右辺として，次の2式が得られます．また，β の代わりに $-\beta$ を代入すれば，$\sin(\alpha-\beta)$ と $\cos(\alpha-\beta)$ の加法定理が導かれます．

$$\sin(\alpha+\beta) = \sin\alpha\cos\beta + \cos\alpha\sin\beta$$
$$\cos(\alpha+\beta) = \cos\alpha\cos\beta - \sin\alpha\sin\beta$$

(2) 正接の加法定理の導出

$$\tan(\alpha\pm\beta) = \frac{\sin(\alpha\pm\beta)}{\cos(\alpha\pm\beta)} = \frac{\sin\alpha\cos\beta \pm \cos\alpha\sin\beta}{\cos\alpha\cos\beta \mp \sin\alpha\sin\beta}$$

分母・分子を $\cos\alpha\cos\beta$ で割ると，

$$\tan(\alpha\pm\beta) = \frac{\dfrac{\sin\alpha}{\cos\alpha} \pm \dfrac{\sin\beta}{\cos\beta}}{1 \mp \dfrac{\sin\alpha}{\cos\alpha}\cdot\dfrac{\sin\beta}{\cos\beta}} = \frac{\tan\alpha \pm \tan\beta}{1 \mp \tan\alpha\tan\beta} \quad (複号同順)$$

の公式が導かれます．

【問 2-4-1】 加法定理を使って，次の式を証明せよ．

① $\sin(\theta + 360°) = \sin\theta$ ② $\cos(180° - \theta) = -\cos\theta$
③ $\sin(90° - \theta) = \cos\theta$

5 ● 加法定理から導かれる諸公式は

Q1：まず初めに，加法定理から導かれる諸公式にはどのようなものがあるか示してください．

　　加法定理からは，次のような種々の公式が導出されます．2種では，これらの諸公式が駆使できる数学力が要求されます．ただし，これらを全て暗記することは大変です．いつでも導き出せるように学習しておくことが大切です．

(1) 二項式を単項式に変える公式

① $A\sin\theta + B\cos\theta = \sqrt{A^2 + B^2}\sin(\theta + \phi)$
② $A\cos\theta - B\sin\theta = \sqrt{A^2 + B^2}\cos(\theta + \phi)$ 　　（ただし，$\phi = \tan^{-1} B/A$）

(2) **倍角の公式**

① $\sin 2\alpha = 2\sin\alpha\cos\alpha$

② $\cos 2\alpha = \cos^2\alpha - \sin^2\alpha$

(3) **半角の公式**

① $\sin\dfrac{\alpha}{2} = \pm\sqrt{\dfrac{1-\cos\alpha}{2}}$

② $\cos\dfrac{\alpha}{2} = \pm\sqrt{\dfrac{1+\cos\alpha}{2}}$

（±の符号はαの大きさによって定める。$0 \leqq \alpha \leqq \pi$であれば符号は正となる．）

(4) **積を和にする公式**

① $\sin\alpha\cos\beta = \dfrac{\sin(\alpha+\beta)+\sin(\alpha-\beta)}{2}$

② $\cos\alpha\sin\beta = \dfrac{\sin(\alpha+\beta)-\sin(\alpha-\beta)}{2}$

③ $\cos\alpha\cos\beta = \dfrac{\cos(\alpha+\beta)+\cos(\alpha-\beta)}{2}$

④ $\sin\alpha\sin\beta = \dfrac{\cos(\alpha-\beta)-\cos(\alpha+\beta)}{2}$

(5) **和を積にする公式**

① $\sin A + \sin B = 2\sin\left(\dfrac{A+B}{2}\right)\cos\left(\dfrac{A-B}{2}\right)$

② $\sin A - \sin B = 2\cos\left(\dfrac{A+B}{2}\right)\sin\left(\dfrac{A-B}{2}\right)$

③ $\cos A + \cos B = 2\cos\left(\dfrac{A+B}{2}\right)\cos\left(\dfrac{A-B}{2}\right)$

④ $\cos A - \cos B = -2\sin\left(\dfrac{A+B}{2}\right)\sin\left(\dfrac{A-B}{2}\right)$

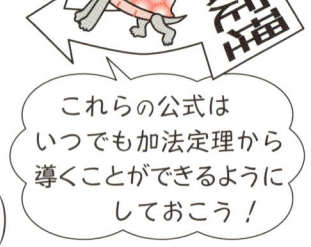

> これらの公式はいつでも加法定理から導くことができるようにしておこう！

Q2：二項式を単項式に変える公式の導き方を説明してください．また，どのような場合に使われますか．

(1) **公式の導出**

$A\sin\theta + B\cos\theta$ の係数 A，B は第2-13図の直角三角形を考えると，$A = \sqrt{A^2+B^2}\cos\phi$，$B = \sqrt{A^2+B^2}\sin\phi$ で表されることが分かります．したがって，

$$A\sin\theta + B\cos\theta = \sqrt{A^2 + B^2}(\sin\theta\cos\phi + \cos\theta\sin\phi) \qquad (1)$$

となりますが，(1)式の( )の中は，$\sin(\theta + \phi)$ に等しいので，

$$A\sin\theta + B\cos\theta = \sqrt{A^2 + B^2}\sin(\theta + \phi)$$

となります．同様にして，

$$A\cos\theta - B\sin\theta = \sqrt{A^2 + B^2}\cos(\theta + \phi)$$

を導くことができます．

第 2-13 図

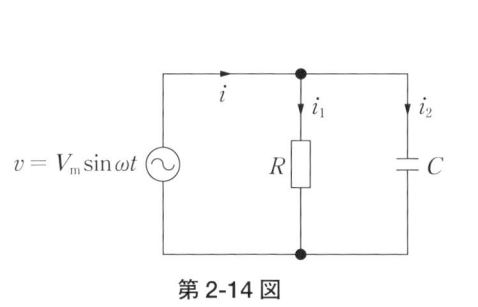

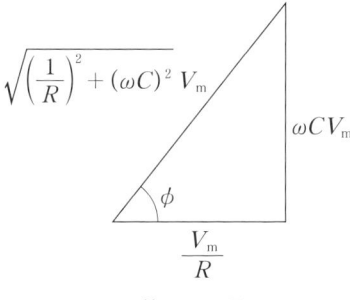

(2) 公式の応用

この公式は，変圧器の電圧変動率の近似式

$$\varepsilon \fallingdotseq p\cos\varphi + q\sin\varphi \; [\%]$$

の変形や交流回路の瞬時値計算などに応用されます．

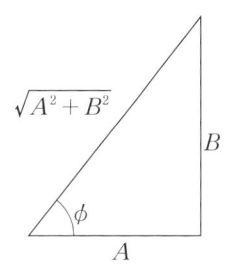

第 2-14 図　　　　　第 2-15 図

例えば，第 2-14 図で $v = V_m\sin\omega t$ とすると，

$$\begin{cases} i_1 = \dfrac{v}{R} = \dfrac{V_m}{R}\sin\omega t \\ i_2 = \dfrac{V_m}{\dfrac{1}{\omega C}}\sin\left(\omega t + \dfrac{\pi}{2}\right) = \omega C V_m \cos\omega t \end{cases}$$

となるので，合成電流 i は，第 2-15 図の直角三角形を考えることにより，

$$i = i_1 + i_2 = \sqrt{\left(\dfrac{1}{R}\right)^2 + (\omega C)^2}\, V_m(\sin\omega t\cos\phi + \cos\omega t\sin\phi)$$
$$= \sqrt{\left(\dfrac{1}{R}\right)^2 + (\omega C)^2}\, V_m\sin(\omega t + \phi) \qquad (\text{ただし，} \phi = \tan^{-1}\omega CR)$$

となり，波高値が $\sqrt{\left(\dfrac{1}{R}\right)^2 + (\omega C)^2}\, V_\mathrm{m}$ で，位相が電圧より ϕ 進んだ波形となることが分かります．

Q3：倍角の公式と半角の公式の導き方を説明してください．また，どのような場合に使われますか．

(1) 倍角の公式の導出

加法定理の和の公式

$$\begin{cases} \sin(\alpha+\beta) = \sin\alpha\cos\beta + \cos\alpha\sin\beta & (1) \\ \cos(\alpha+\beta) = \cos\alpha\cos\beta - \sin\alpha\sin\beta & (2) \end{cases}$$

で $\alpha = \beta$ とすると，次の倍角の公式が導出されます．

$$\begin{cases} \sin 2\alpha = 2\sin\alpha\cos\alpha & (3) \\ \cos 2\alpha = \cos^2\alpha - \sin^2\alpha & (4) \end{cases}$$

(2) 半角の公式

(4)式の余弦の倍角の公式は，$\sin^2\alpha + \cos^2\alpha = 1$ の関係を使うと，(5)式または(6)式のように変形することができます．

$$\begin{cases} \cos 2\alpha = (1 - \sin^2\alpha) - \sin^2\alpha = 1 - 2\sin^2\alpha & (5) \\ \cos 2\alpha = \cos^2\alpha - (1 - \cos^2\alpha) = 2\cos^2\alpha - 1 & (6) \end{cases}$$

(5)式および(6)式より，$\alpha \to \alpha/2$ とすると，(7)式および(8)式の半角の公式が導出されます．

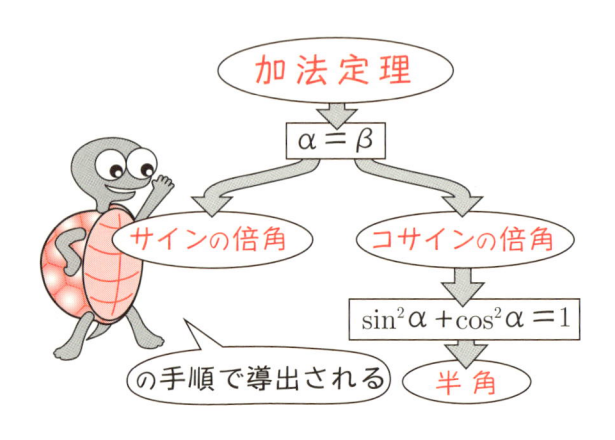

$$\begin{cases} \sin\dfrac{\alpha}{2} = \pm\sqrt{\dfrac{1-\cos\alpha}{2}} & (7) \\ \cos\dfrac{\alpha}{2} = \pm\sqrt{\dfrac{1+\cos\alpha}{2}} & (8) \end{cases}$$

(3) 公式の応用

倍角の公式を変形した(5)式または(6)式が主として使われます．例えば，$i = I_\mathrm{m}\sin\theta$ の実効値計算で，

$$\begin{aligned}
I_\mathrm{rms} &= \sqrt{\dfrac{1}{2\pi}\int_0^{2\pi} i^2\,d\theta} = \sqrt{\dfrac{I_\mathrm{m}^2}{2\pi}\int_0^{2\pi}\sin^2\theta\,d\theta} \\
&= \sqrt{\dfrac{I_\mathrm{m}^2}{2\pi}\int_0^{2\pi}\left(\dfrac{1-\cos 2\theta}{2}\right)d\theta}
\end{aligned}$$

のようにサインやコサインの2乗の積分をする際の式の変形などに活用されます．

> **Q4**：積を和にする公式および和を積にする公式の導き方を説明してください．また，どのような場合に使われますか．

(1) 積を和にする公式

$$\begin{cases} \sin(\alpha+\beta) = \sin\alpha\cos\beta + \cos\alpha\sin\beta & (1) \\ \sin(\alpha-\beta) = \sin\alpha\cos\beta - \cos\alpha\sin\beta & (2) \\ \cos(\alpha+\beta) = \cos\alpha\cos\beta - \sin\alpha\sin\beta & (3) \\ \cos(\alpha-\beta) = \cos\alpha\cos\beta + \sin\alpha\sin\beta & (4) \end{cases}$$

の加法定理の四つの式から，次のように積を和にする公式が導出されます．

$$\begin{cases} \dfrac{(1)+(2)}{2} = \dfrac{\sin(\alpha+\beta)+\sin(\alpha-\beta)}{2} = \sin\alpha\cos\beta & (5) \\ \dfrac{(1)-(2)}{2} = \dfrac{\sin(\alpha+\beta)-\sin(\alpha-\beta)}{2} = \cos\alpha\sin\beta & (6) \\ \dfrac{(3)+(4)}{2} = \dfrac{\cos(\alpha+\beta)+\cos(\alpha-\beta)}{2} = \cos\alpha\cos\beta & (7) \\ \dfrac{(4)-(3)}{2} = \dfrac{\cos(\alpha-\beta)-\cos(\alpha+\beta)}{2} = \sin\alpha\sin\beta & (8) \end{cases}$$

(2) 和を積にする公式

いま，$A = \alpha + \beta$，$B = \alpha - \beta$ となる A，B を考えると，$\alpha = \dfrac{A+B}{2}$，$\beta = \dfrac{A-B}{2}$ となります．これを(5)式〜(8)式に代入すると，次の和を積にする公式を導くことができます．

$$\sin A + \sin B = 2\sin\left(\frac{A+B}{2}\right)\cos\left(\frac{A-B}{2}\right) \tag{9}$$

$$\sin A - \sin B = 2\cos\left(\frac{A+B}{2}\right)\sin\left(\frac{A-B}{2}\right) \tag{10}$$

$$\cos A + \cos B = 2\cos\left(\frac{A+B}{2}\right)\cos\left(\frac{A-B}{2}\right) \tag{11}$$

$$\cos A - \cos B = -2\sin\left(\frac{A+B}{2}\right)\sin\left(\frac{A-B}{2}\right) \tag{12}$$

(3) 公式の応用

2種の学習範囲では，和を積にする公式よりも積を和にする公式を使う機会が多く，例えば，$e = E_\mathrm{m}\sin\omega t$ と $i = I_\mathrm{m}\sin(\omega t + \varphi)$ の平均電力 $\overline{P}$ の計算で，

$$\overline{P} = \frac{E_\mathrm{m}I_\mathrm{m}}{T/2}\int_0^{\frac{T}{2}}\sin\omega t \cdot \sin(\omega t + \varphi)\mathrm{d}t$$

$$= \frac{2E_\mathrm{m}I_\mathrm{m}}{T}\int_0^{\frac{T}{2}}\frac{1}{2}\{\cos\varphi - \cos(2\omega t + \varphi)\}\mathrm{d}t$$

と式を変形する場合などに用いられます．

6 ● この章をまとめると

(1) 弧度法による角度と立体角

(a) 弧度法による角度の定義

弧度法による角度 θ は，第2-16図のように動径の長さを r，弧の長さを l とすると，

$$\theta = \frac{l}{r} \;[\mathrm{rad}]\;(ラジアン)$$

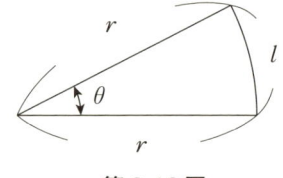

第2-16図

と定義される．

(b) 弧の長さの求め方

逆に，動径が r で角度が θ [rad] のときの弧の長さは $l = r\theta$ となる.

(c) 立体角の定義

立体角は空間的広がりの度合いを表すもので，

$$\omega = \frac{S}{r^2} \ [\text{sr}] \ (\text{ステラジアン})$$

　　r：球体の半径
　　S：球体の中心 O から空間的に広がる錐体が，半径 r の球から切り取る表面積（第 2-17 図の ☐ 部分）

と定義される.

(d) 立体角の一般式

第 2-18 図の球帽部分（☐ 部分）の立体角は，

$$\omega = 2\pi(1 - \cos\theta) \ [\text{sr}]$$

となる.

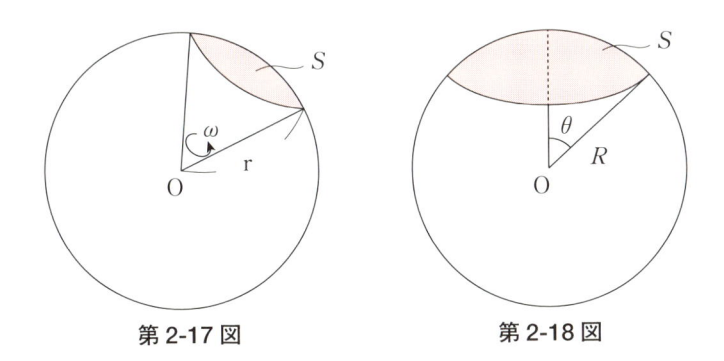

第 2-17 図　　　　**第 2-18 図**

(2) 三角関数のグラフ

(a) 三角関数の基本的性質

三角関数の周期，奇関数および偶関数としての性質，補角の三角関数，余角の三角関数などの三角関数の基本的性質は，第 2-19 図〜第 2-21 図の三角関数のグラフから理解することができる.

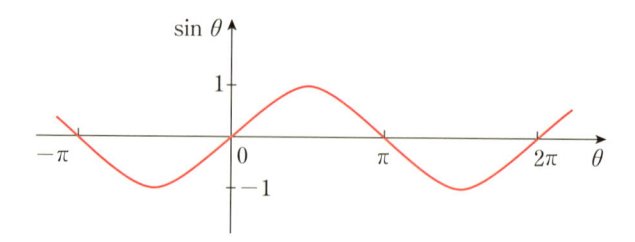

第 2-19 図 $\sin\theta$ のグラフ

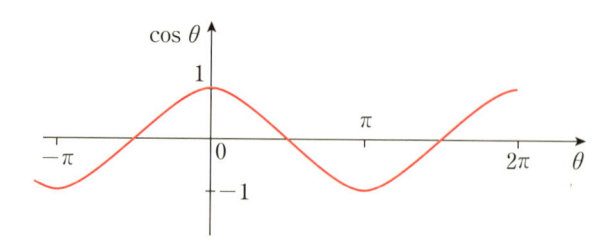

第 2-20 図 $\cos\theta$ のグラフ

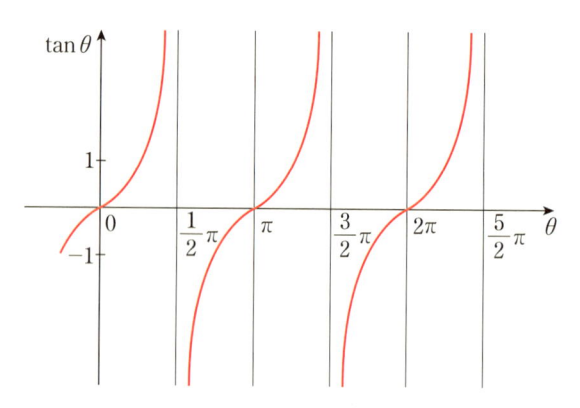

第 2-21 図 $\tan\theta$ のグラフ

(b) 位相の遅れ，進み

(i) 基準波形を $v = V_m \sin\omega t$ とするとき，

$$\begin{cases} 位相が\ \alpha\ 進み；i = I_m \sin(\omega t + \alpha) \\ 位相が\ \alpha\ 遅れ；i = I_m \sin(\omega t - \alpha) \end{cases}$$

となり，α の前の符号の ＋，－ が位相の進み，遅れに対応する．

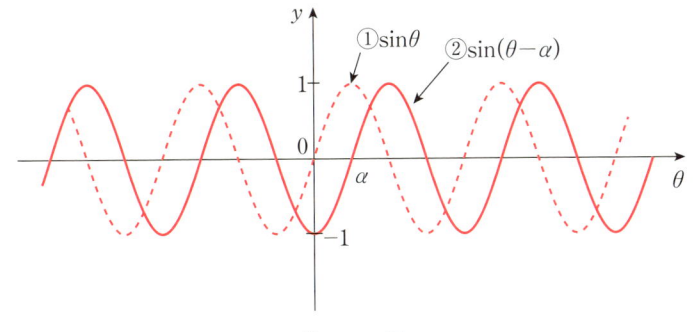

第 2-22 図

(ii) 第 2-22 図では，②の $\sin(\theta-\alpha)$ のグラフは①の $\sin\theta$ より位相が α 遅れている．これは，②は α 経過した後に①と同じ値をとるからである．

(3) 三角関数の相互関係

(i) 逆数関係にある三角関数の関係

$$\begin{cases} \sin\theta\operatorname{cosec}\theta = 1, \quad \cos\theta\sec\theta = 1 \\ \tan\theta\cot\theta = 1 \end{cases}$$

(ii) 一つの三角関数と二つの三角関数の積との関係

$$\begin{cases} \sin\theta = \cos\theta\tan\theta \\ \tan\theta = \sin\theta\sec\theta \\ \sec\theta = \tan\theta\operatorname{cosec}\theta \\ \operatorname{cosec}\theta = \sec\theta\cot\theta \\ \cot\theta = \cos\theta\operatorname{cosec}\theta \\ \cos\theta = \sin\theta\cot\theta \end{cases}$$

(iii) 2 乗の和の関係

$$\begin{cases} \sin^2\theta + \cos^2\theta = 1, \quad \tan^2\theta + 1 = \sec^2\theta \\ 1 + \cot^2\theta = \operatorname{cosec}^2\theta \end{cases}$$

第 2-23 図

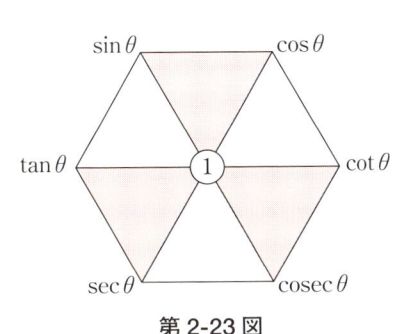

(iv) 以上の関係は，第 2-23 図の六角形の図から機械的に求めることができる．

(4) 加法定理の公式

$$\begin{cases} \sin(\alpha\pm\beta) = \sin\alpha\cos\beta \pm \cos\alpha\sin\beta \\ \cos(\alpha\pm\beta) = \cos\alpha\cos\beta \mp \sin\alpha\sin\beta \end{cases} \quad \text{(複号同順)}$$

(5) 加法定理から導かれる諸公式

加法定理から導かれる諸公式を図にまとめると第2-24図となる.

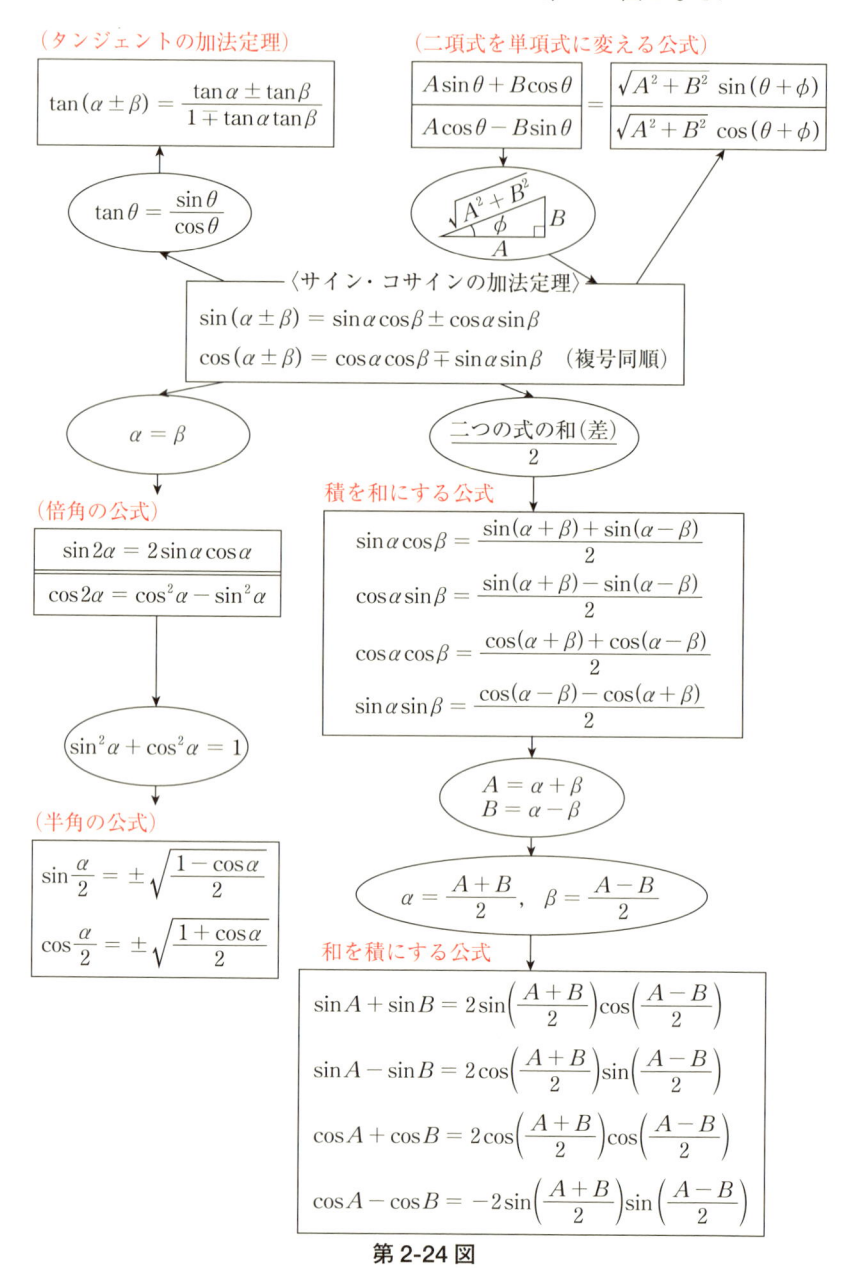

（タンジェントの加法定理）

$$\tan(\alpha \pm \beta) = \frac{\tan\alpha \pm \tan\beta}{1 \mp \tan\alpha\tan\beta}$$

（二項式を単項式に変える公式）

$$\frac{A\sin\theta + B\cos\theta}{A\cos\theta - B\sin\theta} = \frac{\sqrt{A^2+B^2}\sin(\theta+\phi)}{\sqrt{A^2+B^2}\cos(\theta+\phi)}$$

$$\tan\theta = \frac{\sin\theta}{\cos\theta}$$

〈サイン・コサインの加法定理〉

$$\sin(\alpha \pm \beta) = \sin\alpha\cos\beta \pm \cos\alpha\sin\beta$$
$$\cos(\alpha \pm \beta) = \cos\alpha\cos\beta \mp \sin\alpha\sin\beta \quad (\text{複号同順})$$

$\alpha = \beta$

二つの式の和（差）/2

（倍角の公式）

$$\sin 2\alpha = 2\sin\alpha\cos\alpha$$
$$\cos 2\alpha = \cos^2\alpha - \sin^2\alpha$$

積を和にする公式

$$\sin\alpha\cos\beta = \frac{\sin(\alpha+\beta) + \sin(\alpha-\beta)}{2}$$
$$\cos\alpha\sin\beta = \frac{\sin(\alpha+\beta) - \sin(\alpha-\beta)}{2}$$
$$\cos\alpha\cos\beta = \frac{\cos(\alpha+\beta) + \cos(\alpha-\beta)}{2}$$
$$\sin\alpha\sin\beta = \frac{\cos(\alpha-\beta) - \cos(\alpha+\beta)}{2}$$

$$\sin^2\alpha + \cos^2\alpha = 1$$

$$A = \alpha + \beta$$
$$B = \alpha - \beta$$

（半角の公式）

$$\sin\frac{\alpha}{2} = \pm\sqrt{\frac{1-\cos\alpha}{2}}$$
$$\cos\frac{\alpha}{2} = \pm\sqrt{\frac{1+\cos\alpha}{2}}$$

$$\alpha = \frac{A+B}{2}, \quad \beta = \frac{A-B}{2}$$

和を積にする公式

$$\sin A + \sin B = 2\sin\left(\frac{A+B}{2}\right)\cos\left(\frac{A-B}{2}\right)$$
$$\sin A - \sin B = 2\cos\left(\frac{A+B}{2}\right)\sin\left(\frac{A-B}{2}\right)$$
$$\cos A + \cos B = 2\cos\left(\frac{A+B}{2}\right)\cos\left(\frac{A-B}{2}\right)$$
$$\cos A - \cos B = -2\sin\left(\frac{A+B}{2}\right)\sin\left(\frac{A-B}{2}\right)$$

第2-24図

[問 2-1-1] の解答

① 2π [rad] ② $\frac{2}{3}\pi$ [rad] ③ $\frac{\pi}{2}$ [rad] ④ $\frac{\pi}{3}$ [rad] ⑤ $\frac{\pi}{4}$ [rad]

($180° = \pi$ [rad] として比例計算すればよい.)

[問 2-4-1] の解答

① $\sin(\theta + 360°) = \sin\theta\cos 360° + \cos\theta\sin 360° = \sin\theta$
② $\cos(180° - \theta) = \cos 180°\cos\theta + \sin 180°\sin\theta = -\cos\theta$
③ $\sin(90° - \theta) = \sin 90°\cos\theta - \cos 90°\sin\theta = \cos\theta$

7 ● 基本問題（数学問題）

【問題 1】 次の 60 分法で表された角度を弧度法で表せ.

① $180°$ ② $240°$ ③ $30°$

【問題 2】 図の □ で示された球帽の立体角はいくらか.

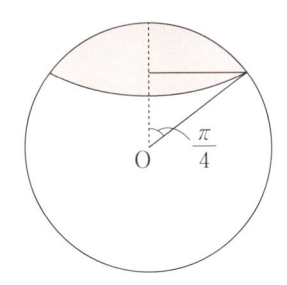

【問題 3】 電圧 $\dot{E}$ および電流 $\dot{I}$ がベクトル記号法で $\dot{E} = 100$ V, $\dot{I} = 10e^{-j\frac{\pi}{6}}$ A と表されるとき，電圧の瞬時値が $e = 100\sqrt{2}\sin\omega t$ [V] とすると，電流の瞬時値はどのような式で表されるか.

【問題 4】 加法定理を用いて次の等式が成り立つことを証明せよ.

① $\sin(\pi - \theta) = \sin\theta$ ② $\cos(\pi - \theta) = -\cos\theta$
③ $\sin\left(\frac{\pi}{2} - \theta\right) = \cos\theta$

【問題 5】 次の式が成り立つことを証明せよ．
$$\sin\omega t + \cos\omega t = \sqrt{2}\sin\left(\omega t + \frac{\pi}{4}\right) = \sqrt{2}\cos\left(\omega t - \frac{\pi}{4}\right)$$

【問題 6】 $\sin\beta = 3/5$ のとき，$\sin 2\beta$, $\cos 2\beta$, $\tan 2\beta$ の値を求めよ．
ただし，$0 < \beta < \frac{\pi}{2}$ とする．

【問題 7】 次の式が成り立つことを証明せよ．
① $\dfrac{\sin 2\theta}{1 + \cos 2\theta} = \tan\theta$ 　　② $\sin 2\theta = \dfrac{2\tan\theta}{1 + \tan^2\theta}$

【問題 8】 θ が $\cos\theta = 0.8$ を満足する鋭角のとき，$\sin\dfrac{\theta}{2}$, $\cos\dfrac{\theta}{2}$ の値を求めよ．

【問題 9】 次の式を三角関数の和の形に直せ．
① $2\cos(\alpha+\beta)\cos(\alpha-\beta)$ 　　② $\sin\omega t\sin 3\omega t$ 　　③ $\sin(\omega t + \phi)\sin\omega t$

【問題 10】 次の等式が成り立つことを証明せよ．
① $\sin\omega t + \sin\left(\omega t + \dfrac{\pi}{3}\right) = \sqrt{3}\sin\left(\omega t + \dfrac{\pi}{6}\right)$
② $\sin\omega t + \sin\left(\omega t + \dfrac{2}{3}\pi\right) + \sin\left(\omega t + \dfrac{4}{3}\pi\right) = 0$

● 基本問題の解答 ────────────

【問題 1】 ① π [rad] 　② $\dfrac{4}{3}\pi$ [rad] 　③ $\dfrac{\pi}{6}$ [rad]

【問題 2】 $\omega = 2\pi\left(1 - \cos\dfrac{\pi}{4}\right) = 2\pi\left(1 - \dfrac{1}{\sqrt{2}}\right)$ [sr]

【問題 3】 $\dot{I} = 10e^{-j\frac{\pi}{6}}$ A は，実効値が 10 A で位相が $\pi/6$ 遅れた波形になることを表している．したがって，$i = 10\sqrt{2}\sin(\omega t - \pi/6)$ A となる．

【問題 4】 ① $\sin(\pi - \theta) = \sin\pi\cos\theta - \cos\pi\sin\theta = \sin\theta$
② $\cos(\pi - \theta) = \cos\pi\cos\theta + \sin\pi\sin\theta = -\cos\theta$
③ $\sin\left(\dfrac{\pi}{2} - \theta\right) = \sin\dfrac{\pi}{2}\cos\theta - \cos\dfrac{\pi}{2}\sin\theta = \cos\theta$

【問題 5】 $\sin\omega t + \cos\omega t = 1\times\sin\omega t + 1\times\cos\omega t$ と考える．

ここで，$1 = \sqrt{2}\sin\dfrac{\pi}{4} = \sqrt{2}\cos\dfrac{\pi}{4}$ であるから，

① $\sin\omega t + \cos\omega t = \sqrt{2}\sin\omega t\cos\dfrac{\pi}{4} + \sqrt{2}\cos\omega t\sin\dfrac{\pi}{4} = \sqrt{2}\sin\left(\omega t + \dfrac{\pi}{4}\right)$

② $\sin\omega t + \cos\omega t = \sqrt{2}\cos\omega t\cos\dfrac{\pi}{4} + \sqrt{2}\sin\omega t\sin\dfrac{\pi}{4} = \sqrt{2}\cos\left(\omega t - \dfrac{\pi}{4}\right)$

【問題6】 $\cos\beta = \sqrt{1 - \sin^2\beta} = \dfrac{4}{5}$

① $\sin 2\beta = 2\sin\beta\cos\beta = 2 \times \dfrac{3}{5} \times \dfrac{4}{5} = \dfrac{24}{25}$

② $\cos 2\beta = \cos^2\beta - \sin^2\beta = \dfrac{16}{25} - \dfrac{9}{25} = \dfrac{7}{25}$

③ $\tan 2\beta = \dfrac{\sin 2\beta}{\cos 2\beta} = \dfrac{24}{7}$

【問題7】

① $\dfrac{\sin 2\theta}{1 + \cos 2\theta} = \dfrac{2\sin\theta\cos\theta}{1 + \cos^2\theta - \sin^2\theta} = \dfrac{2\sin\theta\cos\theta}{2\cos^2\theta} = \dfrac{\sin\theta}{\cos\theta} = \tan\theta$

② $\dfrac{2\tan\theta}{1 + \tan^2\theta} = \dfrac{\dfrac{2\sin\theta}{\cos\theta}}{\sec^2\theta} = 2\sin\theta\cos\theta = \sin 2\theta$

【問題8】 $\sin\dfrac{\theta}{2} = \sqrt{\dfrac{1 - \cos\theta}{2}} = 0.316$

$\cos\dfrac{\theta}{2} = \sqrt{\dfrac{1 + \cos\theta}{2}} = 0.949$

【問題9】

① $2\cos(\alpha+\beta)\cos(\alpha-\beta) = 2 \times \dfrac{1}{2}\{\cos(\alpha+\beta+\alpha-\beta) + \cos(\alpha+\beta-\alpha+\beta)\}$
$= \cos 2\alpha + \cos 2\beta$

② $\sin\omega t\sin 3\omega t = \dfrac{1}{2}\{\cos(\omega t - 3\omega t) - \cos(\omega t + 3\omega t)\}$
$= \dfrac{1}{2}\cos 2\omega t - \dfrac{1}{2}\cos 4\omega t$

③ $\sin(\omega t + \phi)\sin\omega t = \dfrac{1}{2}\{\cos(\omega t + \phi - \omega t) - \cos(\omega t + \phi + \omega t)\}$
$= \dfrac{1}{2}\cos\phi - \dfrac{1}{2}\cos(2\omega t + \phi)$

【問題10】

① $\sin\omega t + \sin\left(\omega t + \dfrac{\pi}{3}\right) = 2\sin\left(\dfrac{\omega t + \omega t + \dfrac{\pi}{3}}{2}\right)\cos\left(\dfrac{\omega t - \omega t - \dfrac{\pi}{3}}{2}\right)$

$\qquad\qquad\qquad\qquad\quad = 2\sin\left(\omega t + \dfrac{\pi}{6}\right)\cos\dfrac{\pi}{6} = \sqrt{3}\,\sin\left(\omega t + \dfrac{\pi}{6}\right)$

② $\sin\left(\omega t + \dfrac{2}{3}\pi\right) + \sin\left(\omega t + \dfrac{4}{3}\pi\right)$

$\qquad = 2\sin\left(\dfrac{\omega t + \dfrac{2}{3}\pi + \omega t + \dfrac{4}{3}\pi}{2}\right)\cos\left(\dfrac{\omega t + \dfrac{2}{3}\pi - \omega t - \dfrac{4}{3}\pi}{2}\right)$

$\qquad = 2\sin(\omega t + \pi)\cos\dfrac{\pi}{3} = \sin(\omega t + \pi) = -\sin\omega t$

∴ 与式 $= \sin\omega t - \sin\omega t = 0$

8 ● 応用問題

【問題1】 図のような負荷の変動がない平衡三相回路で，電力計の電圧コイルを切換開閉器Sを使ってc_0およびb_0側に接続したときの電力計の読みをそれぞれP_1[W]およびP_2[W]とするとき，三相電力P[W]および負荷の力率$\cos\theta$が次の式で表されることを証明せよ．

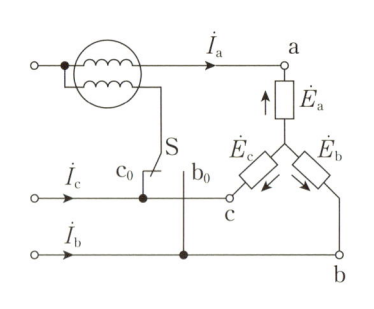

(1) 三相電力　$P = P_1 + P_2$

(2) 力率　$\cos\theta = \dfrac{P_1 + P_2}{2\sqrt{P_1^2 - P_1 P_2 + P_2^2}}$

【問題2】 2個の単相電力計AおよびBを図のように三相3線式平衡回路に接続した場合について，次の問に答えよ．ただし，星形電圧$\dot{V}_a$と線電流$\dot{I}_a$との位相差をφ（遅れ電流）

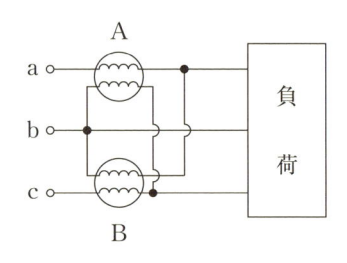

とし，相順を a → b → c とする．

(1) 電力計 A の指示は，どのような値となるか．また，この値は，この三相平衡回路の無効電力とどのような関係にあるか．

(2) 電力計 A および B の指示の和は，どんな値となるか．

【問題3】 図のように抵抗 R と静電容量 C とが並列につないである回路に，$e = E_m \sin\omega t$ の電圧を加えたときの全電流の瞬時値を求めよ．

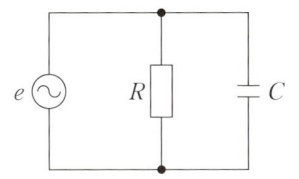

【問題4】 抵抗 R [Ω] とインダクタンス L [H] を直列につないだ回路に，電流 $i = I_m \sin\omega t$ [A] が流れたときの全電圧降下の瞬時値を求めよ．

●応用問題の解答

【問題1】 (1) スイッチ S が c_0 側のときは，電圧コイルには，$\dot{V}_{ac}$ がかかるので，第1図に示すベクトル図より，

$$P_1 = V_{ac} I_a \cos(30° - \theta) = VI\cos(30° - \theta)$$

スイッチ S が b_0 側のときは，$\dot{V}_{ab}$ がかかるので，

$$P_2 = V_{ab} I_a \cos(30° + \theta) = VI\cos(30° + \theta)$$

したがって，P_1 と P_2 の和は，

$$P_1 + P_2 = VI\cos(30° - \theta) + VI\cos(30° + \theta)$$
$$= 2VI\cos 30° \cos\theta = \sqrt{3}\, VI\cos\theta \tag{1}$$

となり，三相電力となる．

(2) $P_1 - P_2 = 2VI\sin 30° \sin\theta = VI\sin\theta \tag{2}$

(1), (2)式より，

$$\tan\theta = \frac{\sin\theta}{\cos\theta} = \frac{\dfrac{P_1 - P_2}{VI}}{\dfrac{P_1 + P_2}{\sqrt{3}\, VI}} = \sqrt{3}\,\frac{P_1 - P_2}{P_1 + P_2}$$

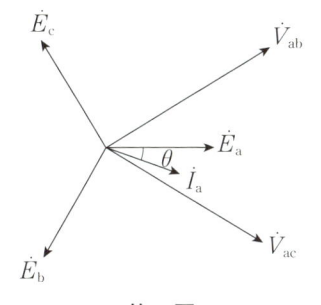

第1図

$$\cos\theta = \frac{1}{\sec\theta} = \frac{1}{\sqrt{1+\tan^2\theta}} = \frac{1}{\sqrt{1+3\left(\dfrac{P_1-P_2}{P_1+P_2}\right)^2}} \tag{3}$$

(3)式より，力率 $\cos\theta$ が，

$$\cos\theta = \frac{P_1+P_2}{2\sqrt{P_1^2 - P_1 P_2 + P_2^2}}$$

となることが導かれる．

【問題 2】 (1) 電力計 A の指示 P_A は $\dot{V}_{bc}$ と $\dot{I}_a$ の消費電力となるので，第 2 図に示すベクトル図より，

$$\begin{aligned}P_A &= V_{bc} I_a \cos\left(\frac{\pi}{2} - \varphi\right) \\ &= V_{bc} I_a \left(\cos\frac{\pi}{2}\cos\varphi + \sin\frac{\pi}{2}\sin\varphi\right) \\ &= V_{bc} I_a \sin\varphi\end{aligned}$$

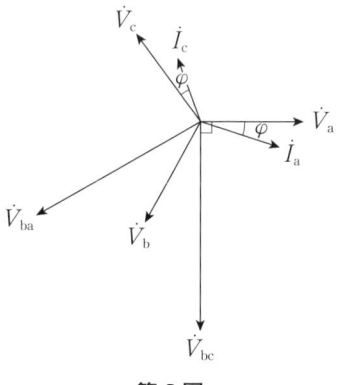

$V_{bc} = \sqrt{3}\,|\dot{V}_a|$, $I_a = |\dot{I}_a|$ より，

$$P_A = \sqrt{3}\,|\dot{V}_a||\dot{I}_a|\sin\varphi$$

第 2 図

となる．また，無効電力 $Q = 3|\dot{V}_a||\dot{I}_a|\sin\varphi$ であるので，A の指示値は無効電力の $\dfrac{1}{\sqrt{3}}$ の値を示す．

(2) 電力計 B の指示 P_B は，$\dot{V}_{ba}$ と $\dot{I}_c$ の消費電力となるので，ベクトル図より，

$$\begin{aligned}P_B &= V_{ba} I_c \cos\left(\frac{\pi}{2} + \varphi\right) = V_{ba} I_c \left(\cos\frac{\pi}{2}\cos\varphi - \sin\frac{\pi}{2}\sin\varphi\right) \\ &= -V_{ba} I_c \sin\varphi\end{aligned}$$

$V_{ba} = \sqrt{3}\,|\dot{V}_a|$, $I_c = |\dot{I}_a|$ より，

$$P_B = -\sqrt{3}\,|\dot{V}_a||\dot{I}_a|\sin\varphi$$

したがって，P_A と P_B の和は次のように 0 となる．

$$P_A + P_B = \sqrt{3}\,|\dot{V}_a||\dot{I}_a|\sin\varphi - \sqrt{3}\,|\dot{V}_a||\dot{I}_a|\sin\varphi = 0$$

【問題 3】 R および C を流れる電流をおのおの i_R, i_C とすれば，

$$\begin{cases} i_R = \dfrac{e}{R} = \dfrac{E_\mathrm{m}}{R}\sin\omega t \\ i_C = \omega C E_\mathrm{m}\sin\left(\omega t + \dfrac{\pi}{2}\right) = \omega C E_\mathrm{m}\cos\omega t \end{cases}$$

全電流 $i = i_R + i_C$ であるので，

$$i = \frac{E_\mathrm{m}}{R}\sin\omega t + \omega C E_\mathrm{m}\cos\omega t \tag{1}$$

右図のような直角三角形を考えると，

$$\frac{E_\mathrm{m}}{R} = E_\mathrm{m}\sqrt{\left(\frac{1}{R}\right)^2 + (\omega C)^2}\cos\varphi$$

$$\omega C E_\mathrm{m} = E_\mathrm{m}\sqrt{\left(\frac{1}{R}\right)^2 + (\omega C)^2}\sin\varphi$$

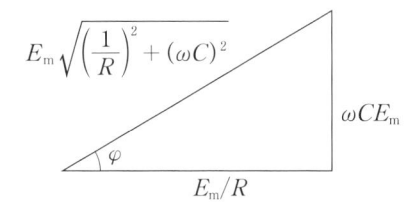

であるので，(1)式は，

$$i = E_\mathrm{m}\sqrt{\left(\frac{1}{R}\right)^2 + (\omega C)^2}(\sin\omega t\cos\varphi + \cos\omega t\sin\varphi)$$

$$= E_\mathrm{m}\sqrt{\left(\frac{1}{R}\right)^2 + (\omega C)^2}\sin(\omega t + \varphi)$$

となる．ただし，$\varphi = \tan^{-1}\omega CR$

【問題 4】 R および L の端子電圧を e_R, e_L とすると，

$$\begin{cases} e_R = R I_\mathrm{m}\sin\omega t \ [\mathrm{V}] \\ e_L = \omega L I_\mathrm{m}\sin\left(\omega t + \dfrac{\pi}{2}\right) = \omega L I_\mathrm{m}\cos\omega t \ [\mathrm{V}] \end{cases}$$

全電圧降下 e は e_R と e_L の和となるので，

$$e = e_R + e_L = I_\mathrm{m}(R\sin\omega t + \omega L\cos\omega t) \tag{1}$$

ここで，インピーダンスを Z で表すと，

$$R = Z\cos\varphi, \quad \omega L = Z\sin\varphi$$

となるので，これらを(1)式に代入すると，

$$e = I_\mathrm{m}Z(\sin\omega t\cos\varphi + \cos\omega t\sin\varphi) = I_\mathrm{m}Z\sin(\omega t + \varphi) \ [\mathrm{V}]$$

したがって，全電圧降下の瞬時値は次式となる．

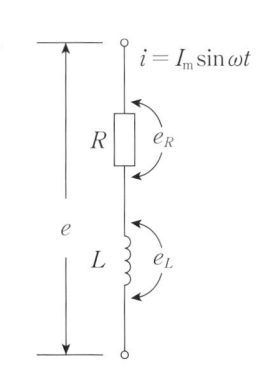

$$e = I_\mathrm{m} \sqrt{R^2 + (\omega L)^2} \sin(\omega t + \varphi) \ [\mathrm{V}]$$

ただし，$\varphi = \tan^{-1} \dfrac{\omega L}{R}$

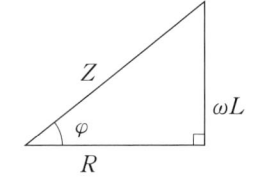

第3章

2種の複素数は3種とどう違いどこまで必要か

第3章 2種の複素数は3種とどう違いどこまで必要か

1. 複素数とは

Q1：最初に複素数についての基本的事項をまとめて示してください．

2種の交流計算は，複素数を使うことが多く，複素数とその計算方法についての知識を十分なものにしておかなければなりません．では，まず，最初に基本的事項をまとめてみましょう．

(1) **虚数単位 j**

① 平方して -1 になる数を j で表し，これを虚数単位と呼びます．すなわち，$j^2 = -1$ となります．

② $a>0$ のとき，$\sqrt{-a}$ を $j\sqrt{a}$ と表します．

③ j を含む計算では，j をふつうの文字のようにみなして計算します．また，j^2 が現れるごとに -1 に置き換えて計算します．

(2) **複素数**

一般に $a+jb$（a, b は実数）で表される数を複素数といい，a をその実数部，b をその虚数部といいます．

(3) **等しい複素数**

二つの複素数 $a+jb$ と $c+jd$ とは，$a=c$ かつ $b=d$ のときに限って等しいと定めます．

(4) **四則の定義**

① 和 $(a+jb)+(c+jd)=(a+c)+j(b+d)$

② 差 $(a+jb)-(c+jd)=(a-c)+j(b-d)$

③ 積　$(a+\mathrm{j}b)(c+\mathrm{j}d) = (ac-bd)+\mathrm{j}(ad+bc)$

④ 商　$\dfrac{a+\mathrm{j}b}{c+\mathrm{j}d} = \dfrac{ac+bd}{c^2+d^2} + \mathrm{j}\dfrac{bc-ad}{c^2+d^2}$　（ただし，$c+\mathrm{j}d \neq 0$ とする．）

(5) 絶対値

複素数 $\dot{Z} = a+\mathrm{j}b$ において，$\sqrt{a^2+b^2}$ をその絶対値といい，$|\dot{Z}|$ または Z で表します．

(6) 積・商の絶対値

積・商の絶対値については，次の等式が成り立ちます．

$|\dot{A}\dot{B}| = |\dot{A}||\dot{B}|,\quad \left|\dfrac{\dot{A}}{\dot{B}}\right| = \dfrac{|\dot{A}|}{|\dot{B}|}$　（ただし，$\dot{B} \neq 0$ とする．）

Q2：複素数を使って解く例題を示し，その解き方について説明してください．

＜例題＞

図のように $\dot{Z}_1 = \mathrm{j}10\ \Omega$，$\dot{Z}_2 = \mathrm{j}20\ \Omega$，$\dot{Z}_3 = -\mathrm{j}10\ \Omega$ が接続され，電圧 $\dot{V} = 60\ \mathrm{V}$ の電源を含む回路で，端子 m, n がスイッチ S で開路されているとき，この端子間の電圧 $\dot{V}_{\mathrm{mn}}$ を求めよ．また，スイッチ S を閉じて負荷 $\dot{Z}_0 = (10+\mathrm{j}40/3)\ \Omega$ を接続したとき，$\dot{Z}_0$ に流れる電流の大きさを求めよ．

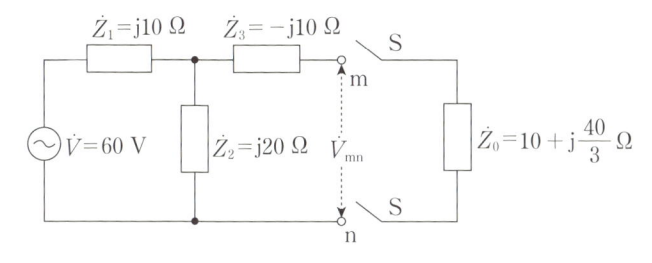

(1) スイッチ S が開路されているときの端子電圧 $\dot{V}_{\mathrm{mn}}$ は，$\dot{Z}_2$ の端子電圧となります．したがって，$\dot{V}_{\mathrm{mn}}$ は次の計算で求まります．

$\dot{V}_{\mathrm{mn}} = \dfrac{\dot{Z}_2}{\dot{Z}_1 + \dot{Z}_2}\dot{V} = \dfrac{\mathrm{j}20}{\mathrm{j}10 + \mathrm{j}20} \times 60$

j をふつうの文字のようにみなして j で約分します．

$$= \frac{\text{j}20}{\text{j}30} \times 60$$

$$= \frac{20}{30} \times 60 = 40 \text{ V}$$

(2) スイッチSを閉じたときに負荷 $\dot{Z}_0$ に流れる電流 $\dot{I}$ は，スイッチSより電源側を見たときの内部インピーダンスを $\dot{Z}_s$ とすれば，鳳・テブナンの定理より，

$$\dot{I} = \frac{\dot{V}_{\text{mn}}}{\dot{Z}_s + \dot{Z}_0} = \frac{\dot{V}_{\text{mn}}}{\dfrac{\dot{Z}_1 \dot{Z}_2}{\dot{Z}_1 + \dot{Z}_2} + \dot{Z}_3 + \dot{Z}_0} \quad \left(\because \ \dot{Z}_s = \frac{\dot{Z}_1 \dot{Z}_2}{\dot{Z}_1 + \dot{Z}_2} + \dot{Z}_3 \right)$$

$$= \frac{40}{\dfrac{\text{j}10 \times \text{j}20}{\text{j}10 + \text{j}20} - \text{j}10 + 10 + \text{j}\dfrac{40}{3}} = \frac{40}{\text{j}\dfrac{20}{3} - \text{j}10 + 10 + \text{j}\dfrac{40}{3}}$$

$$= \frac{40}{10 + \text{j}10} = \frac{4}{1 + \text{j}} \text{ A} \qquad \text{j1をjと書きます．}$$

電流の大きさは，$\dot{I}$ の絶対値をとり，次の値となります．

$$|\dot{I}| = \left| \frac{4}{1+\text{j}} \right| = \frac{4}{\sqrt{1^2 + 1^2}} = \frac{4}{\sqrt{2}} = 2\sqrt{2} \text{ A} \qquad \left| \frac{\dot{A}}{\dot{B}} \right| = \frac{|\dot{A}|}{|\dot{B}|}$$

2 ● 複素数の表示方法は

Q1：複素平面とはどのようなものですか．また，複素数の各種の表示方法について説明してください．

(1) 複素平面（ガウス平面）

実数 a と虚数 $\text{j}b$ からなる複素数 $a + \text{j}b$ は，第3-1図のように実数軸（横軸）上に a，虚数軸（縦軸）上に b をとった平面上の点Pと対応させることができます．

このように，平面上の各点が複素数を表

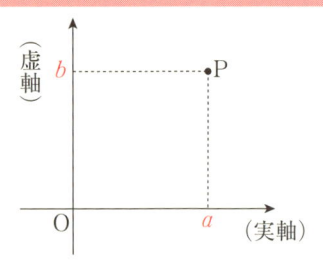

第3-1図

していると考えられる平面を複素平面またはガウス平面といいます．

(2) 複素数の表示方法

複素数を $\dot{Z} = a + jb$ の形で表す方法を**直交座標形表示**といいますが，第3-1図の点Pは，第3-2図のように，$|\dot{Z}| = \overline{OP} = r$ と $\angle POa = \theta$ を用いて表すこともできます．このような座標のとり方により，次の三つの表示方法があります．

① **極座標形表示**

$\dot{Z} = r\angle\theta$（θ を偏角といいます．）

② **三角関数形表示**

$\dot{Z} = r(\cos\theta + j\sin\theta)$

（$a = r\cos\theta$，$b = r\sin\theta$ の関係に基づきます．）

③ **指数関数形表示**

$\dot{Z} = re^{j\theta}$

（オイラーの公式

$e^{j\theta} = \cos\theta + j\sin\theta$ に基づきます．）

3種では主として直交座標形表示の複素数を扱ってきましたが，2種では，いずれの表示方法であっても自由に使いこなせる計算力が必要とされます．

第3-2図

> 2種では
> (1)直交座標形表示
> (2)極座標形表示
> (3)三角関数形表示
> (4)指数関数形表示
> の全てを使いこなす
> ことが必要

3● 複素数の計算法則は

Q1：直交座標形表示の複素数の計算は分かりましたが，指数関数形で表示された複素数の計算の仕方について示してください．

$\dot{A}=Ae^{j\theta_a}$, $\dot{B}=Be^{j\theta_b}$ の二つの複素数を例にあげて，その計算の仕方について説明しましょう．

(1) 和および差

この場合は，
$$\dot{A}=A(\cos\theta_a+j\sin\theta_a),\ \dot{B}=B(\cos\theta_b+j\sin\theta_b)$$
と三角関数形表示に直してから次のように計算します．

$$\begin{cases} \text{ⓐ 和}\quad \dot{A}+\dot{B}=A(\cos\theta_a+j\sin\theta_a)+B(\cos\theta_b+j\sin\theta_b) \\ \qquad\qquad\qquad =(A\cos\theta_a+B\cos\theta_b)+j(A\sin\theta_a+B\sin\theta_b) \qquad (1)\\ \text{ⓑ 差}\quad \dot{A}-\dot{B}=A(\cos\theta_a+j\sin\theta_a)-B(\cos\theta_b+j\sin\theta_b) \\ \qquad\qquad\qquad =(A\cos\theta_a-B\cos\theta_b)+j(A\sin\theta_a-B\sin\theta_b) \qquad (2) \end{cases}$$

(2) 積および商

$e^m \cdot e^n = e^{m+n}$, $e^m/e^n = e^{m-n}$ の指数法則を適用します．

$$\begin{cases} \text{ⓐ 積}\quad \dot{A}\dot{B}=Ae^{j\theta_a}\cdot Be^{j\theta_b}=ABe^{j(\theta_a+\theta_b)} \qquad (3)\\ \text{ⓑ 商}\quad \dfrac{\dot{A}}{\dot{B}}=\dfrac{Ae^{j\theta_a}}{Be^{j\theta_b}}=\dfrac{A}{B}e^{j(\theta_a-\theta_b)} \qquad (4) \end{cases}$$

また，(3), (4)式を極座標表示で表すと，次のようになります．

$$\begin{cases} \text{ⓐ 積}\quad \dot{A}\dot{B}=(A\angle\theta_a)\cdot(B\angle\theta_b)=AB\angle(\theta_a+\theta_b) \qquad (3)'\\ \text{ⓑ 商}\quad \dfrac{\dot{A}}{\dot{B}}=\dfrac{A\angle\theta_a}{B\angle\theta_b}=\dfrac{A}{B}\angle(\theta_a-\theta_b) \qquad (4)' \end{cases}$$

以上のように，指数関数形表示の複素数を使うと積および商の計算が簡単化されます．

【問3-3-1】 $\dot{A}=10e^{j\frac{\pi}{3}}$, $\dot{B}=6e^{j\frac{\pi}{6}}$ とするとき，次の計算をせよ．
① $\dot{A}+\dot{B}$　　② $\dot{A}-\dot{B}$　　③ $\dot{A}\dot{B}$　　④ $\dot{A}/\dot{B}$

Q2：複素数の計算を複素平面上に表すとどのようになるか示してください．

(1) 和と差

① 和

$\dot{Z}_1 = a + \mathrm{j}b$, $\dot{Z}_2 = c + \mathrm{j}d$ の二つの複素数の和 $\dot{Z}$ は,
$$\dot{Z} = (a + \mathrm{j}b) + (c + \mathrm{j}d) = (a + c) + \mathrm{j}(b + d)$$
となります.これを図に表すと第3-3図となり,$\dot{Z}$ は $\mathrm{O}\dot{Z}_1$,$\mathrm{O}\dot{Z}_2$ を2辺とする平行四辺形のOの対角となります.

② 差

複素数の差は,
$$\dot{Z} = (a + \mathrm{j}b) - (c + \mathrm{j}d) = (a - c) + \mathrm{j}(b - d)$$
となり,$\mathrm{O}\dot{Z}_1$,$\mathrm{O}(-\dot{Z}_2)$ を2辺とする平行四辺形のOの対角となります(第3-4図).

(2) 積と商

① 積

$\dot{Z}_1 = Z_1 \mathrm{e}^{\mathrm{j}\theta_1}$,$\dot{Z}_2 = Z_2 \mathrm{e}^{\mathrm{j}\theta_2}$ とすれば,その積 $\dot{Z}$ は,
$$\dot{Z} = Z_1 Z_2 \mathrm{e}^{\mathrm{j}(\theta_1 + \theta_2)}$$

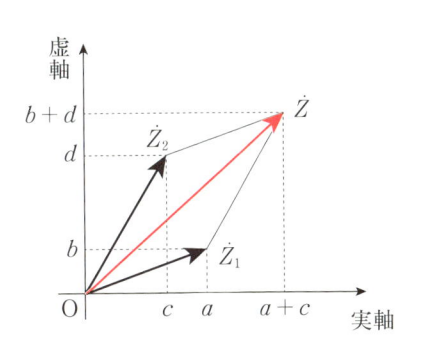

第3-3図

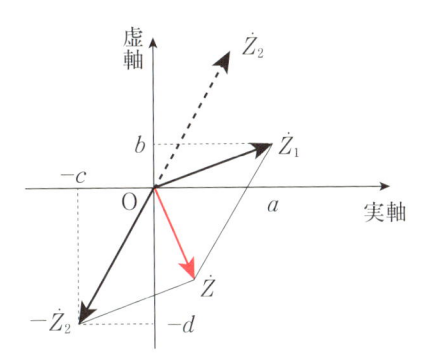

第3-4図

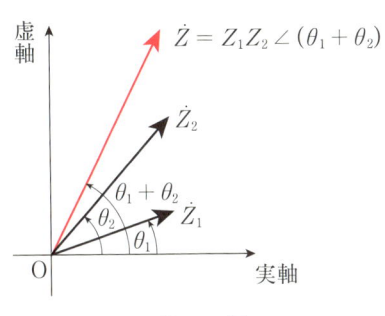

第3-5図

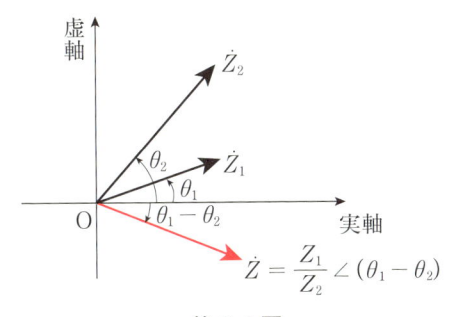

第3-6図

となり，大きさが $Z_1 Z_2$ で偏角が $(\theta_1 + \theta_2)$ の複素数となります（第3-5図）．

② 商

$$\dot{Z} = \frac{\dot{Z}_1}{\dot{Z}_2} = \frac{Z_1}{Z_2} e^{j(\theta_1 - \theta_2)}$$

となり，大きさが Z_1/Z_2 で偏角が $(\theta_1 - \theta_2)$ の複素数となります（第3-6図）．

4 ● 共役複素数と電力ベクトルとは

Q1：共役複素数とその使い道について説明してください．

(1) **共役複素数とは**

複素数 $\dot{Z} = a + jb$ に対して，虚数部の符号を変えた $a - jb$ を $\dot{Z}$ の共役複素数といい，$\overline{\dot{Z}}$ で表します．

$$\begin{aligned} \dot{Z} &= a + jb \text{ のとき} \\ \overline{\dot{Z}} &= a - jb \end{aligned} \quad (1)$$

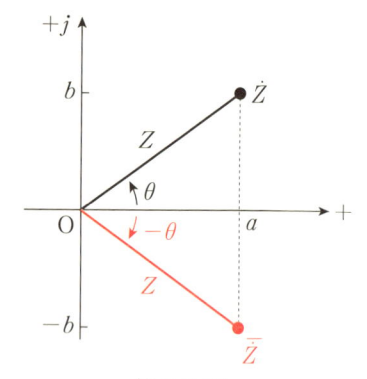

$\dot{Z}$ と $\overline{\dot{Z}}$ は第3-7図に示すように実数軸に対して線対称となる位置関係にあり，大きさは等しく，位相角は $\angle \dot{Z} = \theta$ とすれば，$\angle \overline{\dot{Z}} = (-\theta)$ となる複素数です．したがって，指数関数形表示では，

$$\dot{Z} = Ze^{j\theta} \text{ のとき} \quad \overline{\dot{Z}} = Ze^{-j\theta} \quad (2)$$

第3-7図

となります．

(2) **共役複素数の用途**

(a) $\dot{Z}$ と $\overline{\dot{Z}}$ を掛け合わせると，$\dot{Z}$ の絶対値の2乗となります．

$$\dot{Z}\overline{Z} = Z^2 \mathrm{e}^{\mathrm{j}0} = Z^2 \quad (3)$$

この関係が，分数の複素数の分母を有理化する際に用いられます．

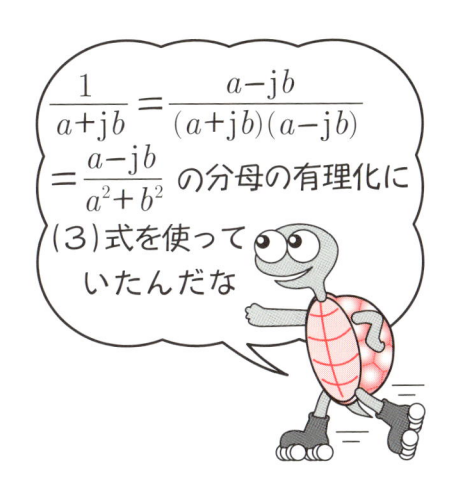

(b) 電圧 $\dot{V}$ と電流 $\dot{I}$ が共に複素数で表されるとき，$\overline{V}\dot{I}$ または $\dot{V}\overline{I}$ を計算することにより電力が，(実数部) = (有効電力)，(虚数部) = (無効電力) として求められます．このようにして求めた電力を電力ベクトルと呼びます．

$\dfrac{1}{a+\mathrm{j}b} = \dfrac{a-\mathrm{j}b}{(a+\mathrm{j}b)(a-\mathrm{j}b)}$
$= \dfrac{a-\mathrm{j}b}{a^2+b^2}$ の分母の有理化に (3) 式を使っていたんだな

【問 3-4-1】 $\dot{A} = 10\mathrm{e}^{\mathrm{j}\frac{\pi}{3}}$，$\dot{B} = 5\mathrm{e}^{\mathrm{j}\frac{\pi}{6}}$ のとき，次の複素数を直交座標形表示で示せ．
① $\overline{A}$ ② $\overline{B}$ ③ $\dot{A}\overline{B}$ ④ $\overline{A}\dot{B}$

Q2：電力ベクトルについてもう少し詳しく説明してください．

第 3-8 図のような電圧ベクトル $\dot{E}$ と電流ベクトル $\dot{I}$ について，電力ベクトルを考えてみましょう．

この図では，電流 $\dot{I}$ は電圧 $\dot{E}$ よりも位相が $\theta = \varphi_1 - \varphi_2$ 遅れています．したがって，有効電力 P と無効電力 Q は，

$$\begin{cases} P = EI\cos\theta \\ Q = EI\sin\theta \text{（遅れ）} \end{cases}$$

となります．

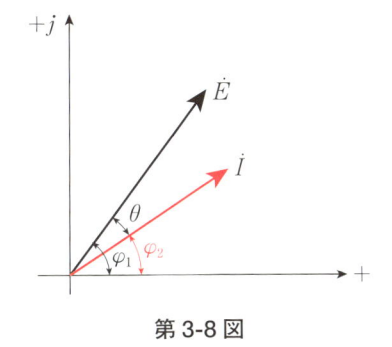

第 3-8 図

では，$\dot{E}$ と $\dot{I}$ を複素数で表し，$\overline{E}\dot{I}$ と $\dot{E}\overline{I}$ を計算してみましょう．

$$\dot{E} = Ee^{j\varphi_1}, \ \dot{I} = Ie^{j\varphi_2}$$

ですから,

$$\overline{\dot{E}}\dot{I} = Ee^{-j\varphi_1} \cdot Ie^{j\varphi_2} = EIe^{-j(\varphi_1-\varphi_2)} = EIe^{-j\theta} = EI(\cos\theta - j\sin\theta)$$

$$\therefore \ \overline{\dot{E}}\dot{I} = P - jQ \tag{1}$$

$$\dot{E}\overline{\dot{I}} = Ee^{j\varphi_1} \cdot Ie^{-j\varphi_2} = EIe^{j(\varphi_1-\varphi_2)} = EIe^{j\theta} = EI(\cos\theta + j\sin\theta)$$

$$\therefore \ \dot{E}\overline{\dot{I}} = P + jQ \tag{2}$$

となります.このように,$\overline{\dot{E}}\dot{I}$,$\dot{E}\overline{\dot{I}}$ の実数部はいずれも有効電力を示します.また,虚数部は無効電力を示し,$\overline{\dot{E}}\dot{I}$ の場合は遅れ無効電力が負符号(進み無効電力は正符号)となり,$\dot{E}\overline{\dot{I}}$ の場合は符号が反対となり,遅れ無効電力が正符号(進み無効電力は負符号)で求まります.なお,ベクトルでは遅れはマイナス,進みはプラスで表しますので,$\dot{E}\overline{\dot{I}}$ で電力ベクトルを計算するのが一般的です.

$\dot{E}\overline{\dot{I}}$ で計算するのが一般的

Q3:電力ベクトルの応用について例題をあげて説明してください.

<例題>

送電端および受電端の電圧がそれぞれ $\dot{V}_s$ および $\dot{V}_r$ なる三相1回線送電線により,受電端の平衡負荷に供給できる最大有効電力を求めよ.ただし,次の条件によるものとする.

(a) 送電線各相のインピーダンスは $R + jX$ であり,線路の静電容量は無視できる.
(b) 電線は十分太く,温度上昇による制限は受けない.
(c) 電圧の大きさ V_s および V_r は,それぞれ一定に保持される.

第3-9図のように，1相分について考え，受電端の相電圧 $\dot{E}_r$ を基準ベクトルとします．いま，送電端の相電圧 $\dot{E}_s$ が $\dot{E}_r$ よりも位相が δ 進んでいるとすれば，$\dot{E}_s = E_s e^{j\delta}$ と表されるので，線電流 $\dot{I}$ は，

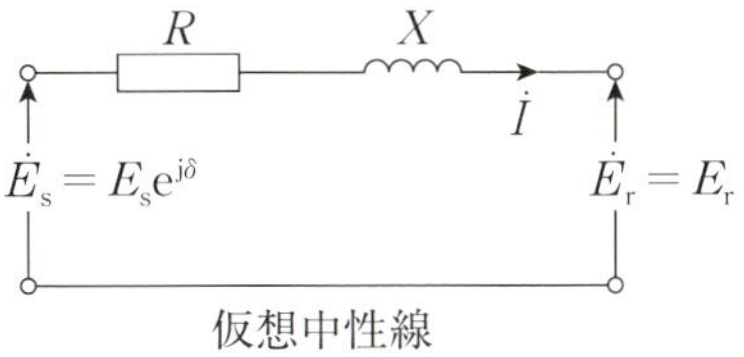

$$\dot{I} = \frac{\dot{E}_s - \dot{E}_r}{R + jX} = \frac{E_s e^{j\delta} - E_r}{R + jX} \tag{1}$$

と表せます．

次に，線路インピーダンスを指数関数形表示すれば，第3-10図の関係から，

$$R + jX = Z e^{j\varphi} \tag{2}$$

と表されるので，(2)式を(1)式に代入すると，

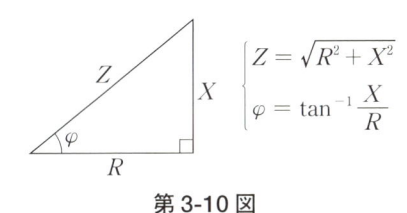

$$\dot{I} = \frac{E_s e^{j\delta} - E_r}{Z e^{j\varphi}} = \frac{E_s}{Z} e^{j(\delta - \varphi)} - \frac{E_r}{Z} e^{-j\varphi}$$

第3-9図

$E_s = \dfrac{V_s}{\sqrt{3}}, \quad E_r = \dfrac{V_r}{\sqrt{3}}$

第3-10図

$\begin{cases} Z = \sqrt{R^2 + X^2} \\ \varphi = \tan^{-1} \dfrac{X}{R} \end{cases}$

となります．したがって，受電電力 $\dot{W}_r$ は，三相電力が1相分の電力の3倍となることを考慮して，

$$\dot{W}_r = 3\overline{\dot{E}_r} \dot{I} = 3E_r \dot{I} = \frac{3E_r E_s}{Z} e^{j(\delta - \varphi)} - \frac{3E_r^2}{Z} e^{-j\varphi} \tag{3}$$

$\dot{E}_r$ が実数のときは $\dot{E}_r = \overline{\dot{E}_r} = E_r$

(3)式の実数部が受電端の電力を表し，

$$P = \frac{3E_r E_s}{Z} \cos(\delta - \varphi) - \frac{3E_r^2}{Z} \cos\varphi \tag{4}$$

(4)式は $\delta = \varphi$ のとき最大となり，求める最大有効電力は次式で表されます．

$$P_{\max} = \frac{3E_r E_s}{Z} - \frac{3E_r^2}{Z}\cos\varphi$$
$$= \frac{V_r V_s}{\sqrt{R^2+X^2}} - \frac{V_r^2}{\sqrt{R^2+X^2}}\cos\varphi \quad \left(\text{ただし，}\varphi = \tan^{-1}\frac{X}{R}\right)$$

5. ベクトルオペレータとは

Q1：送配電の学習をしていたところ，
$\dot{E}_a = E,\ \dot{E}_b = a^2 E,\ \dot{E}_c = aE$
と書かれていました．この a の意味について説明してください．

a は大きさが1で偏角が $120°\left(\dfrac{2}{3}\pi\right)$ のベクトルで，

$$a = e^{j\frac{2}{3}\pi} = -\frac{1}{2} + j\frac{\sqrt{3}}{2}$$

のことです．この a をベクトルオペレータといいます．

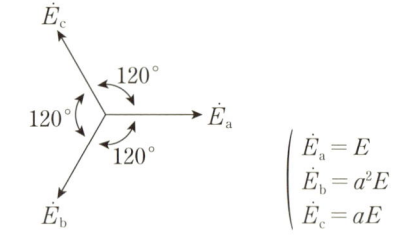

平衡三相交流電圧・電流は大きさが全て等しく，位相差が $\dfrac{2}{3}\pi$ ずつずれたベクトルとなります．例えば，電圧の大きさを E とし，$\dot{E}_a$ を基準ベクトルとすれば，相順が a，b，c の場合には，

$$\dot{E}_a = E$$
$$\dot{E}_b = E e^{j\frac{4}{3}\pi} = \left(-\frac{1}{2} - j\frac{\sqrt{3}}{2}\right)E$$
$$\dot{E}_c = E e^{j\frac{2}{3}\pi} = \left(-\frac{1}{2} + j\frac{\sqrt{3}}{2}\right)E$$

と表すことができます．ここで，a を

$\begin{cases} \dot{E}_a = E \\ \dot{E}_b = a^2 E \\ \dot{E}_c = aE \end{cases}$

第3-11図

ベクトルオペレータを使うと三相交流の式が簡略化される

使うと，
$$\dot{E}_a = E, \quad \dot{E}_b = a^2 E, \quad \dot{E}_c = aE$$
のように式が簡略化され，送配電の計算の中にしばしば現れます．

【問 3-5-1】 (1) ベクトルオペレータ a について，次の式が成立することを証明せよ．
① $1 + a + a^2 = 0$ ② $a^3 = 1$ ③ $\dfrac{a-1}{a^2-a} = a^2$

(2) 第 3-12 図の平衡三相交流電流をベクトルオペレータを用いて表せ．ただし，$\dot{I}_a$ を基準ベクトルとし，電流の大きさは，全て I とする．

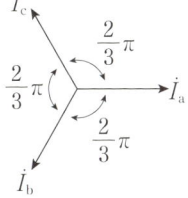

第 3-12 図

> **Q2**：ベクトルオペレータの使い方について例題をあげて説明してください．

＜例題＞

電圧 V の非接地式の三相3線式架空送電線において，a，b，c 相の各線の対地静電容量をそれぞれ C_a，C_b，C_c とすると，常時送電端の中性点に現れる電圧の大きさ E_n が次式で表されることを証明せよ．ただし，その他の線路定数を無視する．

$$E_n = \frac{V\sqrt{C_a(C_a - C_b) + C_b(C_b - C_c) + C_c(C_c - C_a)}}{\sqrt{3}\,(C_a + C_b + C_c)}$$

第 3-13 図のように，相電圧を $\dot{E}_a$，$\dot{E}_b$，$\dot{E}_c$，中性点に現れる電圧を $\dot{E}_n$ とします．この送電線は非接地ですから，各線から大地に流れる電流 $\dot{I}_a$，$\dot{I}_b$，$\dot{I}_c$ の和は 0 となり，次式が成り立ちます．

$$\begin{cases} \dot{I}_a = j\omega C_a(\dot{E}_a + \dot{E}_n) & (1) \\ \dot{I}_b = j\omega C_b(\dot{E}_b + \dot{E}_n) & (2) \\ \dot{I}_c = j\omega C_c(\dot{E}_c + \dot{E}_n) & (3) \\ \dot{I}_a + \dot{I}_b + \dot{I}_c = 0 & (4) \end{cases}$$

(1)式～(3)式を(4)式に代入して，$\dot{E}_n$ を表す式に変形すると，

$$\dot{E}_\mathrm{n} = -\frac{C_\mathrm{a}\dot{E}_\mathrm{a} + C_\mathrm{b}\dot{E}_\mathrm{b} + C_\mathrm{c}\dot{E}_\mathrm{c}}{C_\mathrm{a} + C_\mathrm{b} + C_\mathrm{c}} \quad (5)$$

相順を a, b, c の順とすると,

$$\dot{E}_\mathrm{a} = E$$

$$\dot{E}_\mathrm{b} = a^2 E = \left(-\frac{1}{2} - \mathrm{j}\frac{\sqrt{3}}{2}\right)E$$

$$\dot{E}_\mathrm{c} = aE = \left(-\frac{1}{2} + \mathrm{j}\frac{\sqrt{3}}{2}\right)E$$

となり, これを(5)式の分子に代入すると,

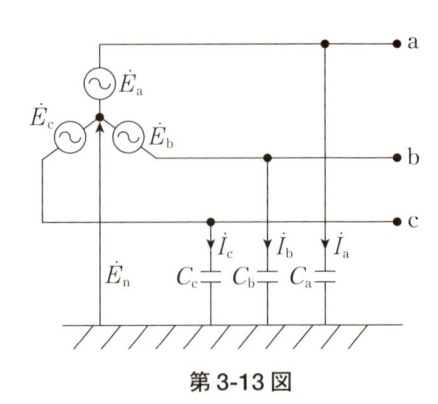

$$C_\mathrm{a}\dot{E}_\mathrm{a} + C_\mathrm{b}\dot{E}_\mathrm{b} + C_\mathrm{c}\dot{E}_\mathrm{c} = C_\mathrm{a}E + C_\mathrm{b}a^2 E + C_\mathrm{c}aE$$

$$= \left\{\left(C_\mathrm{a} - \frac{1}{2}C_\mathrm{b} - \frac{1}{2}C_\mathrm{c}\right) - \mathrm{j}\frac{\sqrt{3}}{2}(C_\mathrm{b} - C_\mathrm{c})\right\}E \quad (6)$$

第 3-13 図

(6)式を(5)式に代入して, $\dot{E}_\mathrm{n}$ の絶対値をとると, $E = \dfrac{V}{\sqrt{3}}$ として次式となります.

$$|\dot{E}_\mathrm{n}| = \frac{E\left|\left(C_\mathrm{a} - \frac{1}{2}C_\mathrm{b} - \frac{1}{2}C_\mathrm{c}\right) - \mathrm{j}\frac{\sqrt{3}}{2}(C_\mathrm{b} - C_\mathrm{c})\right|}{C_\mathrm{a} + C_\mathrm{b} + C_\mathrm{c}}$$

$$= \frac{V\sqrt{C_\mathrm{a}(C_\mathrm{a} - C_\mathrm{b}) + C_\mathrm{b}(C_\mathrm{b} - C_\mathrm{c}) + C_\mathrm{c}(C_\mathrm{c} - C_\mathrm{a})}}{\sqrt{3}\,(C_\mathrm{a} + C_\mathrm{b} + C_\mathrm{c})}$$

6 この章をまとめると

(1) 複素数
(a) 平方して -1 になる数をjで表し, これを虚数単位と呼ぶ.
すなわち, $\mathrm{j}^2 = -1$.
(b) $a > 0$ のとき $\sqrt{-a} = \mathrm{j}\sqrt{a}$ で表す.
(c) jを含む計算ではjをふつうの文字のようにみなして計算する.
また, j^2 が現れるごとに, -1 に置き換えて計算する.
(d) $a + \mathrm{j}b$ (a, b は実数) で表される数を複素数という.
a をその実数部, b をその虚数部という.

(e) $a+\mathrm{j}b$ と $c+\mathrm{j}d$ は $a=c$ かつ $b=d$ のときに限って等しいとする．
(f) 四則の定義は次のとおりである．
　① 和および差　$(a+\mathrm{j}b) \pm (c+\mathrm{j}d) = (a \pm c) + \mathrm{j}(b \pm d)$　（複号同順）
　② 積　$(a+\mathrm{j}b)(c+\mathrm{j}d) = (ac-bd) + \mathrm{j}(ad+bc)$
　③ 商　$\dfrac{a+\mathrm{j}b}{c+\mathrm{j}d} = \dfrac{ac+bd}{c^2+d^2} + \mathrm{j}\dfrac{bc-ad}{c^2+d^2}$　（ただし，$c+\mathrm{j}d \neq 0$）
(g) $\dot{Z}=a+\mathrm{j}b$ において，$\sqrt{a^2+b^2}$ をその絶対値といい，$|\dot{Z}|$ または Z で表す．
(h) 積，商の絶対値の等式

$$|\dot{A}\dot{B}| = |\dot{A}||\dot{B}|, \quad \left|\dfrac{\dot{A}}{\dot{B}}\right| = \dfrac{|\dot{A}|}{|\dot{B}|}$$

(2) 複素数の表示方法

(a) 平面上の各点が複素数を表していると考えられる平面を複素平面またはガウス平面という．
(b) 第3-14図の点Pを表す方法には，次の四つがある．
　① 直交座標形表示
　　　$\dot{Z} = a + \mathrm{j}b$
　② 極座標形表示
　　　$\dot{Z} = r \angle \theta$
　③ 三角関数形表示
　　　$\dot{Z} = r(\cos\theta + \mathrm{j}\sin\theta)$
　④ 指数関数形表示
　　　$\dot{Z} = r\mathrm{e}^{\mathrm{j}\theta}$
　ただし，$r = \sqrt{a^2+b^2}$ とする．

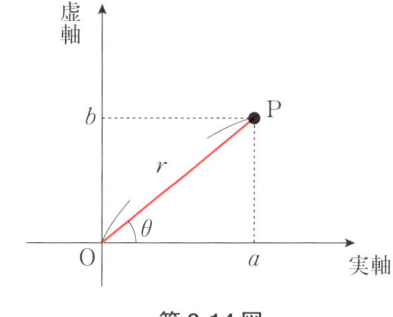

第3-14図

(c) 指数関数形表示の複素数を用いると，積および商の計算が簡単化される．
$\dot{A} = A\mathrm{e}^{\mathrm{j}\theta_a}$，$\dot{B} = B\mathrm{e}^{\mathrm{j}\theta_b}$ のとき，

$$\dot{A}\dot{B} = AB\mathrm{e}^{\mathrm{j}(\theta_a+\theta_b)}, \quad \dfrac{\dot{A}}{\dot{B}} = \dfrac{A}{B}\mathrm{e}^{\mathrm{j}(\theta_a-\theta_b)}$$

(d) 複素数の計算を複素平面上に表すと，次のようになる．
　① $\dot{Z}_1 = a+\mathrm{j}b$ と $\dot{Z}_2 = c+\mathrm{j}d$ の二つの複素数の和は，$\mathrm{O}\dot{Z}_1$，$\mathrm{O}\dot{Z}_2$ を2辺

とする平行四辺形の O の対角となる（第 3-15 図）．

② $\dot{Z}_1$ と $\dot{Z}_2$ の差は，$O\dot{Z}_1$，$O(-\dot{Z}_2)$ を 2 辺とする平行四辺形の O の対角となる（第 3-16 図）．

③ $\dot{Z}_1 = Z_1 \mathrm{e}^{\mathrm{j}\theta_1}$，$\dot{Z}_2 = Z_2 \mathrm{e}^{\mathrm{j}\theta_2}$ とすれば，その積 $\dot{Z}$ は，大きさが $Z_1 Z_2$ で偏角が $(\theta_1 + \theta_2)$ の複素数となる（第 3-17 図）．

④ 商 $\dot{Z}$ は，大きさが Z_1/Z_2 で，偏角が $(\theta_1 - \theta_2)$ の複素数となる（第 3-18 図）．

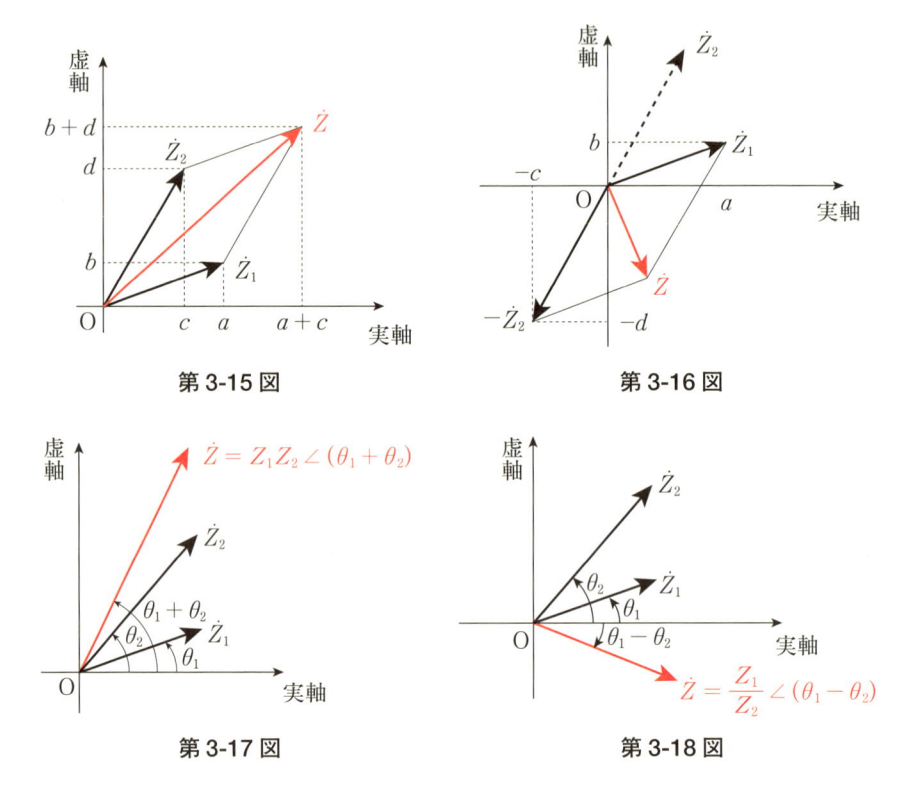

第 3-15 図

第 3-16 図

第 3-17 図

第 3-18 図

(3) **共役複素数**

(a) $\dot{Z} = a + \mathrm{j}b$ に対して，$\overline{\dot{Z}} = a - \mathrm{j}b$ を $\dot{Z}$ の共役複素数という．

(b) $\dot{Z} = Z\mathrm{e}^{\mathrm{j}\theta}$ のときは $\overline{\dot{Z}} = Z\mathrm{e}^{-\mathrm{j}\theta}$ となる．

(c) 電圧 $\dot{V}$，電流 $\dot{I}$ のとき，$\overline{\dot{V}}\dot{I}$ または $\dot{V}\overline{\dot{I}}$ を計算すると，

　　実数部 ＝ 有効電力，虚数部 ＝ 無効電力

となる．このようにして求めた電力を電力ベクトルと呼ぶ．

なお，$\overline{\dot{E}}\dot{I}$ は進み無効電力が ＋，遅れ無効電力が － となる．$\dot{E}\overline{\dot{I}}$ では符号が逆となる．

(4) ベクトルオペレータ

(a) $a = e^{j\frac{2}{3}\pi} = -\frac{1}{2} + j\frac{\sqrt{3}}{2}$ をベクトルオペレータと呼ぶ．

(b) 第3-19図の三相交流電圧は，次式で表される．

$\dot{E}_a = E$
$\dot{E}_b = a^2 E$
$\dot{E}_c = a E$

第3-19図

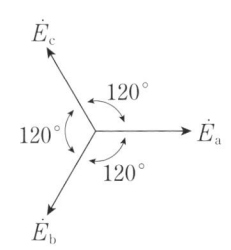

【問 3-3-1】の解答

$$\begin{cases} \dot{A} = 10\left(\cos\frac{\pi}{3} + j\sin\frac{\pi}{3}\right) = 10\left(\frac{1}{2} + j\frac{\sqrt{3}}{2}\right) = 5 + j5\sqrt{3} \\ \dot{B} = 6\left(\cos\frac{\pi}{6} + j\sin\frac{\pi}{6}\right) = 6\left(\frac{\sqrt{3}}{2} + j\frac{1}{2}\right) = 3\sqrt{3} + j3 \end{cases}$$

となるので，

① $\dot{A} + \dot{B} = (5 + 3\sqrt{3}) + j(5\sqrt{3} + 3)$

② $\dot{A} - \dot{B} = (5 - 3\sqrt{3}) + j(5\sqrt{3} - 3)$

③ $\dot{A}\dot{B} = 60 e^{j\left(\frac{\pi}{3} + \frac{\pi}{6}\right)} = 60 e^{j\frac{\pi}{2}} = 60\left(\cos\frac{\pi}{2} + j\sin\frac{\pi}{2}\right) = j60$

④ $\dfrac{\dot{A}}{\dot{B}} = \dfrac{10}{6} e^{j\left(\frac{\pi}{3} - \frac{\pi}{6}\right)} = \dfrac{5}{3} e^{j\frac{\pi}{6}} = \dfrac{5}{3}\left(\cos\frac{\pi}{6} + j\sin\frac{\pi}{6}\right) = \dfrac{5\sqrt{3}}{6} + j\dfrac{5}{6}$

【問 3-4-1】の解答

① $\overline{\dot{A}} = 10 e^{-j\frac{\pi}{3}} = 10\left(\cos\frac{\pi}{3} - j\sin\frac{\pi}{3}\right) = 5 - j5\sqrt{3}$

② $\overline{\dot{B}} = 5 e^{-j\frac{\pi}{6}} = 5\left(\cos\frac{\pi}{6} - j\sin\frac{\pi}{6}\right) = \dfrac{5\sqrt{3}}{2} - j\dfrac{5}{2}$

③ $\dot{A}\overline{\dot{B}} = 10 e^{j\frac{\pi}{3}} \cdot 5 e^{-j\frac{\pi}{6}} = 50 e^{j\frac{\pi}{6}} = 25\sqrt{3} + j25$

④ $\overline{\dot{A}}\dot{B} = 10 e^{-j\frac{\pi}{3}} \cdot 5 e^{j\frac{\pi}{6}} = 50 e^{-j\frac{\pi}{6}} = 25\sqrt{3} - j25$

【問 3-5-1】の解答

(1) ① $1 + a + a^2 = 1 + \left(-\dfrac{1}{2} + j\dfrac{\sqrt{3}}{2}\right) + \left(-\dfrac{1}{2} - j\dfrac{\sqrt{3}}{2}\right) = 0$

② $a^3 = \left(e^{j\frac{2}{3}\pi}\right)^3 = e^{j2\pi} = \cos 2\pi + j\sin 2\pi = 1$

③ $\dfrac{a-1}{a^2-a} = \dfrac{1}{a} = \dfrac{a^3}{a} = a^2 \quad (\because 1 = a^3)$

(2) $\dot{I}_a = I, \ \dot{I}_b = a^2 I, \ \dot{I}_c = aI$

7 基本問題(数学問題)

【問題1】 次の複素数を計算せよ．

① $(3+j) - (2-j)$ ② $(1+j)(1-j)$ ③ $\dfrac{3-j4}{3+j4}$

【問題2】 次の複素数を指数関数形表示で表せ．

① $\dot{A} = -\dfrac{1}{2} + j\dfrac{\sqrt{3}}{2}$ ② $\dot{B} = -\dfrac{1}{2} - j\dfrac{\sqrt{3}}{2}$ ③ $\dot{C} = \dfrac{1}{1+j\sqrt{3}}$

【問題3】 次の複素数を直交座標形表示で表せ．

① $\dot{A} = 10 e^{j\frac{\pi}{3}}$ ② $\dot{B} = 100 e^{-j\frac{\pi}{2}}$ ③ $\dot{C} = 200 e^{-j\frac{4}{3}\pi}$

【問題4】 $\dot{A} = 100 e^{j\frac{\pi}{3}}, \ \dot{B} = 10 e^{-j\frac{\pi}{6}}$ とするとき，次の計算をせよ．

① $\dot{A}\dot{B}$ ② $\dot{A}/\dot{B}$ ③ $\dot{A}\overline{\dot{B}}$ ④ $\overline{\dot{A}\dot{B}}$

⑤ $|\dot{A}\dot{B}|$ ⑥ $\left|\dfrac{\dot{A}}{\dot{B}}\right|$ ⑦ $\left|\dfrac{1}{\dot{A}\dot{B}}\right|$ ⑧ $|\dot{A}\overline{\dot{B}}|$

【問題5】 インピーダンス $\dot{Z} = 3 + j4 \ \Omega$ に 100 V の電圧を加えたときに流れる電流の大きさはいくらか．

【問題6】 ある回路に $\dot{E} = 100 e^{j\frac{\pi}{3}}$ V の電圧を加えたところ，$\dot{I} = 10 e^{-j\frac{\pi}{6}}$ A の電流が流れたという．次の問に答えよ．

(1) この回路のインピーダンス $\dot{Z} [\Omega]$ はいくらか．

(2) 皮相電力 $W [\text{V·A}]$，有効電力 $P [\text{W}]$，無効電力 $Q [\text{var}]$ はおのおのいくらか．

【問題7】 二つの起電力 $e_1 = 100\sqrt{2}\sin\omega t$ [V], $e_2 = 200\sqrt{2}\sin\left(\omega t + \dfrac{\pi}{6}\right)$ [V] を直列に接続したときの合成の起電力の大きさを求めよ。

【問題8】 a をベクトルオペレータとするとき，平衡三相交流電圧 $\dot{E}_a = E$, $\dot{E}_b = a^2 E$, $\dot{E}_c = aE$ の和が 0 となることを証明せよ。

● 基本問題の解答

【問題1】 ① $1+j2$ ② 2 ③ $-\dfrac{7}{25} - j\dfrac{24}{25}$

【問題2】 ① $\dot{A} = e^{j\frac{2}{3}\pi}$ ② $\dot{B} = e^{j\frac{4}{3}\pi}$ ③ $\dot{C} = \dfrac{1}{2e^{j\frac{\pi}{3}}} = \dfrac{1}{2}e^{-j\frac{\pi}{3}}$

【問題3】 ① $\dot{A} = 10\left(\cos\dfrac{\pi}{3} + j\sin\dfrac{\pi}{3}\right) = 5 + j5\sqrt{3}$ ② $\dot{B} = -j100$

③ $\dot{C} = 200\left(-\dfrac{1}{2} + j\dfrac{\sqrt{3}}{2}\right) = -100 + j100\sqrt{3}$

【問題4】 ① $\dot{A}\dot{B} = 1\,000 e^{j\left(\frac{\pi}{3}-\frac{\pi}{6}\right)} = 1\,000 e^{j\frac{\pi}{6}} = 500\sqrt{3} + j500$

② $\dfrac{\dot{A}}{\dot{B}} = 10 e^{j\left(\frac{\pi}{3}+\frac{\pi}{6}\right)} = 10 e^{j\frac{\pi}{2}} = j10$

③ $\dot{A}\,\overline{\dot{B}} = 100 e^{j\frac{\pi}{3}} \cdot 10 e^{j\frac{\pi}{6}} = 1\,000 e^{j\frac{\pi}{2}} = j1\,000$

④ $\overline{\dot{A}\,\dot{B}} = 100 e^{-j\frac{\pi}{3}} \cdot 10 e^{j\frac{\pi}{6}} = 1\,000 e^{-j\frac{\pi}{6}} = 500\sqrt{3} - j500 \left(= \overline{\dot{A}\,\dot{B}}\right)$

⑤ $|\dot{A}\dot{B}| = |\dot{A}||\dot{B}| = 100 \times 10 = 1\,000$

⑥ $\left|\dfrac{\dot{A}}{\dot{B}}\right| = \dfrac{|\dot{A}|}{|\dot{B}|} = \dfrac{100}{10} = 10$

⑦ $\left|\dfrac{1}{\dot{A}\dot{B}}\right| = \dfrac{1}{|\dot{A}||\dot{B}|} = \dfrac{1}{1\,000}$

⑧ $|\dot{A}\,\overline{\dot{B}}| = |\dot{A}||\overline{\dot{B}}| = |\dot{A}||\dot{B}| = 1\,000$ （∵ $|\overline{\dot{B}}| = |\dot{B}|$）

【問題5】 $\dot{I} = \dfrac{\dot{V}}{\dot{Z}}$ ∴ $|\dot{I}| = \dfrac{|\dot{V}|}{|\dot{Z}|} = \dfrac{100}{\sqrt{3^2+4^2}} = 20$ A

【問題6】 (1) $\dot{Z} = \dfrac{\dot{E}}{\dot{I}} = 10 e^{j\left(\frac{\pi}{3}+\frac{\pi}{6}\right)} = 10 e^{j\frac{\pi}{2}} = j10$ Ω

(2) $\overline{\dot{E}}\dot{I} = 100\mathrm{e}^{-\mathrm{j}\frac{\pi}{3}} \cdot 10\mathrm{e}^{-\mathrm{j}\frac{\pi}{6}} = 1000\mathrm{e}^{-\mathrm{j}\frac{\pi}{2}} = -\mathrm{j}1000$

$\therefore W = |\overline{\dot{E}}\dot{I}| = |\overline{\dot{E}}||\dot{I}| = 1000$ V・A, $P = 0$ W

$Q = 1000$ var（遅れ）

【問題7】 e_1, e_2 をベクトル記号法で表すと，e_1 を基準として，

$\dot{E}_1 = 100, \dot{E}_2 = 200\mathrm{e}^{\mathrm{j}\frac{\pi}{6}}$

したがって，合成の起電力 $\dot{E}$ の大きさ（実効値）は，

$|\dot{E}| = |\dot{E}_1 + \dot{E}_2| = \left|100 + 200\left(\frac{\sqrt{3}}{2} + \mathrm{j}\frac{1}{2}\right)\right| = |273 + \mathrm{j}100| = 291$ V

【問題8】

$\dot{E}_a + \dot{E}_b + \dot{E}_c = (1 + a + a^2)E = \left(1 - \frac{1}{2} + \mathrm{j}\frac{\sqrt{3}}{2} - \frac{1}{2} - \mathrm{j}\frac{\sqrt{3}}{2}\right)E = 0$

8 応用問題

【問題1】 図のように抵抗および誘導リアクタンスを接続した回路の ab 端子間に正弦波交流電圧を加えた場合，r_1 に流れる電流と，ab 間の電圧との位相差を 45° にするための可変抵抗 R の値を求めよ。

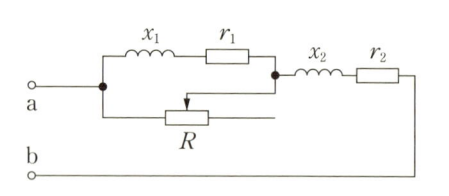

【問題2】 図に示すコンデンサ形計器用変圧器の基本回路について，次の問に答えよ。

(1) 変圧比 $(\dot{V}_1/\dot{V}_2)$ が負荷 $\dot{Z}_b$ に無関係となる条件およびその場合の変圧比を求めよ。

(2) (1)で求めた条件が成立し，かつリアクトルがインダクタンス L のほかに抵抗分 R を含む場合の変圧比を求めよ。

【問題 3】 図のような二端子回路の端子 a, b から見たインピーダンス $\dot{Z}$ が周波数に無関係に一定であるための条件を求めよ．

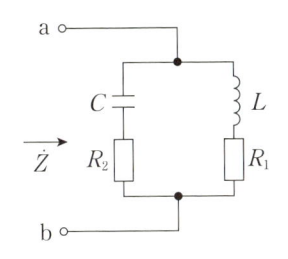

【問題 4】 図のように，抵抗および誘導リアクタンスを接続した回路に一定交流電圧 $\dot{E}$ を加えたとき，この回路で消費される電力を最大にする r の値を求めよ．ただし，x は $5\,\Omega$ とする．

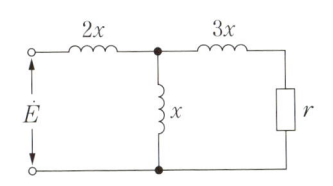

【問題 5】 1 線当たりの対地静電容量 $0.5\,\mu\mathrm{F}$，使用電圧 $66\,\mathrm{kV}$，周波数 $50\,\mathrm{Hz}$ である中性点非接地方式の三相 3 線式 1 回線送電線路がある．1 線が抵抗 $1\,000\,\Omega$ を通じて地絡を生じたときの地絡電流および中性点電位を求めよ．ただし，その他のインピーダンスは，無視するものとする．

● **応用問題の解答**

【問題 1】 全体のインピーダンス $\dot{Z}$ は，

$$\dot{Z} = r_2 + \mathrm{j}x_2 + \frac{R(r_1 + \mathrm{j}x_1)}{R + r_1 + \mathrm{j}x_1}$$

ab 端子間に加える電圧を $\dot{V}$，r_1 に流れる電流を $\dot{I}$ とすれば，

$$\dot{I} = \frac{\dot{V}}{\dot{Z}} \times \frac{R}{R + r_1 + \mathrm{j}x_1} = \frac{\dot{V}}{r_2 + \mathrm{j}x_2 + \dfrac{R(r_1 + \mathrm{j}x_1)}{R + r_1 + \mathrm{j}x_1}} \cdot \frac{R}{R + r_1 + \mathrm{j}x_1}$$

$$= \frac{\dot{V}R}{(r_2 + \mathrm{j}x_2)(R + r_1 + \mathrm{j}x_1) + R(r_1 + \mathrm{j}x_1)} \qquad (1)$$

$\dot{V}$ と $\dot{I}$ の位相差を $45°$ にするためには，(1)式の分母の複素数の偏角が $45°$，すなわち，実数部 = 虚数部となればよいので，

(1)式の分母 $= Rr_2 + r_1r_2 - x_1x_2 + Rr_1 + \mathrm{j}(r_2x_1 + Rx_2 + r_1x_2 + Rx_1)$

$\therefore\quad R(r_1 + r_2) + r_1r_2 - x_1x_2 = R(x_1 + x_2) + r_1x_2 + r_2x_1$

$$R = \frac{r_1 x_2 + r_2 x_1 - r_1 r_2 + x_1 x_2}{(r_1 + r_2) - (x_1 + x_2)} = \frac{x_1(r_2 + x_2) - r_1(r_2 - x_2)}{(r_1 + r_2) - (x_1 + x_2)} \quad \cdots\cdots \text{(答)}$$

【問題2】

(1) 全体のインピーダンス $\dot{Z}$ は，$\dot{Z}_1 = \dfrac{1}{\mathrm{j}\omega C_1}$，$\dot{Z}_2 = \dfrac{1}{\mathrm{j}\omega C_2}$，$\dot{Z}_3 = \mathrm{j}\omega L$ として，

$$\dot{Z} = \dot{Z}_1 + \frac{\dot{Z}_2(\dot{Z}_3 + \dot{Z}_\mathrm{b})}{\dot{Z}_2 + \dot{Z}_3 + \dot{Z}_\mathrm{b}}$$

$\dot{Z}_\mathrm{b}$ に流れる電流 $\dot{I}_\mathrm{b}$ は，

$$\dot{I}_\mathrm{b} = \frac{\dot{V}_1}{\dot{Z}} \cdot \frac{\dot{Z}_2}{\dot{Z}_2 + \dot{Z}_3 + \dot{Z}_\mathrm{b}} = \frac{\dot{V}_1}{\dot{Z}_1 + \dfrac{\dot{Z}_2(\dot{Z}_3 + \dot{Z}_\mathrm{b})}{\dot{Z}_2 + \dot{Z}_3 + \dot{Z}_\mathrm{b}}} \cdot \frac{\dot{Z}_2}{\dot{Z}_2 + \dot{Z}_3 + \dot{Z}_\mathrm{b}}$$

$$= \frac{\dot{Z}_2 \dot{V}_1}{\dot{Z}_1(\dot{Z}_2 + \dot{Z}_3 + \dot{Z}_\mathrm{b}) + \dot{Z}_2(\dot{Z}_3 + \dot{Z}_\mathrm{b})}$$

$$= \frac{\dot{Z}_2 \dot{V}_1}{\dot{Z}_1 \dot{Z}_2 + \dot{Z}_2 \dot{Z}_3 + \dot{Z}_3 \dot{Z}_1 + (\dot{Z}_1 + \dot{Z}_2)\dot{Z}_\mathrm{b}}$$

$\dot{Z}_\mathrm{b}$ の端子電圧 $\dot{V}_2$ は，

$$\dot{V}_2 = \dot{Z}_\mathrm{b} \dot{I}_\mathrm{b} = \frac{\dot{V}_1 \dot{Z}_2 \dot{Z}_\mathrm{b}}{\dot{Z}_1 \dot{Z}_2 + \dot{Z}_2 \dot{Z}_3 + \dot{Z}_3 \dot{Z}_1 + (\dot{Z}_1 + \dot{Z}_2)\dot{Z}_\mathrm{b}}$$

$$\frac{\dot{V}_1}{\dot{V}_2} = \frac{\dot{Z}_1 \dot{Z}_2 + \dot{Z}_2 \dot{Z}_3 + \dot{Z}_3 \dot{Z}_1 + (\dot{Z}_1 + \dot{Z}_2)\dot{Z}_\mathrm{b}}{\dot{Z}_2 \dot{Z}_\mathrm{b}}$$

$$= \frac{1}{\dot{Z}_\mathrm{b}} \left(\dot{Z}_1 + \dot{Z}_3 + \frac{\dot{Z}_3 \dot{Z}_1}{\dot{Z}_2} \right) + \left(1 + \frac{\dot{Z}_1}{\dot{Z}_2} \right) \quad (1)$$

(1)式の $\dfrac{1}{\dot{Z}_\mathrm{b}}$ の係数が0であれば，$\dot{V}_1/\dot{V}_2$ が $\dot{Z}_\mathrm{b}$ に無関係となるので，

$$\dot{Z}_1 + \dot{Z}_3 + \frac{\dot{Z}_3 \dot{Z}_1}{\dot{Z}_2} = 0$$

$$\therefore \quad \frac{1}{\mathrm{j}\omega C_1} + \mathrm{j}\omega L + \mathrm{j}\omega C_2 \frac{\mathrm{j}\omega L}{\mathrm{j}\omega C_1} = 0$$

$$\therefore \quad \omega^2 L(C_1 + C_2) = 1 \quad \cdots\cdots \text{(答)}$$

この場合の変圧比は，

$$\frac{\dot{V}_1}{\dot{V}_2} = 1 + \frac{\dot{Z}_1}{\dot{Z}_2} = 1 + \frac{C_2}{C_1} \qquad \cdots\cdots \text{(答)}$$

(2) (1)式で $\dot{Z}_3 = R + j\omega L$ とすると,

$$\frac{\dot{V}_1}{\dot{V}_2} = \frac{1}{\dot{Z}_b}\left\{\frac{1}{j\omega C_1} + R + j\omega L + \frac{j\omega C_2}{j\omega C_1}(R + j\omega L)\right\} + \left(1 + \frac{C_2}{C_1}\right)$$

$$= \frac{1}{\dot{Z}_b}\left\{\frac{1}{j\omega C_1} + R + j\omega L + \frac{C_2}{C_1}(R + j\omega L)\right\} + \left(1 + \frac{C_2}{C_1}\right)$$

$$= \frac{1}{\dot{Z}_b}\left\{R\left(1 + \frac{C_2}{C_1}\right) + j\left(\omega L + \frac{C_2}{C_1}\omega L - \frac{1}{\omega C_1}\right)\right\} + \left(1 + \frac{C_2}{C_1}\right) \qquad (2)$$

$\omega L = \dfrac{1}{\omega(C_1 + C_2)}$ の条件は成立しているので,これを(2)式に代入すると,

$$\frac{\dot{V}_1}{\dot{V}_2} = \frac{1}{\dot{Z}_b}\left\{R\left(1 + \frac{C_2}{C_1}\right) + j\left(\frac{1}{\omega(C_1 + C_2)} + \frac{C_2}{C_1}\cdot\frac{1}{\omega(C_1 + C_2)} - \frac{1}{\omega C_1}\right)\right\}$$
$$+ \left(1 + \frac{C_2}{C_1}\right)$$

$$= \frac{1}{\dot{Z}_b}\left\{R\left(1 + \frac{C_2}{C_1}\right) + j\frac{C_1 + C_2 - (C_1 + C_2)}{\omega C_1(C_1 + C_2)}\right\} + \left(1 + \frac{C_2}{C_1}\right)$$

$$= \left(1 + \frac{C_2}{C_1}\right)\left(1 + \frac{R}{\dot{Z}_b}\right)$$

よって,この場合の変圧比は $\left(1 + \dfrac{C_2}{C_1}\right)\left(1 + \dfrac{R}{\dot{Z}_b}\right)$ となる.

【問題3】 インピーダンス $\dot{Z}$ は,

$$\dot{Z} = \frac{\left(R_2 + \dfrac{1}{j\omega C}\right)(R_1 + j\omega L)}{R_2 + \dfrac{1}{j\omega C} + R_1 + j\omega L} = \frac{j\omega L R_2 + R_1 R_2 + \dfrac{L}{C} + \dfrac{R_1}{j\omega C}}{j\omega L + (R_1 + R_2) + \dfrac{1}{j\omega C}} \qquad (1)$$

(1)式の分母・分子に ω を掛けて,

$$\dot{Z} = \frac{jLR_2\omega^2 + \left(R_1 R_2 + \dfrac{L}{C}\right)\omega - j\dfrac{R_1}{C}}{jL\omega^2 + (R_1 + R_2)\omega - j\dfrac{1}{C}} \qquad (2)$$

(2)式が ω にかかわらず一定となるためには,分母・分子の ω の各次数の係数の比が全て等しくなればよいので,

$$\frac{\mathrm{j}LR_2}{\mathrm{j}L} = \frac{R_1R_2 + \dfrac{L}{C}}{R_1 + R_2} = \frac{-\mathrm{j}\dfrac{R_1}{C}}{-\mathrm{j}\dfrac{1}{C}}$$

$$\therefore \quad R_2 = \frac{R_1R_2 + \dfrac{L}{C}}{R_1 + R_2} = R_1$$

$R_1 = R_2 = R$ のとき,

$$\frac{R_1R_2 + \dfrac{L}{C}}{R_1 + R_2} = \frac{R^2 + \dfrac{L}{C}}{2R} = R, \quad R^2 = \frac{L}{C}$$

$$\therefore \quad R = \sqrt{\frac{L}{C}}$$

以上より,求める条件は,$R_1 = R_2 = \sqrt{\dfrac{L}{C}}$ である.

【問題4】 回路で消費される電力 P は,入力電流を $\dot{I}$ とすると $\overline{\dot{E}}\dot{I}$ の実数部で与えられる.ここで,

$$\dot{I} = \frac{\dot{E}}{\mathrm{j}2x + \dfrac{\mathrm{j}x(r+\mathrm{j}3x)}{\mathrm{j}x+\mathrm{j}3x+r}} = \frac{\dot{E}(\mathrm{j}4x+r)}{-11x^2+\mathrm{j}3xr}$$

$$= \frac{\dot{E}(\mathrm{j}4x+r)(-11x^2-\mathrm{j}3xr)}{(11x^2)^2+(3xr)^2}$$

したがって,$\overline{\dot{E}}\dot{I}$ の実数部 P は $\overline{\dot{E}}\dot{E} = E^2$ となることにより,

$$P = \frac{-11rx^2 + 12x^2r}{(11x^2)^2 + (3xr)^2}E^2 = \frac{x^2rE^2}{121x^4 + 9x^2r^2} = \frac{E^2}{121\dfrac{x^2}{r} + 9r} \quad (1)$$

(1)式の分母は,$\dfrac{121x^2}{r} \times 9r = 1089x^2$(一定)となるので,$\dfrac{121x^2}{r} = 9r$ のとき最小となり,このとき P は最大となる.

したがって,求める条件は,

$$121\frac{x^2}{r} = 9r$$

$$\therefore \quad r = \sqrt{\frac{121x^2}{9}} = \frac{11}{3}x = \frac{55}{3} \ \Omega$$

【問題5】 第1図のように、中性点電位を $\dot{E}_n$ とすると、$\dot{E}_a$ を基準ベクトルとして、

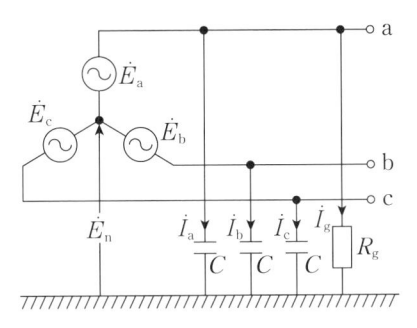

第1図

$$\begin{cases} \dot{E}_n + \dot{E}_a = \dot{E}_n + E = \dfrac{\dot{I}_a}{j\omega C} = R_g \dot{I}_g & (1) \\[2mm] \dot{E}_n + \dot{E}_b = \dot{E}_n + a^2 E = \dfrac{\dot{I}_b}{j\omega C} & (2) \\[2mm] \dot{E}_n + \dot{E}_c = \dot{E}_n + aE = \dfrac{\dot{I}_c}{j\omega C} & (3) \end{cases}$$

ここで、$\dot{I}_a + \dot{I}_b + \dot{I}_c + \dot{I}_g = 0$ であるから、

$$j\omega C(\dot{E}_n + E) + j\omega C(\dot{E}_n + a^2 E) + j\omega C(\dot{E}_n + aE) + \frac{\dot{E}_n + E}{R_g}$$

$$= j3\omega C\dot{E}_n + j\omega CE(1 + a^2 + a) + \frac{\dot{E}_n + E}{R_g}$$

$$= j3\omega C\dot{E}_n + \frac{\dot{E}_n + E}{R_g} \quad (\because\ 1 + a^2 + a = 0)$$

$$= 0$$

$$\therefore\ \dot{E}_n = \frac{-E}{1 + j3\omega CR_g}$$

$$|\dot{E}_n| = \frac{E}{\sqrt{1 + (3\omega CR_g)^2}} = \frac{\dfrac{66}{\sqrt{3}}}{\sqrt{1 + (3 \times 2\pi \times 50 \times 0.5 \times 10^{-6} \times 10^3)^2}}$$

$$= \frac{\dfrac{66}{\sqrt{3}}}{\sqrt{1.222}} = 34.47\ \text{kV}$$

したがって，中性点電位は 34.5 kV である．

地絡電流 I_g は，(1)式より，次の値となる．

$$\dot{I}_g = \frac{\dot{E}_n + E}{R_g} = \frac{1}{R_g}\left(\frac{-E}{1+\mathrm{j}3\omega CR_g} + E\right) = \frac{1}{R_g} \cdot \frac{\mathrm{j}3\omega CR_g}{1+\mathrm{j}3\omega CR_g}E$$

$$\therefore\ I_g = |\dot{I}_g| = \frac{1}{R_g} \cdot \frac{3\omega CR_g}{\sqrt{1+(3\omega CR_g)^2}} \cdot \frac{66}{\sqrt{3}} \times 10^3$$

$$= \frac{1}{1\,000} \times \frac{0.471\,2}{\sqrt{1.222}} \times \frac{66}{\sqrt{3}} \times 10^3$$

$$= 16.2\ \mathrm{A}$$

第4章

微分法とは何か

第4章　微分法とは何か

1 • 微分とはそもそも何をどうすることなのか

Q1：微分法ではどのようなことを学習するのか分かりやすく教えてください．

簡単に言えば，**微分とはグラフの接線の傾きを求める計算**をすることです．

x の関数 $f(x)$ のグラフが第4-1図のような場合，a–b 間の傾きは，次の計算で求まります．

$$a\text{–}b\text{ 間の傾き} = \frac{f(b)-f(a)}{b-a} \quad (1)$$

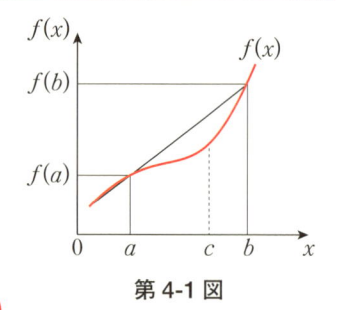

第4-1図

この計算は，a–b 間の平均的な傾きを求めたものです．では，a–b 間に一つの点 c をとり，この点での傾きを求めるにはどのようにすればよいのでしょう．

それには，次のような計算をすればよいことになります（第4-2図参照）．

(1) c から h 離れた点 $x=c+h$ を考え，この点での $f(x)$ の値を $f(c+h)$ とする．

(2) c と $(c+h)$ 間のグラフの傾きを表す式を立てる．

第4-2図

$$\frac{f(c+h)-f(c)}{(c+h)-c} = \frac{f(c+h)-f(c)}{h} \qquad (2)$$

(3) (2)式で h を限りなく 0 に近づけてゆけば，c 点の傾き，つまり，c 点に接線を引いたときの接線の傾きが求まる．

したがって，この計算をするためには，h を限りなく 0 に近づけたとき，(2)式がどのような値となるかを求める学習がまず必要になります．このための学習項目が**極限**で，点 c の接線の傾きは，

$$f'(c) = \lim_{h \to 0} \frac{f(c+h)-f(c)}{h} \qquad (3)$$

と表されます．

この $f'(c)$ のことを微分法では，$x=c$ における**微分係数**と呼びます．この $f'(c)$ は，$x=c$ という特定な点における接線の傾きです．そこで，(3)式で c の代わりに x を代入すると，どんな x の値についても成り立つ一般化された式が求まります．これが**導関数**で，導関数を求めることを**微分する**といい，$f(x)$ の導関数を $f'(x)$ などと表します．$f'(x)$ が求めてあれば，$f'(c)$ は $f'(x)$ の x に c を代入して求められます．

$$f'(x) = \lim_{h \to 0} \frac{f(x+h)-f(x)}{h} \qquad (4)$$

以上の学習ののち，具体的な関数についての学習に入ります．ここでは，次の二つの要素が合成されます．

(1) 微分の基本公式

関数の和，差，積，商などの微分公式；例えば関数 $f(x)$ と $g(x)$ の和の微分は，$\frac{d}{dx}\{f(x)+g(x)\} = f'(x)+g'(x)$ となります．

(2) いろいろな関数の微分

具体的に $f(x)$ の微分；$f(x)=x^n$，$f(x)=\sin x$ などのいろいろな関数の微分を学習します．

微分法の学習順序

極限とは

↓

(1) 微分係数と導関数の違い
(2) 微分をするとは

↓

具体的計算
(1) 微分の基本公式
(2) いろいろな関数の微分

↓

応　用

1 ● 微分とはそもそも何をどうすることなのか

以上の学習で，2種に必要な数学としての学習は終了し，次は，2種の問題に直結した微分法の応用の学習となります．

Q2：微分法はどのような問題を解くことに応用されるのですか．

微分法は，主に次の三つに用いられます．

① 最大・最小問題への応用
② $e = L di/dt$ など物理公式への適用
③ 積分の変数変換

③については，積分の学習（第5章7節）で説明しますので，ここでは①と②についてその学習のポイントを述べておきます．

(1) **最大・最小問題への応用**

$f'(x)$ は $f(x)$ の接線の傾きを x の関数として表したもので，x が a のときの傾きを具体的に求める場合には $f'(x)$ の x に a を代入し，$f'(a)$ を計算することになります（第4-3図）．

$f(x)$ が第4-4図のように $x = b$ で最大値をもつ場合，いろいろな点に接線を引いて，その傾きの変化を見ると，

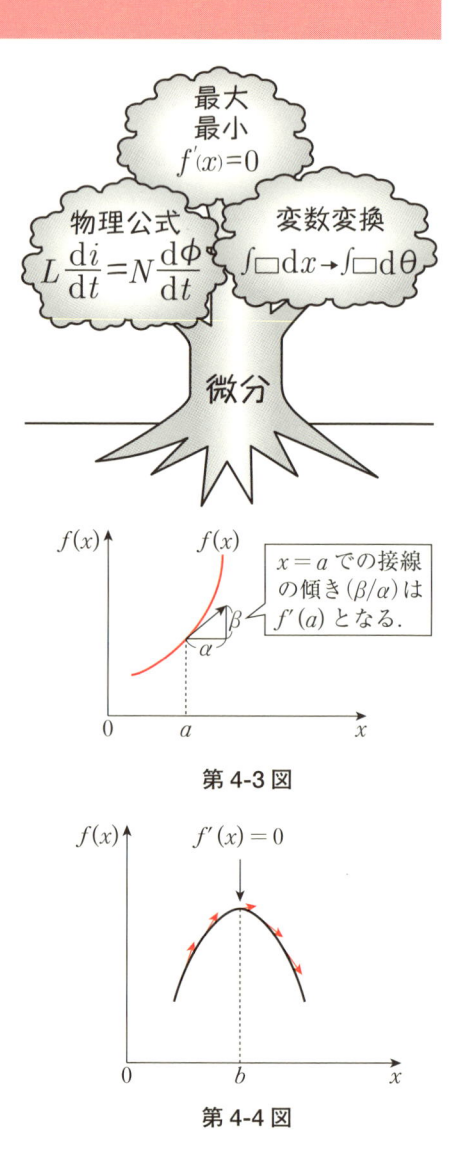

第 4-3 図

第 4-4 図

$\begin{cases} x<b : 傾きは正であるが x が大きく \\ \quad\quad なると徐々に小さな値となる． \\ x=b : 最大値を示す点では傾きは 0 \\ \quad\quad となる． \\ x>b : 傾きは負で，その絶対値は x \\ \quad\quad が大きくなると次第に大きく \\ \quad\quad なる． \end{cases}$

第 4-1 表

x	$x<b$	b	$b<x$
$f'(x)$	+	0	−
$f(x)$	↗	最大	↘

(注) ↗：接線が上向きを示す．
　　 ↘：接線が下向きを示す．

この変化を，通常第 4-1 表のようにまとめます．

したがって，$f'(x)=0$ の点を挟んで $f'(x)$ が正から負に変わるならば，その点は最大値ということになります．

次に，第 4-5 図のような最小値をもつ場合についても表を作ってみましょう．

第 4-2 表

x	$x<c$	c	$c<x$
$f'(x)$	−	0	+
$f(x)$	↘	最小	↗

$f'(x)$ は $x=c$ で $f'(x)=0$ となり，その前後で符号は − から + に変わります．以上をまとめると，第 4-3 表のようになります．

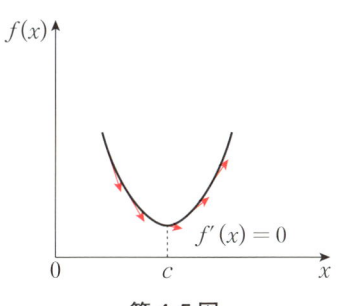

第 4-5 図

第 4-3 表

$f'(x)=0$ の点の前後での $f'(x)$ の符号	$f(x)$
+ から − に変化	$f'(x)=0$ を満足する x で最大
− から + に変化	$f'(x)=0$ を満足する x で最小

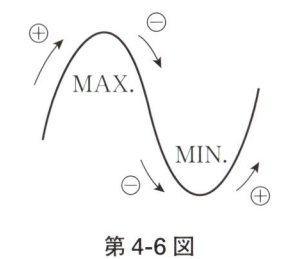

第 4-6 図

これを応用すれば，

(1) $f(x)$ を微分して $f'(x)$ を求める．
(2) $f'(x)=0$ を満足する x を求める．
(3) $f'(x)=0$ を満足する x の前後の $f'(x)$ の符号を調べる．

(4) 最大か最小かを判別する．

の手順で，最大値，最小値を求めることができます．

(2) 物理公式への適用

2種の学習範囲には，いろいろな物理量が微分式で定義されて出てきます．よく使われるものには次のようなものがあります．

(ア) 電界の強さ $E = -\dfrac{dV}{dr}$ [V/m]　　　V：電位差 [V]，r：距離 [m]

(イ) 電流 $i = \dfrac{dq}{dt}$ [A]　　　q：電荷 [C]，t：時間 [s]

(ウ) 電極板に働く力 $F = -\dfrac{dW}{dl}$ [N]　　　W：電極板間のエネルギー [J]
　　　　　　　　　　　　　　　　　　　　　　　　l：電極の変位量 [m]

(エ) 磁界の強さ $H = -\dfrac{dU}{dr}$ [A/m]　　　U：磁位 [A]，r：距離 [m]

(オ) コイルの誘導起電力 $e = -L\dfrac{di}{dt}$ [V]　　　L：インダクタンス [H]
　　　　　　　　　　　　　　　　　　　　　　　　　　i：電流 [A]，t：時間 [s]

(カ) コイルの誘導起電力 $e = -N\dfrac{d\Phi}{dt}$ [V]　　　N：コイルの巻数
　　　　　　　　　　　　　　　　　　　　　　　　　　　Φ：磁束 [Wb]，t：時間 [s]

(キ) 速度 $v = \dfrac{ds}{dt}$ [m/s]　　　s：距離 [m]，t：時間 [s]

(ク) 加速度 $\alpha = \dfrac{dv}{dt}$ [m/s^2]　　　v：速度 [m/s]，t：時間 [s]

(ケ) 角速度 $\omega = \dfrac{d\theta}{dt}$ [rad/s]　　　θ：角度 [rad]，t：時間 [s]

(コ) 角加速度 $\alpha = \dfrac{d\omega}{dt}$ [rad/s^2]　　　ω：角速度 [rad/s]，t：時間 [s]

(サ) 光度 $I = \dfrac{dF}{d\omega}$ [cd]　　　F：光束 [lm]，ω：立体角 [sr]

(シ) 照度 $E = \dfrac{dF}{dA}$ [lx]　　　F：入射光束 [lm]，A：面積 [m^2]

(ス) 光束発散度 $M = \dfrac{dF}{dA}$ [lm/m^2]　　　F：発散光束 [lm]，A：面積 [m^2]

以上の諸公式は，積分や微分方程式の学習の際にも頻繁に出てきますので，

全て覚えておくことが必要です．

2 ● 極限とは何か

Q1：微分法の学習をしているとlimという記号が出てきますが，これは何を意味しているのか教えてください．

limはlimit（極限，限界の意味）の略と言われており，次のような表し方をします．

関数$f(x)$で変数xがある値aに限りなく近づくとき，それに対応して$f(x)$もbに限りなく近づく． ⇨ $\lim_{x \to a} f(x) = b$

例えば，$f(x) = x + 2$として，xを2に限りなく近づけると，$f(x)$は4に限りなく近づくことになります．これをlimを使って表すと，$\lim_{x \to 2}(x + 2) = 4$となります．

また$\lim_{x \to a} f(x) = b$について，「xをaに無限に近づけたとき，$f(x)$の極限値

は b である.」という言い方をします.これを $\lim_{x \to 2}(x+2) = 4$ に当てはめると,「x を 2 に無限に近づけたとき,$x+2$ の極限値は 4 である」となります.

なお,x が正で限りなく大きくなるとき,$f(x)$ が一定の値 b に限りなく近づくならば,無限大を表す記号 ∞ を用い,$\lim_{x \to \infty} f(x) = b$ と表します.例えば $\lim_{x \to 0} 1/x^2 = 0$ となります.

【問 4-2-1】 次の極限値を求めよ.

① $\lim_{x \to 3} \sqrt{x+1}$　② $\lim_{x \to 0}(x^2+2)$　③ $\lim_{\theta \to \pi/2} \cos\theta$　④ $\lim_{x \to \infty} \frac{1}{x}$

Q2:θ を弧度法の角とすると,$\lim_{\theta \to 0} \dfrac{\sin\theta}{\theta} = 1$ となることについて解説してください.

これは,三角関数の微分法を学習する上で非常に重要な公式です.

第 4-7 図のように点 O を中心とする半径 1 の円を描き,$\angle \mathrm{AOB} = \theta$ とします.

OB の延長と,A における接線の交点を P とすれば,$0 < \theta < \dfrac{\pi}{2}$ のときを考えて,

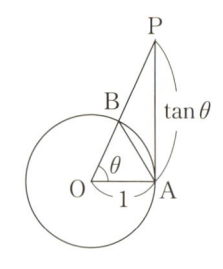

第 4-7 図

三角形 OAB の面積 $<$ 扇形 OAB の面積 $<$ 三角形 OAP の面積

の関係式が成り立ちます.おのおのの面積を式で表すと,

$$\frac{1}{2}\overline{\mathrm{OA}}\,\overline{\mathrm{OB}}\sin\theta < \pi \cdot \overline{\mathrm{OA}}^2 \cdot \frac{\theta}{2\pi} < \frac{1}{2}\overline{\mathrm{OA}}\,\overline{\mathrm{AP}}$$

$\overline{\mathrm{OA}} = \overline{\mathrm{OB}} = 1$ で,$\overline{\mathrm{OA}} = \tan\theta$ であるので,

$$\frac{1}{2}\sin\theta < \frac{1}{2}\theta < \frac{1}{2}\tan\theta$$

∴ $\sin\theta < \theta < \dfrac{\sin\theta}{\cos\theta}$

各項とも $\sin\theta$ で割ると,

$$1 < \frac{\theta}{\sin\theta} < \frac{1}{\cos\theta}$$

各項を逆数にすると,各項とも正の値ですから,不等号の向きが反対となり,

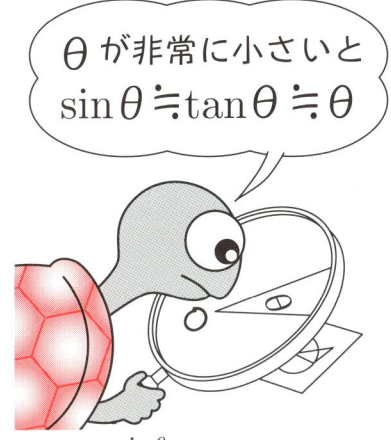

$$1 > \frac{\sin\theta}{\theta} > \cos\theta$$

ここで,$\lim_{\theta \to 0} \cos\theta = 1$ ですから,$\theta \to 0$ のとき,$\sin\theta/\theta$ は1と1とに挟まれて,1に限りなく近づきます.したがって,$\lim_{\theta \to 0}\frac{\sin\theta}{\theta} = 1$ が成り立ちます.

なお,これに関連して次の式も覚えておいてください.

(1) θ が十分に小さい角であれば $\sin\theta \fallingdotseq \theta$

(2) $\lim_{\theta \to 0}\frac{\tan\theta}{\theta} = \lim_{\theta \to 0}\frac{\sin\theta}{\theta}\frac{1}{\cos\theta} = 1$

θが非常に小さいと $\sin\theta \fallingdotseq \tan\theta \fallingdotseq \theta$

3● 微分係数と導関数とは

Q1:微分係数と導関数について説明してください.

(1) 微分係数

関数 $f(x)$ が与えられたとき,x の値が a から $a+h$ に変わったときの関数 $f(x)$ の値の変化は,$f(a+h) - f(a)$ となります(第4-8図).

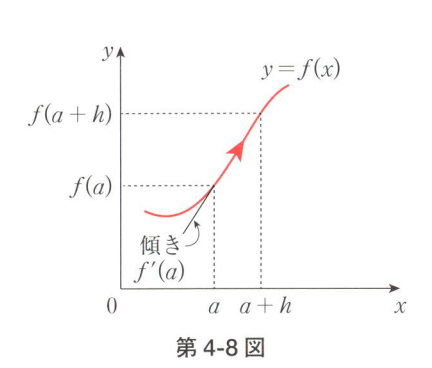

この関数の値の変化 $f(a+h) - f(a)$ を変数の値の変化 h で割った商の

第4-8図

$h\to 0$ の極限値を，$x=a$ における関数 $f(x)$ の微分係数といい，$f'(a)$ で表します．

$$f'(a) = \lim_{h\to 0} \frac{f(a+h)-f(a)}{h} \qquad (1)$$

これは，$f(x)$ の $x=a$ における接線の傾きを計算することになります．

(2) 導関数

微分係数は，関数 $f(x)$ で具体的に $x=a$ の特定な点について計算したものですが，次の計算をしたらどうなるでしょう．

$$\lim_{h\to 0} \frac{f(x+h)-f(x)}{h}$$

これを計算すると，いろいろな x について使うことのできる(1)式をもっと一般化した式が得られます．これを $f(x)$ から導かれた関数という意味で $f(x)$ の導関数といい $f'(x)$ で表します．また，$f'(x)$ を求めることを $f(x)$ を x で微分するといいます．

$$f'(x) = \lim_{h\to 0} \frac{f(x+h)-f(x)}{h} \qquad (2)$$

$f'(x)$ が求めてあれば，$x=a$ の微分係数は $f'(x)$ の x に a を代入して求めることができます．

Q2：微分係数と導関数の意味が分かりましたので，具体的な計算の仕方を説明してください．

<例題>

$f(x)=x^2$ の導関数を求めよ．また，$x=2$ における微分係数はいくらか．

この例題をもとに，具体的計算をしてみます．

$f'(x)$ の定義式は，

$$f'(x) = \lim_{h\to 0} \frac{f(x+h)-f(x)}{h}$$

でしたので，これに $f(x) = x^2$ を当てはめると，

$$\begin{aligned}
f'(x) &= \lim_{h \to 0} \frac{(x+h)^2 - x^2}{h} \\
&= \lim_{h \to 0} \frac{x^2 + 2xh + h^2 - x^2}{h} \\
&= \lim_{h \to 0} (2x + h) \\
&= 2x \\
\therefore \quad f'(x) &= 2x \qquad (1)
\end{aligned}$$

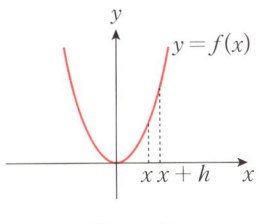

第4-9図

となり，$f(x)$ の導関数が求まります．

次に，$x = 2$ の微分係数は，(1)式に $x = 2$ を代入して，

$f'(2) = 4$

となります．

(注) $y = f(x)$ の導関数については，$f'(x)$ の他に次のようないろいろな表し方がある．

$(f(x))'$，y'，$\dfrac{df(x)}{dx}$（上から下にディーエフエックス・ディーエックスと読む），$\dfrac{dy}{dt}$

（ディーワイ・ディーティと読む）

【問 4-3-1】 次の関数の導関数を求めよ．また，$x = 2$ における微分係数はいくらか．

① x ② $2x^2$ ③ x^3 ④ C（定数）

4 ● 整関数の微分はどうするか

Q1：簡単な関数の微分を使って，2種で覚えておかなければならない基本的な微分公式を示してください．

2種で覚えておかなければいけない微分法の基本公式は，まず次の(1)〜(5)式です．

(1) 整関数の微分公式

最も簡単な関数は $f(x) = x^n$（n：整数）で，これを整関数といいます．この

導関数は，次式となります．

$$f'(x) = nx^{n-1} \quad (n：整数) \quad (1)$$

(例)
$$\frac{\mathrm{d}}{\mathrm{d}x}x^2 = 2x^{2-1} = 2x$$

(2) $Cf(x)$ の微分（C：定数）

$Cf(x)$ の導関数は $f(x)$ の導関数の C 倍となります．

$$\frac{\mathrm{d}}{\mathrm{d}x}Cf(x) = Cf'(x) \quad (C：定数) \quad (2)$$

(例)
$$\frac{\mathrm{d}}{\mathrm{d}x}2x^2 = 2\frac{\mathrm{d}}{\mathrm{d}x}x^2$$
$$= 2 \times 2x = 4x$$

(3) **和と差の微分**

いくつかの関数の和（または差）からなる関数の導関数は，各関数の導関数の和（または差）となります．

$$\frac{\mathrm{d}}{\mathrm{d}x}\{f(x) \pm g(x)\} = f'(x) \pm g'(x) \quad (3)$$
（複号同順）

(例)
$$\frac{\mathrm{d}}{\mathrm{d}x}(2x + 2x^2)$$
$$= \frac{\mathrm{d}}{\mathrm{d}x}2x + \frac{\mathrm{d}}{\mathrm{d}x}2x^2$$
$$= 2 + 4x$$

(4) **二つの関数の積の微分**

片方ずつを微分した式の和となります．

$$\frac{\mathrm{d}}{\mathrm{d}x}\{f(x) \cdot g(x)\} = f'(x)g(x) + f(x) \cdot g'(x) \quad (4)$$

$$\frac{\mathrm{d}}{\mathrm{d}x}2x^2$$
$$= \frac{\mathrm{d}}{\mathrm{d}x}2x \cdot x$$
$$= 2 \times x + 2x \times 1$$
$$= 4x$$

(5) **二つの関数の商の微分**

次の式で計算されます．

$$\frac{\mathrm{d}}{\mathrm{d}x}\left\{\frac{f(x)}{g(x)}\right\} = \frac{f'(x)g(x) - f(x) \cdot g'(x)}{\{g(x)\}^2} \quad (5)$$

$$\frac{\mathrm{d}}{\mathrm{d}x}x^{-2} = \frac{\mathrm{d}}{\mathrm{d}x}\frac{1}{x^2}$$
$$= \frac{0 \times x^2 - 1 \times 2x}{(x^2)^2}$$
$$= \frac{-2x}{x^4} = -2x^{-3}$$

Q2：2 種に必要な微分の基本公式は分かりましたので，これらをどのように使うか例題をあげて説明してください．

<例題>

次の関数を微分せよ．

(1) $y = x^4$ 　　　　　　　　(2) $y = 2x^4$
(3) $y = 2x^3 + 3x^2$ 　　　　(4) $y = 2x^3 + 3x^2 - x + 1$
(5) $y = (x+1)(x^2+1)$ 　　(6) $y = \dfrac{1}{x^2+3}$

(1) 整関数の微分公式で $n = 4$ を代入します．
$$y' = 4x^{4-1} = 4x^3$$

(2) $2x^4$ の導関数は x^4 の導関数の 2 倍となります．
$$y' = \frac{d}{dx}2x^4 = 2\frac{d}{dx}x^4 = 2 \times 4x^3 = 8x^3$$

(3) 各項の導関数の和となります．
$$y' = \frac{d}{dx}2x^3 + \frac{d}{dx}3x^2$$
$$= 2\frac{d}{dx}x^3 + 3\frac{d}{dx}x^2$$

$$\boxed{\frac{d}{dx}Cf(x) = C\frac{d}{dx}f(x)}$$

$$= 2 \times 3x^{3-1} + 3 \times 2x^{2-1}$$

$$\boxed{\frac{d}{dx}x^n = nx^{n-1}}$$

$$= 6x^2 + 6x$$

(4) 3 項以上となっても問題(3)の要領で計算できます．

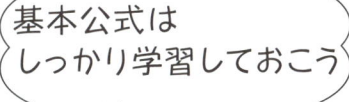

基本公式はしっかり学習しておこう

基 本

$$y' = \frac{d}{dx}2x^3 + \frac{d}{dx}3x^2 - \frac{d}{dx}x + \frac{d}{dx}1$$
$$= 2 \times 3x^{3-1} + 3 \times 2x^{2-1} - 1 \times x^{1-1} + 0$$
$$= 6x^2 + 6x - 1$$

> $\frac{d}{dx}C = 0$（C：定数）
>
> $x^0 = 1$

(5) 片方ずつを微分した式の和となります．
$$y' = (x+1)'(x^2+1) + (x+1)(x^2+1)'$$
$$= (1 \times x^{1-1} + 0)(x^2+1) + (x+1)(2x^{2-1}+0)$$
$$= 1 \times (x^2+1) + (x+1) \times 2x$$
$$= x^2 + 1 + 2x^2 + 2x$$
$$= 3x^2 + 2x + 1$$

> $\frac{d}{dx}(x^2+1)$ を $(x^2+1)'$ のように書くこともあります．
>
> 次数の高い順に並べて整理しておきます．

この問題は，次のように展開してから微分することもできます．
$$y = (x+1)(x^2+1)$$
$$= x^3 + x^2 + x + 1$$
$$\therefore \quad y' = (x^3)' + (x^2)' + (x)' + (1)'$$
$$= 3x^2 + 2x + 1$$

(6) 次の要領で解くことができます．
$$y' = \frac{(1)'(x^2+3) - 1 \times (x^2+3)'}{(x^2+3)^2}$$
$$= \frac{0 \times (x^2+3) - 1 \times (2x+0)}{(x^2+3)^2}$$
$$= \frac{-2x}{(x^2+3)^2}$$

> $\left(\dfrac{v}{u}\right)' = \dfrac{v'u - vu'}{u^2}$ の分子の順序は逆にしてはいけない

【問 4-4-1】 次の関数の導関数を求めよ．

① $y = x^3$　　② $y = 3x^2$　　③ $y = x^2 + x + 1$

④ $y = 3x^2 + 1$　　⑤ $y = (x+1)(x+2)$　　⑥ $y = (2x+1)(x^2+x)$

⑦ $y = (x+1)^2$　　⑧ $y = \dfrac{x-1}{x+1}$　　⑨ $y = x + \dfrac{1}{x}$

⑩ $y = 3x^2 + \dfrac{x}{x+1}$

5 ● 合成関数の微分はどうするか

Q1：合成関数とはどんなものですか．また，その微分公式を分かりやすく説明してください．なお，この公式は，2種で覚えておかなければなりませんか．

合成関数の微分公式を(1)式に示しますが，この公式は応用範囲が広く，必ず覚えておかなければならないものです．

z は y の関数で，y は x の関数，つまり $z = g(y)$，$y = f(x)$ のとき，$z = g\{f(x)\}$ は，x について次式で微分できる．

$$\frac{dz}{dx} = \frac{dz}{dy} \cdot \frac{dy}{dx} \tag{1}$$

ただし，このような数式で表したのでは，少し分かりにくい点もあるので，われわれの身近な例をとって説明してみます．いま，インダクタンス L に $i = I_m \sin \omega t$ の電流が流れたとき，その端子電圧は，

$$\begin{aligned} e &= L\frac{di}{dt} \\ &= L\frac{d}{dt} I_m \sin \omega t \\ &= L I_m \frac{d}{dt} \sin \omega t \end{aligned} \tag{2}$$

$i = I_m \sin \omega t$

L

v

$\omega t = \theta$ と置けば微分できる

となりますが，三角関数の微分公式，$\dfrac{d}{d\theta} \sin \theta = \cos \theta$ を知っていても(2)式はすぐには微分できません．このような場合には，$f(\theta) = \sin \theta$，$\theta = \omega t$ と考え，

$$\frac{df(\theta)}{dt} = \frac{df(\theta)}{d\theta} \cdot \frac{d\theta}{dt}$$

とし，$\sin\theta$ は θ で微分でき，ωt は t で微分できることを使えばよいのです．

したがって，
$$\frac{df(\theta)}{dt} = \frac{d}{d\theta}\sin\theta \cdot \frac{d}{dt}\omega t$$
$$= \cos\theta \cdot \omega$$

となるので，$e = \omega L I_m \cos\omega t$ が，インダクタンス L の端子電圧となります．このように，i は θ の関数で，θ は t の関数であるような場合，結局，i は t の関数の関数となり，二つの関数を合成したものとなります．このような関数のことを合成関数と呼んでいます．

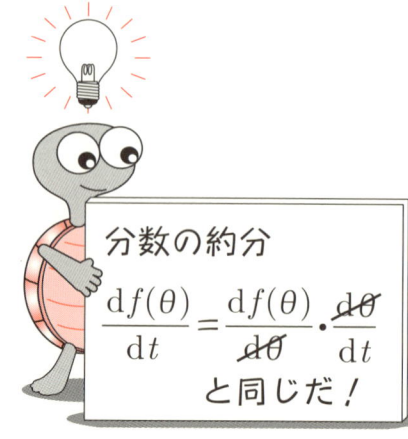

分数の約分
$$\frac{df(\theta)}{dt} = \frac{df(\theta)}{d\theta} \cdot \frac{d\theta}{dt}$$
と同じだ！

Q2：合成関数の微分公式を使う計算例をあげて，分かりやすく説明してください．

＜例題＞

次の関数を微分せよ．
$z = (x^2 + 2x + 1)^3$

(1) **考え方**

（ ）の中が長く，展開してもかなり面倒な式になりそうです．しかし，$z = x^3$ の式であれば，$z' = 3x^2$ となることは分かります．このような場合，（ ）の中を y と考えるのです．すると，$z = (x^2 + 2x + 1)^3$ は $z = y^3$ と $y = x^2 + 2x + 1$ を合成したものと考えることができます．これに気が付けば，あとは公式によって計算するだけです．

(2) **計算方法**

$y = x^2 + 2x + 1$ と置くと，$z = y^3$．

$$\therefore \quad \frac{dz}{dx} = \frac{dz}{dy} \cdot \frac{dy}{dx}$$
$$= \frac{d}{dy}y^3 \cdot \frac{d}{dx}(x^2+2x+1)$$
$$= 3y^2 \cdot (2x+2)$$
$$= 3(x^2+2x+1)^2(2x+2)$$

y に x^2+2x+1 を代入して x だけの関数にします.

$z=(x^2+2x+1)^3$ を一つの文字と考えてみよう

【問 4-5-1】 次の関数を微分せよ.
① $y = (x+1)^4$　② $y = \dfrac{1}{(x+1)^4}$　③ $y = (2x+1)^3(x^2-1)^4$

6 ● 無理関数の微分はどうするか

Q1：無理数とは何ですか．他の用語も合わせて整理して教えてください．また，無理関数とは何ですか．

(1) 無理数とは

数は右図のように実数と虚数に大別されます.

実数はさらに，有理数と無理数に分かれます.

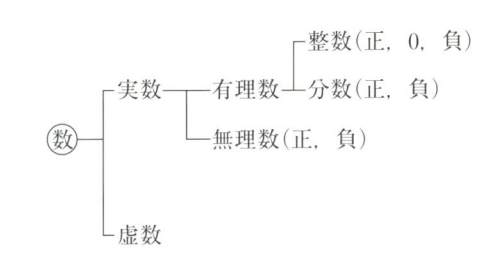

有理数は，正の整数（1, 2, 3, ……），負の整数（-1, -2, -3, ……）および 0 からなる整数と，正，負の分数を総称した呼び名です．したがって，有理数は $\dfrac{n}{m}$（m, n は整数で $m \neq 0$）で表される数となります.

数 ─┬─ 実数 ─┬─ 有理数 ─┬─ 整数（正, 0, 負）
　　│　　　　│　　　　　└─ 分数（正, 負）
　　│　　　　└─ 無理数（正, 負）
　　└─ 虚数

これに対し，$\sqrt{2}$ や円周率 π のように，整数や分数でもなくて，小数を用いればどれほどでもこれに近い値を表すことができる数を無理数と呼びます．

なお，実数の2乗は正または0となりますが，二次方程式，例えば $x^2+2=0$ を満足する x は，有理数の中にも，無理数の中にも求めることはできません．そこで，2乗すると負になる数を考え，これを虚数と呼んでいます．

(2) 無理関数

$\sqrt{x}$ や $\sqrt{x^2+1}$ のように $\sqrt{}$ の中が x の整関数で構成された関数を無理関数と呼んでいます．無理関数についても，整関数と同様，$y=x^n$ のとき $y'=nx^{n-1}$ の微分公式が成立します．例えば，$y=\sqrt{x}$ のときは，

$$y = \sqrt{x} = x^{\frac{1}{2}}$$

$$\therefore \ y' = \frac{1}{2}x^{\frac{1}{2}-1} = \frac{1}{2}x^{-\frac{1}{2}}$$

$$= \frac{1}{2}\frac{1}{x^{\frac{1}{2}}} = \frac{1}{2\sqrt{x}}$$

$y'=nx^{n-1}$ は n が実数の全てに使える公式だ

のように微分することができます．

Q2：無理関数の微分について，具体的な例をあげて説明してください．

＜例題＞

次の関数を微分せよ．

(1) $y = \dfrac{1}{\sqrt{x}}$　　(2) $y = \sqrt{x} + \dfrac{1}{\sqrt{x}}$　　(3) $y = \sqrt{x^2+1}$

---

(1) まず，$y=x^n$ のように表すことを考えると，

$$y = \frac{1}{\sqrt{x}} = \frac{1}{x^{\frac{1}{2}}} = x^{-\frac{1}{2}}$$

$\dfrac{1}{x^a} = x^{-a}$

となり，$n = -\dfrac{1}{2}$ です．したがって，

$$y' = -\frac{1}{2}x^{-\frac{1}{2}-1} = -\frac{1}{2}x^{-\frac{3}{2}} = -\frac{1}{2x^{\frac{3}{2}}} = -\frac{1}{2x\sqrt{x}}$$

(2) $\dfrac{\mathrm{d}}{\mathrm{d}x}\{f(x)+g(x)\} = f'(x)+g'(x)$ の公式を使って，

$$y' = \left(x^{\frac{1}{2}}\right)' + \left(x^{-\frac{1}{2}}\right)' = \frac{1}{2}x^{\frac{1}{2}-1} - \frac{1}{2}x^{-\frac{1}{2}-1} = \frac{1}{2\sqrt{x}} - \frac{1}{2x\sqrt{x}}$$

(3) x^2+1 を z と考えると，$y=\sqrt{z}$ となり，y は z について微分可能です．したがって，合成関数の微分公式を使って，

$$\begin{aligned}
\frac{\mathrm{d}y}{\mathrm{d}x} &= \frac{\mathrm{d}y}{\mathrm{d}z} \cdot \frac{\mathrm{d}z}{\mathrm{d}x} \\
&= \frac{\mathrm{d}}{\mathrm{d}z}\sqrt{z} \cdot \frac{\mathrm{d}}{\mathrm{d}x}(x^2+1) \\
&= \frac{\mathrm{d}}{\mathrm{d}z}z^{\frac{1}{2}} \frac{\mathrm{d}}{\mathrm{d}x}(x^2+1) \\
&= \frac{1}{2\sqrt{z}} \times 2x = \frac{x}{\sqrt{x^2+1}}
\end{aligned}$$

> $\dfrac{\mathrm{d}y}{\mathrm{d}x} = \dfrac{\mathrm{d}y}{\mathrm{d}z} \cdot \dfrac{\mathrm{d}z}{\mathrm{d}x}$ のように分数の約分の要領で考えればよい．

> $\sqrt{z} = z^{\frac{1}{2}}$

【問 4-6-1】 次の関数を微分せよ．

① $y = x\sqrt{x}$　　② $y = 1/\sqrt{x^2+1}$

7 ● 三角関数の微分はどうするか

Q1：三角関数の微分公式は何を覚えておけばよいですか．また，それはどのように導かれますか．

(1) 三角関数の微分公式

次の二つの公式を覚えておいてください．

① $\dfrac{\mathrm{d}}{\mathrm{d}x}\sin x = \cos x$　　② $\dfrac{\mathrm{d}}{\mathrm{d}x}\cos x = -\sin x$

なお，$\tan x$ については，商の微分公式を使って，

$$\begin{aligned}\frac{d}{dx}\tan x &= \frac{d}{dx}\frac{\sin x}{\cos x}\\&= \frac{(\sin x)'\cos x - \sin x(\cos x)'}{\cos^2 x}\\&= \frac{\cos^2 x + \sin^2 x}{\cos^2 x}\\&= \frac{1}{\cos^2 x} = \sec^2 x\end{aligned}$$

のように導くことができます.

(2) 三角関数の微分公式の導出

第4章第2節のQ2で学んだ $\lim_{\theta \to 0}\frac{\sin \theta}{\theta} = 1$ の公式を使って次のように導くことができます.

$$\begin{aligned}\frac{d}{dx}\sin x &= \lim_{h \to 0}\left\{\frac{\sin(x+h) - \sin x}{h}\right\}\\&= \lim_{h \to 0}\left\{\frac{2\cos\left(x+\frac{h}{2}\right)\sin\frac{h}{2}}{h}\right\}\\&= \lim_{h \to 0}\left\{\cos\left(x+\frac{h}{2}\right)\cdot\frac{\sin\frac{h}{2}}{\frac{h}{2}}\right\}\\&= \cos x \times 1 = \cos x\end{aligned}$$

$\sin A - \sin B = 2\cos\frac{A+B}{2}\sin\frac{A-B}{2}$

$\frac{h}{2} = \theta$ とすれば, $h \to 0$ のとき $\frac{h}{2} \to 0$ となるので $\lim_{\theta \to 0}\frac{\sin \theta}{\theta} = 1$ となる.

【問 4-7-1】

$(\cos x)' = -\sin x$ を導け.

Q2：三角関数の微分について，具体例をあげて説明してください．

<例題>

次の関数を微分せよ．
(1) $y = \cot x$　　(2) $y = I_m \sin \omega t$　　(3) $y = \sin x \cos^3 x$

(1) $y = \cot x = \dfrac{1}{\tan x} = \dfrac{\cos x}{\sin x}$ と変形し，商の微分方程式を使います．

$$y' = \frac{(\cos x)' \sin x - \cos x (\sin x)'}{\sin^2 x}$$
$$= \frac{(-\sin x)\sin x - \cos x \cdot \cos x}{\sin^2 x}$$
$$= -\frac{\sin^2 x + \cos^2 x}{\sin^2 x}$$
$$= -\frac{1}{\sin^2 x}$$
$$= -\operatorname{cosec}^2 x$$

これで $L\dfrac{\mathrm{d}i}{\mathrm{d}t} = \omega L I_\mathrm{m} \cos\omega t$ となることが分かった

$i_\mathrm{m} = I_\mathrm{m}\sin\omega t$

(2) $\omega t = z$ と置き，合成関数の微分公式を適用します．

$$y' = \frac{\mathrm{d}y}{\mathrm{d}z} \cdot \frac{\mathrm{d}z}{\mathrm{d}t}$$
$$= \frac{\mathrm{d}}{\mathrm{d}z}(I_\mathrm{m}\sin z) \cdot \frac{\mathrm{d}}{\mathrm{d}t}\omega t$$
$$= I_\mathrm{m}\cos z \times \omega$$
$$= I_\mathrm{m}\omega\cos\omega t$$

(3) 積の微分公式と，合成関数の微分公式を用います．

$$y' = (\sin x)'\cos^3 x + \sin x(\cos^3 x)'$$
$$= \cos x \cdot \cos^3 x + \sin x \cdot 3\cos^2 x(\cos x)'$$
$$= \cos^4 x - 3\cos^2 x \sin^2 x$$

$(uv)' = u'v + uv'$

$\cos x = z$ と置く

8 ● 指数関数・対数関数の微分はどうするか

Q1：指数関数とはどのような関数のことですか．また，その微分公式としては，何を覚えておけばよいでしょうか．

(1) 指数関数とその微分方程式

$y = e^x$ で表される関数を指数関数といい，この微分公式としては次の式を覚えておく必要があります．

$$\frac{d}{dx}e^x = e^x \qquad (1)$$

(1)式が成立する証明はここでは省略しますが，e はネピアの数といわれ $e = 2.71828\cdots$（ふな一鉢(ハチ)二鉢(ハチ)）となる無理数です．

(2) 指数関数の微分公式はどこで使われる

図のような回路でスイッチ S を閉じたときに流れる電流は，$i = \frac{E}{R}\left(1 - e^{-\frac{R}{L}t}\right)$ と求まります（第7章第7節の Q1）．

このとき，L の端子電圧は，

$$e_L = L\frac{di}{dt} = L \cdot \frac{d}{dt}\left\{\frac{E}{R}\left(1 - e^{-\frac{R}{L}t}\right)\right\}$$

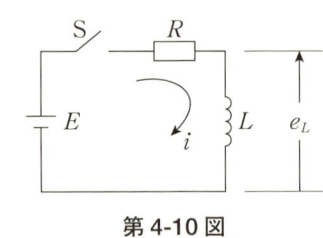

第 4-10 図

となり，指数関数の微分公式が用いられることになります．このように，過渡現象では e^{-at} のパターンの項がしばしば表れ，これを微分するときに(1)式が使われます．

【問 4-8-1】次の関数を微分せよ．

① $y = e^{2x}$　② $y = e^{-x}$　③ $i = \frac{E}{R}\left(1 - e^{-\frac{R}{L}t}\right)$（$t$：変数）

Q2：対数関数とはどのような関数のことですか．また，その微分公式としては何を覚えておけばよいのでしょうか．

(1) 対数関数とその微分公式

$y = \log x$ で表される関数を対数関数といい，この微分公式としては次の式を覚えておく必要があります．

$$\frac{d}{dx}\log x = \frac{1}{x} \quad (ただし，x > 0) \qquad (1)$$

(1)式は厳密には $\frac{d}{dx}\log|x| = \frac{1}{x}$ となりますが，2種で扱う物理量は $x > 0$ であるので，(1)式で覚えておけばよいでしょう．

なお，この関数の底はeです．電気磁気学で出てくるlogは全て底がeであるため，特に支障がない限り底は省略して書かれています．

(2) 対数関数の微分はどこで使われる

(1)式は主に $\frac{1}{r}$ のパターンの積分で使われます．積分については第5章で詳しく説明しますが，積分の式 $\int \frac{1}{r} dr$ とは，"何を微分すると $\frac{1}{r}$ になるのか"という計算をすることです．したがって，

$$\int \frac{1}{r} dr = \log r + C \quad (C：定数)$$

となり，このパターンの積分が2種では頻繁に出てきます．

$\int \frac{1}{r} dr = \log r$ のパターンで対数関数の微分式が応用される

【問4-8-2】 次の関数を微分せよ．ただし $x > 0$ とする．
① $y = \log 2x$ ② $y = \log x^2$

8 ● 指数関数・対数関数の微分はどうするか

【問 4-8-3】

$y = \log x$ のとき,$x = e^y$ となる.また,$\dfrac{dy}{dx} = 1 \Big/ \dfrac{dx}{dy}$ である.これらを使って,$(\log x)' = 1/x$ となることを証明せよ.ただし,$x > 0$ とする.

9 ● 微分法の応用はどこまで学習すればよいのか

Q1:微分法は,まず最大・最小問題を解く際に応用されることは分かりましたが,次の項目について分かりやすい具体的例題をあげて説明してください.

(1) 2種で出題された最大・最小問題の中には微分法を用いず,最小定理などを使って解くものがありますが,これらも微分法を使って解くことができるのですか.

(2) 第4章第1節のQ2の説明で $f'(x) = 0$ を満たす x の前後で,$f'(x)$ の符号の変化を見れば最大か最小かが判別できることが分かりましたが,$f''(x)$ で判別する方法についても説明してください.

<例題>

図のように,内部抵抗 R_1 の起電力 e_1 と,内部抵抗 R_2 の起電力 e_2 とが並列に接続され,これに負荷抵抗 R がつながれているとき,次の問に答えよ.

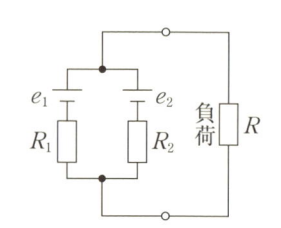

(1) 負荷を流れる電流を求めよ.

(2) 負荷抵抗 R がどのような値のとき R で消費される電力が最大となるか.

(1) 2種で出題された問題の中には,微分法を使わないで済むものもありますが,ある種のヒラメキがないとなかなか解けませ

ん.

　この点，微分法は全ての最大・最小問題に応用することができ同じパターンの解き方となるわけですから，最大・最小問題は全て微分法を使って解く練習をしておくことが実戦的といえます.

　設問(1)の電流は，キルヒホッフの法則などを用いて，

$$I = \frac{e_1 R_2 + e_2 R_1}{R_1 R_2 + R(R_1 + R_2)} \tag{1}$$

となります.

　負荷抵抗 R で消費される電力 P は，$P = RI^2$ に(1)式を代入して，

$$\begin{aligned}P &= \frac{R(e_1 R_2 + e_2 R_1)^2}{(R_1 R_2)^2 + 2 R_1 R_2 (R_1 + R_2) R + (R_1 + R_2)^2 R^2} \\ &= \frac{(e_1 R_2 + e_2 R_1)^2}{\dfrac{(R_1 R_2)^2}{R} + 2 R_1 R_2 (R_1 + R_2) + (R_1 + R_2)^2 R}\end{aligned} \tag{2}$$

(2)式に最小定理を適用すると，$\dfrac{(R_1 R_2)^2}{R} = (R_1 + R_2)^2 R$ から $R = \dfrac{R_1 R_2}{R_1 + R_2}$ の条件が得られます.これが設問(2)の答となります.

　これを，微分法を使って解く場合には，(2)式の分母を R の関数 $f(R)$ として，

$$f(R) = \frac{(R_1 R_2)^2}{R} + 2 R_1 R_2 (R_1 + R_2) + (R_1 + R_2)^2 R \tag{3}$$

$f'(R) = 0$ となる R を求めると，

$$f'(R) = -\frac{(R_1 R_2)^2}{R^2} + (R_1 + R_2)^2 = 0$$

$$R^2 = \frac{(R_1 R_2)^2}{(R_1 + R_2)^2}$$

$$\therefore \ R = \pm \frac{R_1 R_2}{R_1 + R_2}$$

第4-4表

R	$0 \leqq R < \dfrac{R_1 R_2}{R_1 + R_2}$	$\dfrac{R_1 R_2}{R_1 + R_2}$	$\dfrac{R_1 R_2}{R_1 + R_2} < R$
$f'(R)$	−	0	+
$f(R)$	↘	最小	↗

ここで，R は負となりえないので，$R \geqq 0$ の領域について $f'(R)$ の符号を調べると，第4-4表となります．これから，$R = \dfrac{R_1 R_2}{R_1 + R_2}$ のとき $f(R)$ は最小となるので，このとき(2)式は最大となり，設問(2)の答が得られます．

(2) 例えば，$x = 2$ で最小値をとる，第4-11図の

$$f(x) = (x-2)^2 + 2$$
$$= x^2 - 4x + 6 \quad (4)$$

を例にとり，$f''(x)$ による最大・最小の判別の仕方について説明してみましょう．

$f(x)$ のグラフと併せて $f'(x)$ のグラフを描くと，

$$f'(x) = 2x - 4 \quad (5)$$

より，第4-12図となります．

$f'(x)$ は $f(x)$ の接線の傾きを表したものですから，第4-12図からは，

- $0 \leqq x < 2$：傾きは －（下向き）であるが徐々に 0（水平）に近づく
- $x = 2$：傾きは 0（水平）である
- $x > 2$：傾きは ＋（上向き）となり，その値は徐々に大きく（急な立ち上がり）となる

ことが分かり，これから，$x = 2$ で $f(x)$ は最小となるとしてきました．

では，$f'(x)$ をさらに x で微分した $f''(x)$ は何を表すのでしょうか．

(5)式の $f'(x)$ を x で微分すると，

$$f''(x) = 2 \quad (6)$$

となりますが，$f'(x)$ が $f(x)$ の接線の傾きを示したように$f''(x)$ は $f'(x)$ のグラフの接線の

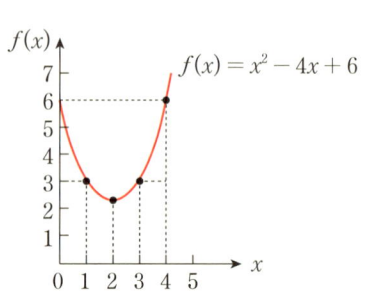

第4-11図

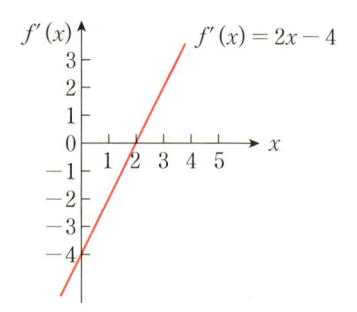

第4-12図

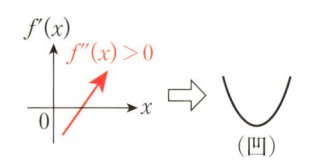

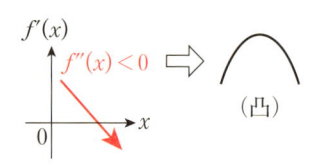

第4-13図

傾きを表します．したがって，(6)式は，$f'(x)$ の接線の傾きが常に正であることを表し，x が大きくなるにつれ $f'(x)=0$ の点を挟んで，$f'(x)$ の符号が－から＋へ変化することを表しています．したがって，$f''(x)>0$ は，グラフが凹形となることを表すことになります．

この逆に $f''(x)<0$ は，$f'(x)=0$ の点を挟んで $f'(x)$ の符号が＋から－に変わることを意味し，グラフの形状が凸形であることを表します（第 4-13 図）．

このように，$f''(x)$ を求めると，グラフの凹凸（おうとつ）が判別できます．
ちなみに，(3)式の $f''(R)$ を求めると，

$$f'(R) = -\frac{(R_1 R_2)^2}{R^2} + (R_1+R_2)^2$$

$$f''(R) = \frac{2(R_1 R_2)^2}{R^3} > 0 \quad (ただし R>0)$$

となり，$R>0$ の領域で $f(R)$ は凹形，つまり最小値を示すグラフであることが分かります．

Q2：微分法を物理公式に応用する問題はどのように出題されていますか．

＜例題＞

図のように無限に長い直線状導体に 250 Hz，$I=50$ A の交流電流が流れている．いま，この導体を含む平面上に一辺 10 cm の正方形コイルが，その一辺が無限長導体に平行になるように導体から a だけ離れた位置に置かれている．コイルの巻回数が 1 000 のとき，このコイルに誘起された起電力が 1 V であったという．この導体とコイルの離隔距離 a はいくらか．ただし，下表を参照せよ．

x	$\log_e x$
1.88	0.631 3
1.89	0.636 6
1.90	0.641 9

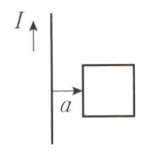

微分法を物理公式に当てはめる問題の出題数は，最大・最小の問題と比較してかなり少なくなります．ただし，2種の参考書を学習するためには必修の事項であり，後で学習する積分や微分方程式の式を立てる際に頻繁に使われますので，第4章第1節のQ2であげた諸公式は全て暗記しておいてください．

さて，例題は，コイルの誘導起電力の公式

$$e = -N\frac{d\Phi}{dt} \ [\text{V}] \tag{1}$$

を応用する問題です．Φは，正方形コイルを貫く磁束[Wb]で，これがどのような式で表されるかが，本問のキーポイントです．このΦを求めるには，積分の知識を必要とし，次の手順で計算してゆきます．

(1) アンペアの周回積分の法則により，第4-14図のように導体からr [m]離れた点の磁界の強さH_rは，

$$H_r = \frac{i}{2\pi r} \ [\text{A/m}] \tag{2}$$

ここで，iは実効値$I = 50$ Aの交流電流であるので，

$$i = \sqrt{2}\,I\sin\omega t = 50\sqrt{2}\sin\omega t \ [\text{A}] \tag{3}$$

の式で表すことができます．

(2) $B = \mu H$の式を使って，(2)式の磁界の強さH_rを磁束密度B_rを表す式に変えます．ただし，本問は空気中に置かれたコイルと考えられるので，透磁率μは真空の透磁率$\mu_0 = 4\pi \times 10^{-7}$ H/m とします．

$$B_r = \mu_0 H_r = \frac{\mu_0 i}{2\pi r} \ [\text{T}] \tag{4}$$

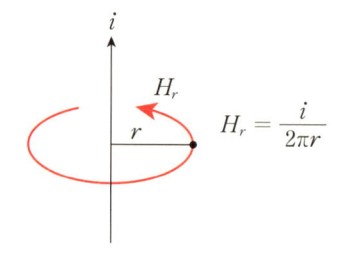

第4-14図

(3) B_rはrに反比例し，そのグラフは第4-15図のようになります．ここで正方形コイルの一辺の長さをb [m]とすると，このコイルを貫く磁束Φは，アカアミ部で表された部分のB_rによって生じます．

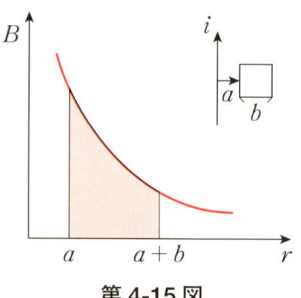

第4-15図

第 4-16 図のように導体から r [m] 離れた点に微小距離 Δr（デルタ・アールと読みます）をとると，アカアミ部の微小面積を貫く磁束 $\Delta\Phi$ は，

$$\Delta\Phi = B_r b \Delta r = \frac{\mu_0 i b}{2\pi r}\Delta r$$

Δ を微分記号 d に置き換えて，

$$\mathrm{d}\Phi = \frac{\mu_0 i b}{2\pi r}\mathrm{d}r$$

これから，磁束 Φ は次のように積分を使って求められます．

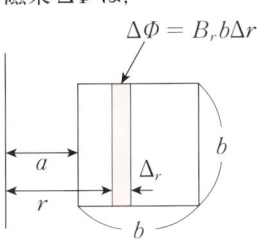

$$\begin{aligned}\Phi &= \int_a^{a+b}\frac{\mu_0 i b}{2\pi r}\mathrm{d}r = \frac{\mu_0 i b}{2\pi}\int_a^{a+b}\frac{1}{r}\mathrm{d}r \\ &= \frac{\mu_0 i b}{2\pi}\Big[\log r\Big]_a^{a+b} \\ &= \frac{\mu_0 i b}{2\pi}\log\frac{a+b}{a}\ \ [\mathrm{Wb}]\end{aligned} \tag{5}$$

第 4-16 図

ここで，第 4 章第 8 節の Q2 で述べた $1/r$ の積分のパターンが現れてきました．

(4) これで Φ が求まりましたので，次は，(1)式に従って誘導起電力 e を求めます．

$$\begin{aligned}e &= -N\frac{\mathrm{d}\Phi}{\mathrm{d}t} \\ &= -N\frac{\mathrm{d}}{\mathrm{d}t}\left(\frac{\mu_0 i b}{2\pi}\log\frac{a+b}{a}\right) \\ &= -N\frac{\mathrm{d}}{\mathrm{d}t}\left(\frac{\mu_0 b\sqrt{2}\,I\sin\omega t}{2\pi}\log\frac{a+b}{a}\right) \\ &= -\frac{\sqrt{2}\,I\mu_0 bN}{2\pi}\log\frac{a+b}{a}\frac{\mathrm{d}}{\mathrm{d}t}\sin\omega t \\ &= -\frac{\sqrt{2}\,I\mu_0 bN}{2\pi}\log\frac{a+b}{a}\cdot\omega\cos\omega t\ [\mathrm{V}]\end{aligned} \tag{6}$$

$i = \sqrt{2}\,I\sin\omega t$ を代入

$\dfrac{\mathrm{d}}{\mathrm{d}x}Cf(x) = C\dfrac{\mathrm{d}}{\mathrm{d}x}f(x)$
（C：定数）

$\dfrac{\mathrm{d}}{\mathrm{d}t}\sin\omega t = \dfrac{\mathrm{d}}{\mathrm{d}\theta}\sin\theta\cdot\dfrac{\mathrm{d}}{\mathrm{d}t}\omega t$
（合成関数の微分）

(5) (6)式は実効値が $\dfrac{I\mu_0 bN\omega}{2\pi}\log\dfrac{a+b}{a}$ の電圧となるので，数値を代入して，

$$\dfrac{50\times 4\pi\times 10^{-7}\times 0.1\times 1\,000\times 2\pi\times 250}{2\pi}\log\dfrac{a+b}{a}=1\text{ V}$$

∴ $\log\dfrac{a+b}{a}=0.636\,6$

与えられた表から $\dfrac{a+b}{a}=1.89$ となるので，

$a=\dfrac{0.1}{0.89}=0.112$ m

と離隔距離 a が求まり，これが，例題の答となります．

この例題は，積分を使う部分が入っており少し分かりにくい点もあるかもしれませんが，積分を学習した後にもう一度解き直してください．そうすればさらによく理解できるはずです．

10 この章をまとめると

(1) **極　限**

① 関数 $f(x)$ で変数 x がある値 a に限りなく近づくとき，それに対応して $f(x)$ も b に限りなく近づくならば，これを $\lim\limits_{x\to a}f(x)=b$ と表す．

② x が正で限りなく大きくなるとき，$f(x)$ が b に限りなく近づくならば，これを $\lim\limits_{x\to\infty}f(x)=b$ と表す．

③ $\lim\limits_{\theta\to 0}\dfrac{\sin\theta}{\theta}=1$

④ θ が非常に小さいとき，$\sin\theta\fallingdotseq\tan\theta\fallingdotseq\theta$ となる．

(2) **微分係数と導関数**

① 関数 $f(x)$ の $x=a$ における微分係数 $f'(a)$ は次式となる．

$$f'(a)=\lim_{h\to 0}\dfrac{f(a+h)-f(a)}{h}$$

② 関数 $f(x)$ の導関数 $f'(x)$ は，

$$f'(x) = \lim_{h \to 0} \frac{f(x+h) - f(x)}{h}$$

となり，x に a を代入すると，$f'(a)$ の値を求めることができる．

(3) **基本的な微分公式**

① $\dfrac{d}{dx} Cf(x) = Cf'(x)$　（C：定数）

② $\dfrac{d}{dx} \{f(x) \pm g(x)\} = f'(x) \pm g'(x)$　（複号同順）

③ $\dfrac{d}{dx} \{f(x)g(x)\} = f'(x)g(x) + f(x)g'(x)$

④ $\dfrac{d}{dx} \left\{ \dfrac{f(x)}{g(x)} \right\} = \dfrac{f'(x)g(x) - f(x)g'(x)}{\{g(x)\}^2}$

(4) **合成関数の微分**

$z = g(y)$，$y = f(x)$ のとき，$\dfrac{dz}{dx} = \dfrac{dz}{dy} \cdot \dfrac{dy}{dx}$

(5) **いろいろな関数の微分**

① $(x^n)' = nx^{n-1}$　（n：実数）

② $(\sin x)' = \cos x$，$(\cos x)' = -\sin x$，$(\tan x)' = \sec^2 x$

③ $(e^x)' = e^x$

④ $(\log x)' = \dfrac{1}{x}$　$(x > 0)$，これは主に $\displaystyle\int \dfrac{1}{r} dr = \log r + C$（$C$：定数）の
パターンで積分に応用される．

(6) **微分法の応用**

① 最大・最小問題への応用手順

(ア) $f(x)$ を微分して $f'(x)$ を求める．

(イ) $f'(x) = 0$ を満足する x を求める．

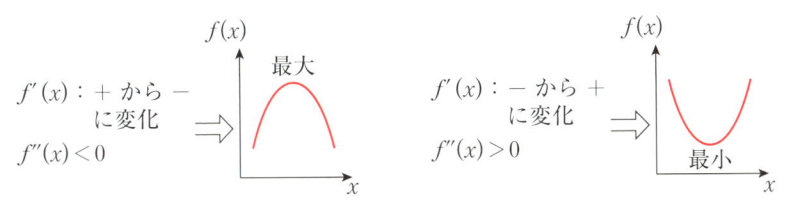

$f'(x)$：+ から −
に変化
$f''(x) < 0$
⇒ 最大

$f'(x)$：− から +
に変化
$f''(x) > 0$
⇒ 最小

第 4-17 図

(ウ) $f'(x) = 0$ を満足する x の前後の $f'(x)$ の符号,または $f''(x)$ の符号を調べる.

(エ) 最大か,最小かを判別する.

② 物理公式への応用

(ア) $E = -\dfrac{dV}{dr}$ (電界の強さ)   (イ) $i = \dfrac{dq}{dt}$ (電流)

(ウ) $F = -\dfrac{dW}{dl}$ (電極板に働く力)   (エ) $H = -\dfrac{dU}{dr}$ (磁界の強さ)

(オ) $e = -L\dfrac{di}{dt}$ (誘導起電力)   (カ) $e = -N\dfrac{d\phi}{dt}$ (誘導起電力)

(キ) $v = \dfrac{ds}{dt}$ (速度)   (ク) $\alpha = \dfrac{dv}{dt}$ (加速度)

(ケ) $\omega = \dfrac{d\theta}{dt}$ (角速度)   (コ) $\alpha = \dfrac{d\omega}{dt}$ (角加速度)

(サ) $I = \dfrac{dF}{d\omega}$ (光度)   (シ) $E = \dfrac{dF}{dA}$ (照度)

(ス) $M = \dfrac{dF}{dA}$ (光束発散度)

【問 4-2-1】の解答

① 2   ② 2   ③ 0   ④ 0

【問 4-3-1】の解答

① $f'(x) = 1,\ f'(2) = 1$ ② $f'(x) = 4x,\ f'(2) = 8$

③ $f'(x) = 3x^2,\ f'(2) = 12$ ④ $f'(x) = 0,\ f'(2) = 0$

【問 4-4-1】の解答

① $y' = 3x^2$ ② $y' = 6x$ ③ $y' = 2x + 1$ ④ $y' = 6x$

⑤ $y' = (x+1)'(x+2) + (x+1)(x+2)' = x + 2 + x + 1 = 2x + 3$

⑥ $y' = (2x+1)'(x^2+x) + (2x+1)(x^2+x)' = 2(x^2+x) + (2x+1)(2x+1)$
   $= 6x^2 + 6x + 1$

⑦ $y' = (x+1)(x+1) = (x+1)'(x+1) + (x+1)(x+1)' = (x+1) + (x+1)$
   $= 2x + 2$

⑧ $y' = \dfrac{(x-1)'(x+1) - (x-1)(x+1)'}{(x+1)^2} = \dfrac{2}{(x+1)^2}$

⑨　$y' = (x)' + \left(\dfrac{1}{x}\right)' = 1 + (-1)x^{-1-1} = 1 - x^{-2} = 1 - \dfrac{1}{x^2}$

⑩　$y' = (3x^2)' + \left(\dfrac{x}{x+1}\right)' = 6x + \dfrac{(x)'(x+1) - x(x+1)'}{(x+1)^2} = 6x + \dfrac{1}{(x+1)^2}$

【問 4-5-1】の解答

①　$y' = 4(x+1)^3(x+1)' = 4(x+1)^3$

②　$y = (x+1)^{-4}, \quad y' = -4(x+1)^{-5}(x+1)' = -4(x+1)^{-5}$

③　$y' = \{(2x+1)^3\}'(x^2-1)^4 + (2x+1)^3\{(x^2-1)^4\}'$
　　$= 3(2x+1)^2(2x+1)'(x^2-1)^4 + (2x+1)^3 4(x^2-1)^3(x^2-1)'$
　　$= 6(2x+1)^2(x^2-1)^4 + 8x(2x+1)^3(x^2-1)^3$

【問 4-6-1】の解答

①　$y' = (x)'\sqrt{x} + x(\sqrt{x})' = \sqrt{x} + x \cdot \dfrac{1}{2\sqrt{x}} = \sqrt{x} + \dfrac{\sqrt{x}}{2} = \dfrac{3}{2}\sqrt{x}$

　　または，$y = x \cdot x^{\frac{1}{2}} = x^{\frac{3}{2}}$

　　$\therefore \quad y' = \dfrac{3}{2}x^{\frac{3}{2}-1} = \dfrac{3}{2}\sqrt{x}$

②　$z = x^2 + 1$ と置くと，

　　$\dfrac{dy}{dx} = \dfrac{dy}{dz} \cdot \dfrac{dz}{dx} = \dfrac{d}{dz}\dfrac{1}{\sqrt{z}} \cdot \dfrac{d}{dx}(x^2+1)$

　　$= -\dfrac{1}{2z\sqrt{z}} \cdot 2x = -\dfrac{x}{(x^2+1)\sqrt{x^2+1}}$

【問 4-7-1】の解答

$y' = \lim\limits_{h \to 0}\left\{\dfrac{\cos(x+h) - \cos x}{h}\right\} = \lim\limits_{h \to 0}\left\{\dfrac{-2\sin\dfrac{2x+h}{2} \cdot \sin\dfrac{h}{2}}{h}\right\}$

　$= \lim\limits_{h \to 0}\left\{-\sin\left(x + \dfrac{h}{2}\right) \cdot \dfrac{\sin\dfrac{h}{2}}{\dfrac{h}{2}}\right\} = -\sin x \times 1 = -\sin x$

【問 4-8-1】の解答

①　$2x = z$ とすれば，

　　$\dfrac{dy}{dx} = \dfrac{dy}{dz} \cdot \dfrac{dz}{dx} = \dfrac{d}{dz}e^z \dfrac{d}{dx}(2x) = 2e^z = 2e^{2x}$

② $-x = z$ とすれば,

$$\frac{dy}{dx} = \frac{d}{dz}e^z \frac{d}{dx}(-x) = -e^z = -e^{-x}$$

③ $i = \dfrac{E}{R} - \dfrac{E}{R}e^{-\frac{R}{L}t}$

$$\frac{di}{dt} = \frac{d}{dt}\frac{E}{R} - \frac{d}{dt}\frac{E}{R}\left(e^{-\frac{R}{L}t}\right) = 0 - \frac{E}{R}\frac{d}{dt}e^{-\frac{R}{L}t} = \left(-\frac{E}{R}\right)\left(-\frac{R}{L}\right)e^{-\frac{R}{L}t}$$

$$= \frac{E}{L}e^{-\frac{R}{L}t}$$

【問 4-8-2】の解答

① $y = \log 2x = \log 2 + \log x$ ∴ $y' = (\log 2)' + (\log x)' = \dfrac{1}{x}$

 【別解】 $y' = \dfrac{1}{2x}(2x)' = \dfrac{1}{x}$

② $y = \log x^2 = \log x + \log x$

  ∴ $y' = 2(\log x)' = \dfrac{2}{x}$

 【別解】 $y' = \dfrac{1}{x^2}(x^2)' = \dfrac{1}{x^2} \cdot 2x = \dfrac{2}{x}$

【問 4-8-3】の解答

$x = e^y$ ∴ $\dfrac{dx}{dy} = e^y = x$

よって, $\dfrac{dy}{dx} = \dfrac{1}{\frac{dx}{dy}} = \dfrac{1}{e^y} = \dfrac{1}{x}$

11 ● 基本問題（数学問題）

【問題 1】 次の極限値を求めよ.

① $\lim\limits_{x \to 0}(x+2)$ ② $\lim\limits_{\theta \to 0}\sin\theta$ ③ $\lim\limits_{x \to \infty}\dfrac{1}{x^2}$

④ $\lim\limits_{t \to 0}e^{-st}$ (s : 正の定数)   ⑤ $\lim\limits_{t \to \infty}e^{-st}$ (s : 正の定数)

【問題 2】 次の関数の導関数を求めよ.

① x ② x^2 ③ $3x^2$ ④ x^6 ⑤ $x^2 + 2x + 4$

⑥ $\dfrac{1}{x}$ ⑦ $\dfrac{2}{x^2}$ ⑧ $\sqrt{x}$ ⑨ $\dfrac{1}{x\sqrt{x}}$ ⑩ $\dfrac{1}{x^2+1}$

⑪ $(x+1)(x+3)$ ⑫ $(x+2)^2$ ⑬ $(x+3)^n$（n：実数）

⑭ $\sin x$ ⑮ $\cos x$ ⑯ $\tan x$ ⑰ $\sin\omega t$（ω：定数）

⑱ $\cos\omega t$（ω：定数）   ⑲ $\sin x \cos^3 x$ ⑳ e^x

㉑ $e^{\alpha t}$（α：定数）   ㉒ $\log x$（$x>0$）   ㉓ $\log 2x$（$x>0$）

【問題3】 次の関数の最大値または最小値を求めよ．

① $f(x)=x^2-3x+3$ （$x>0$）

② $f(x)=\dfrac{4}{x}+x$ （$x>0$）

③ $f(x)=4\cos x+3\sin x$ $\left(0<x<\dfrac{\pi}{2}\right)$

● 基本問題の解答

【問題1】

① 2   ② 0   ③ 0   ④ $e^{-0}=1$ ⑤ $\dfrac{1}{e^\infty}=0$ $\left(\because e^{-st}=\dfrac{1}{e^{st}}\right)$

【問題2】

① 1   ② $2x$ ③ $6x$ ④ $6x^5$ ⑤ $2x+2$ ⑥ $-x^{-2}$

⑦ $-4x^{-3}$ ⑧ $\dfrac{1}{2}x^{-\frac{1}{2}}=\dfrac{1}{2\sqrt{x}}$ ⑨ $-\dfrac{3}{2}x^{-\frac{5}{2}}=-\dfrac{3}{2}\cdot\dfrac{1}{x^2\sqrt{x}}$

$\left(\because \dfrac{1}{x\sqrt{x}}=x^{-\frac{3}{2}}\right)$ ⑩ $\dfrac{-2x}{(x^2+1)^2}$ ⑪ $2x+4$ ⑫ $2(x+2)$

⑬ $n(x+3)^{n-1}$ ⑭ $\cos x$ ⑮ $-\sin x$ ⑯ $\sec^2 x$

⑰ $\omega\cos\omega t$ ⑱ $-\omega\sin\omega t$ ⑲ $\cos^4 x-3\cos^2 x\sin^2 x$ ⑳ e^x

㉑ $\alpha e^{\alpha t}$ ㉒ $\dfrac{1}{x}$ ㉓ $2\cdot\dfrac{1}{2x}=\dfrac{1}{x}$

【問題3】

① $f'(x)=2x-3=0$
$f\left(\dfrac{3}{2}\right)=\dfrac{9}{4}-\dfrac{9}{2}+3$
$=\dfrac{3}{4}$ （最小値）

第1表

x	$0<x<\dfrac{3}{2}$	$\dfrac{3}{2}$	$\dfrac{3}{2}<x$
$f'(x)$	$-$	0	$+$
$f(x)$	↘	最小値	↗

② $f'(x) = -\dfrac{4}{x^2} + 1 = 0$

$f(2) = \dfrac{4}{2} + 2 = 4$ （最小値）

第2表

x	$0 < x < 2$	2	$2 < x$
$f'(x)$	$-$	0	$+$
$f(x)$	↘	最小値	↗

③ $f'(x) = -4\sin x + 3\cos x$
$= 0$

$\therefore \dfrac{\sin x}{\cos x} = \tan x = \dfrac{3}{4}$

$\begin{pmatrix} x : 0 \to \dfrac{\pi}{2} \text{で} \sin x : 0 \to 1, \\ \cos x : 1 \to 0 \text{と変化するので} \\ f'(x) \text{は} + \text{から} - \text{に変化する.} \end{pmatrix}$

第3表

x	$0 < x < \theta$	θ	$\theta < x < \dfrac{\pi}{2}$
$f'(x)$	$+$	0	$-$
$f(x)$	↗	最大値	↘

ただし，$\theta = \tan^{-1} 3/4$

$f(\theta) = 4\cos\theta + 3\sin\theta$
$= 4 \cdot \dfrac{4}{5} + 3 \cdot \dfrac{3}{5}$
$= 5$ （最大値）

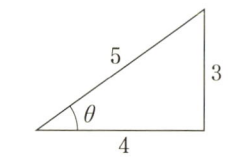

12 • 応用問題

(注) 問題4，5を解くには積分の知識を必要とするので，これらについては，積分の学習を済ませたのち，学習してもよい．

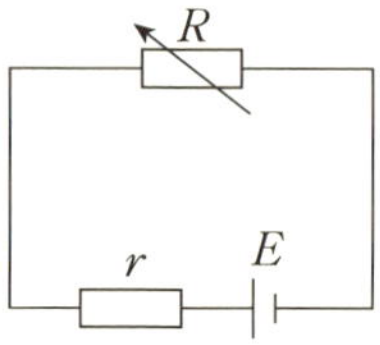

【問題1】 右図のように起電力 E，内部抵抗 r の直流電源に可変抵抗 R を接続した．R を変化させたとき，負荷抵抗 R で消費される電力の最大値はいくらか．

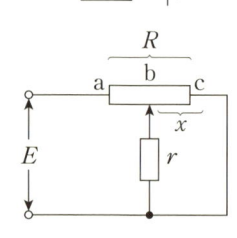

【問題2】 右図のように抵抗 R および r を接続し，一定電圧 E を供給するとき，bc 間を流れる電流を最小にするには b 点をどの位置に定めればよいか．

【問題3】 変圧器の電圧変動率 ε が次式で表されるとき，ε を最大とする力率 $\cos\theta$ はどのような式で表されるか．ただし，p と q は一定とする．

電圧変動率　$\varepsilon = p\cos\theta + q\sin\theta$ [%]

【問題 4】 右図のように内球の半径 r_1，外球の内半径 r_2 の二つの同心導体球があり，その間に誘電率 ε の絶縁体が満たされている．外球の内半径 r_2 および両球間の電位差 V をそれぞれ一定とした場合，内球の表面における電界の強さを最小にするには，その半径 r_1 をいくらにすればよいか．

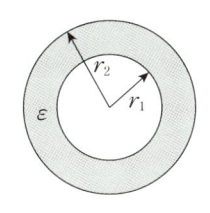

【問題 5】 右図のように，内筒の半径 r_1，外筒の内半径 r_2 の二つの同心円筒電極があり，その間に誘電率 ε の絶縁体が満たされている．外筒の内半径 r_2 および両円筒電極間の電位差 V をそれぞれ一定とした場合，内筒の表面における電界の強さを最小にするには，その半径 r_1 をいくらにすればよいか．

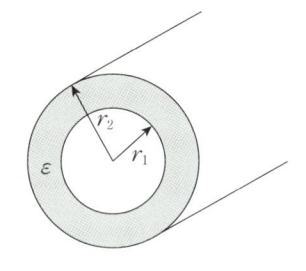

【問題 6】 速度の 2 乗に比例する負荷トルクを負った三相誘導電動機の速度制御を二次抵抗制御法によって行う場合，二次銅損が最大となる滑りの値を求めよ．

● 応用問題の解答
【問題 1】

回路を流れる電流を I とすれば，

$$I = \frac{E}{R+r}$$

負荷抵抗中での消費電力 P は，

$$P = RI^2 = \frac{RE^2}{(R+r)^2} = \frac{RE^2}{R^2 + 2Rr + r^2}$$

$$= \frac{E^2}{R + 2r + \frac{r^2}{R}} \tag{1}$$

(1)式の分母を R の関数と考えて，$f(R)$ とすると，

$$f(R) = R + 2r + \frac{r^2}{R}$$

これを微分して，

$$f'(R) = 1 - \frac{r^2}{R^2}$$

$f'(R) = 0$ とすると，$R = r$.

第1表

R	$0 < R < r$	r	$R > r$
$f'(R)$	−	0	+
$f(R)$	↘	最小	↗

グラフの変化を表す表は第1表となり $r = R$ で $f(R)$ は最小となる．

したがって，このとき P は最大となり，P の最大値 $P_{\max}$ は(1)式に $R = r$ を代入して，次の値となる．

$$P_{\max} = \frac{E^2}{r + 2r + r} = \frac{E^2}{4r} \quad \cdots\cdots \text{(答)}$$

【別解】

(1)式の分母で，$R \times \dfrac{r^2}{R} = r^2$（一定）となるので最小定理により $R + \dfrac{r^2}{R}$ は $R = \dfrac{r^2}{R}$，すなわち $R = r$ のとき最小となる．

〈最小定理〉

　　二つの正数があって，その二つの積が一定であるとき，その2数が
　　等しいときに2数の和は最小となる．つまり，$x > 0$，$y > 0$ で $xy = $ 一定
　　のとき，$x + y = $ は $x = y$ とき最小となる．

【問題2】

bc 間を流れる電流 I は，bc 間の抵抗を x として，

$$I = \frac{E}{R - x + \dfrac{rx}{r + x}} \times \frac{r}{r + x}$$

$$= \frac{Er}{(R - x)(r + x) + rx}$$

$$= \frac{Er}{Rr + Rx - x^2} \quad (1)$$

第2表

x	$0 < x < \dfrac{R}{2}$	$\dfrac{R}{2}$	$x > \dfrac{R}{2}$
$f'(x)$	+	0	−
$f(x)$	↗	最大	↘

(1)式の分母を $f(x)$ とすれば，

$$f(x) = Rr + Rx - x^2$$

これを x で微分すると,

$$f'(x) = R - 2x$$

$f'(x) = 0$ を満足する x は $x = \dfrac{R}{2}$ で,このとき $f(x)$ は最大となる.したがって,b 点は ac の中点とすればよい. ……（答）

【別解】

(1)式の分母を変形して,

$$\begin{aligned}
f(x) &= Rr + Rx - x^2 = Rr - (x^2 - Rx) \\
&= Rr - \left\{\left(x - \dfrac{R}{2}\right)^2 - \dfrac{R^2}{4}\right\} \\
&= Rr + \dfrac{R^2}{4} - \left(x - \dfrac{R}{2}\right)^2
\end{aligned} \quad (2)$$

(2)式で x を変化させたとき,それにつれて変化するのは $\left(x - \dfrac{R}{2}\right)^2$ の項だけで,$\left(x - \dfrac{R}{2}\right)^2 \geqq 0$ より $f(x)$ は,$x = \dfrac{R}{2}$ のとき,最大となる.

【問題 3】

$f(\theta) = p\cos\theta + q\sin\theta$ として,θ で微分すると,

$$f'(\theta) = -p\sin\theta + q\cos\theta$$

$f'(\theta) = 0$ とすると,

$$p\sin\theta = q\cos\theta$$

$$\therefore \quad \dfrac{q}{p} = \dfrac{\sin\theta}{\cos\theta} = \tan\theta$$

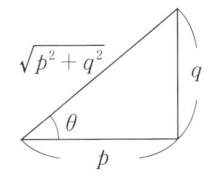

第 1 図

θ の変域を $0 < \theta < \dfrac{\pi}{2}$ として表を書くと第 3 表となる.

第 3 表

θ	$0 < \theta < \tan^{-1}\dfrac{q}{p}$	$\tan^{-1}\dfrac{q}{p}$	$\tan^{-1}\dfrac{q}{p} < \theta < \dfrac{\pi}{2}$
$f'(\theta)$	$+$	0	$-$
$f(\theta)$	↗	最大	↘

したがって，このとき，$f(\theta)$ は最大となり，図の関係から ε を最大とする力率は，

$$\cos\theta = \frac{p}{\sqrt{p^2+q^2}} \quad \cdots\cdots \text{(答)}$$

(注) $\theta : 0 \to \frac{\pi}{2}$ のとき，$\sin\theta$ は徐々に増加し，$\cos\theta$ は徐々に減少する．したがって，$f'(\theta) = -p\sin\theta + q\cos\theta$ は，$+$ から $-$ へ変化する．

【別解】 第 2 図のような直角三角形を考えた場合，p, q は，三角比を用い，

$$p = \sqrt{p^2+q^2}\cos\varphi$$
$$q = \sqrt{p^2+q^2}\sin\varphi$$

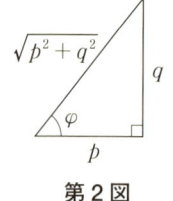

と表される．したがって，ε の式は，

第 2 図

$$\varepsilon = \sqrt{p^2+q^2}\cos\varphi\cos\theta + \sqrt{p^2+q^2}\sin\varphi\sin\theta$$
$$= \sqrt{p^2+q^2}\cos(\varphi-\theta)$$

> 加法定理を応用する．
> $\cos(\alpha \pm \beta) = \cos\alpha\cos\beta \mp \sin\alpha\sin\beta$

$\cos(\varphi-\theta)$ は $\varphi = \theta$ のとき 1 となり，このとき ε は最大となるので，求める式は次式となる．

$$\cos\theta = \cos\varphi = \frac{p}{\sqrt{p^2+q^2}}$$

【問題 4】 内球，外球の電荷をそれぞれ $+Q$，$-Q$ とすれば，両球間で中心より距離 r の点の電界の強さは，

$$E = \frac{Q}{4\pi\varepsilon r^2} \tag{1}$$

両球間の電位差は，

$$V = \int_{r_1}^{r_2} E\,dr = \frac{Q}{4\pi\varepsilon}\int_{r_1}^{r_2}\frac{1}{r^2}\,dr = \frac{Q}{4\pi\varepsilon}\left(\frac{1}{r_1}-\frac{1}{r_2}\right) \tag{2}$$

(1)，(2)式より，Q を消去して E を表すと，

$$E = \frac{1}{4\pi\varepsilon r^2}\cdot\frac{4\pi\varepsilon V}{\dfrac{1}{r_1}-\dfrac{1}{r_2}} = \frac{V}{\left(\dfrac{1}{r_1}-\dfrac{1}{r_2}\right)r^2} \tag{3}$$

内球の表面における電界の強さ E_1 は，(3)式で $r=r_1$ とすればよいので，

$$E_1 = \frac{V}{\left(\frac{1}{r_1}-\frac{1}{r_2}\right)r_1^2} = \frac{V}{r_1-\frac{r_1^2}{r_2}} \tag{4}$$

(4)式の分母を $f(r_1)$ とすれば，

$$f(r_1) = r_1 - \frac{r_1^2}{r_2}$$

$$f'(r_1) = 1 - 2\frac{r_1}{r_2} = 0$$

$$\therefore\ r_1 = \frac{r_2}{2}$$

第 4 表より，$r_1=\frac{r_2}{2}$ のとき (4)式の分母は最大となるので，このとき E_1 は最小となる．

以上より，求める条件は，$r_1=\frac{r_2}{2}$ である．……（答）

第 4 表

r_1	$0<r_1<\frac{r_2}{2}$	$\frac{r_2}{2}$	$\frac{r_2}{2}<r_1$
$f'(r_1)$	+	0	−
$f(r_1)$	↗	最大	↘

（注） 電位差 V の求め方については，第 6 章第 4 節の Q2〈例題〉を参照されたい．

【問題 5】 内・外筒の単位長さ当たりの電荷を $+\lambda$，$-\lambda$ とすれば，両筒間で，中心より距離 r の点の電界の強さは，

$$E = \frac{\lambda}{2\pi\varepsilon r} \tag{1}$$

両筒間の電位差は，

$$V = \int_{r_1}^{r_2} E\,dr = \frac{\lambda}{2\pi\varepsilon}\int_{r_1}^{r_2}\frac{1}{r}\,dr = \frac{\lambda}{2\pi\varepsilon}\log\frac{r_2}{r_1} \tag{2}$$

(1)，(2)式より λ を消去して E を表すと，

$$E = \frac{1}{2\pi\varepsilon r}\cdot\frac{2\pi\varepsilon V}{\log\frac{r_2}{r_1}} = \frac{V}{r\log\frac{r_2}{r_1}} \tag{3}$$

内筒の表面における電界の強さ E_1 は，(3)式で $r=r_1$ とすればよいので，

$$E_1 = \frac{V}{r_1 \log \frac{r_2}{r_1}} = \frac{V}{r_1(\log r_2 - \log r_1)} = \frac{V}{r_1 \log r_2 - r_1 \log r_1} \quad (4)$$

(4)式の分母を $f(r_1)$ とすれば，

$$f(r_1) = r_1 \log r_2 - r_1 \log r_1$$

$$f'(r_1) = \log r_2 - \left(1 \cdot \log r_1 + r_1 \cdot \frac{1}{r_1}\right) = \log r_2 - \log r_1 - 1$$

$$= \log \frac{r_2}{r_1} - 1$$

$$= 0$$

$\log \dfrac{r_2}{r_1} = 1$ より $\dfrac{r_2}{r_1} = e$

∴ $r_1 = \dfrac{r_2}{e}$

第5表より，$r_1 = \dfrac{r_2}{e}$ のとき(4)式の分母は最大となるので，このとき E_1 は最小となる．

以上より，求める条件は，$r_1 = \dfrac{r_2}{e}$ である．……（答）

第5表

r_1	$0 < r_1 < \dfrac{r_2}{e}$	$\dfrac{r_2}{e}$	$\dfrac{r_2}{e} < r_1$
$f'(r_1)$	+	0	−
$f(r_1)$	↗	最大	↘

【問題6】 同期速度 N_s での負荷のトルクを T_m とすると，滑り s のときのトルク T は，負荷トルクが速度の2乗に比例することより，

$$T = T_m \left(\frac{N}{N_s}\right)^2 = T_m \left\{\frac{(1-s)N_s}{N_s}\right\}^2 = T_m(1-s)^2 \quad (1)$$

電動機の軸出力は $P_m = \omega T$ より，

$$P_m = (1-s)\omega_s T \quad (\omega_s : 同期角速度) \quad (2)$$

二次銅損 P_c は，二次入力を P_2 とすると，$P_2 : P_m : P_c = 1 : (1-s) : s$ の関係があるので，

$$P_c = \frac{s}{1-s} P_m \quad (3)$$

(1), (2)式より，$P_\mathrm{m} = (1-s)\omega_\mathrm{s} \cdot T_\mathrm{m}(1-s)^2$ となるので，これを(3)式に代入して，

$$P_\mathrm{c} = \omega_\mathrm{s} T_\mathrm{m} s(1-s)^2 = k(s^3 - 2s^2 + s) \quad (k：定数) \tag{4}$$

(4)式を s で微分すると，

$$\frac{dP_\mathrm{c}}{ds} = k(3s^2 - 4s + 1) = 0$$

$$\therefore \quad s = \frac{4 \pm \sqrt{16-12}}{6} = \frac{4 \pm 2}{6} = 1 \text{ または } \frac{1}{3}$$

$s=1$ のときは，$P_\mathrm{m}=0$ で $P_\mathrm{c}=0$ となるので，$0<s<1$ の範囲とすると，第6表より $s=1/3$ のとき P_c は最大となる．

第6表

s	$0<s<\dfrac{1}{3}$	$\dfrac{1}{3}$	$\dfrac{1}{3}<s<1$
P_c'	$+$	0	$-$
P_c	↗	最大	↘

第5章

積分法とは何か

第5章　積分法とは何か

1 ● 積分とはそもそも何をどうすることなのか

Q1：まずはじめに，積分とはどんな計算をすることか，計算方法について簡単に説明してください．

簡単に言えば積分は微分の逆の計算です．例えば，いま $F(x)=x^2$ という関数を考え，この導関数を $f(x)$ とすると，

$$F(x)=x^2 \quad \xrightarrow{微分} \quad f(x)=\frac{dF(x)}{dx}=2x$$

となります．

では，今度は逆に $f(x)=2x$ が分かっているとして，どのような関数を微分したら $2x$ になるかを考えてみます．もちろん答は $F(x)=x^2$ となりますが，ここで，注意しなければならないことは，$F(x)=x^2+1$，$F(x)=x^2+2$ など $F(x)=x^2+C$（C：定数）で表される式は全て微分すると $2x$ になることです．

したがって，何を微分したら $2x$ になるか？という問に対しては，x^2+C ただし，C は定数である．が答となります．

これを積分記号 $\int$（インテグラル）を使って表すと，

$$f(x)=2x \quad \xrightarrow{積分} \quad F(x)=\int f(x)\,dx = x^2+C \ (C：定数)$$

"インテグラル $f(x)$ ディー x" と読む

となります.

このような $F(x)$ を $f(x)$ の**原始関数**といい，$F(x)$ を求めることを，$f(x)$ を**積分する**といいます．

【問 5-1-1】 次の積分をせよ．

① $f(x) = 3x^2$ ② $f(x) = \dfrac{1}{r}$ $(r > 0)$ ③ $f(t) = e^t$

> **Q2**：微分がグラフの接線の傾きを求める計算であることは分かりましたが，積分は何を求める計算になるのですか．

いま，x の関数 $f(x)$ が第 5-1 図のようなグラフで与えられるものとします．次に，$f(x)$ のグラフと x 軸とで作る面積を考えると，この面積はやはり x の関数となります．この面積を表す関数を $F(x)$ とすると，$F(x)$ は第 5-1 図のアカアミ部の面積 OABx がグラフの高さ Dx となる第 5-2 図となります．

さて，第 5-2 図で x の点の微分係数は，微小距離を Δx として，

$$F'(x) = \lim_{\Delta x \to 0} \frac{F(x+\Delta x) - F(x)}{\Delta x}$$
$$= \lim_{\Delta x \to 0} \frac{\Delta F}{\Delta x} \quad (1)$$

となりますが，ΔF は，第 5-1 図では，□ の面積で表され，この面積は，ほぼ $f(x) \cdot \Delta x$ に等しくなりますが，Δx を小さくすればするほど，実際の面積の増加分に近づいてゆきます．したがって，$\Delta x \to 0$ とした極限で

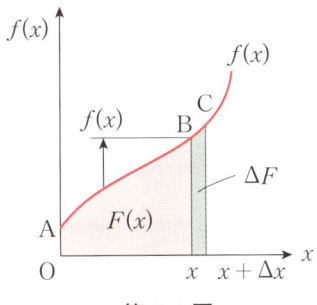

第 5-1 図

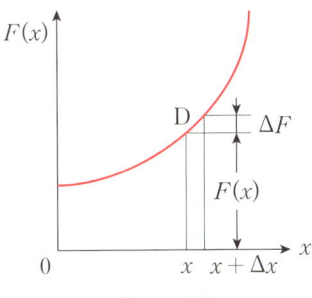

第 5-2 図

は，ΔF は $f(x)\Delta x$ に等しくなります．したがって，

$$\lim_{\Delta x \to 0} \frac{\Delta F}{\Delta x} = f(x) \tag{2}$$

と表されます．(1), (2)式より，

$$F'(x) = f(x) \tag{3}$$

となり，x 軸と $f(x)$ の間の面積を表す関数 $F(x)$ を微分すると，そのグラフの式 $f(x)$ となることが分かります．

また，この逆に，微分すると $f(x)$ になる関数は，x 軸と $f(x)$ の間の面積を表す関数 $F(x)$ となります．したがって，$f(x)$ の積分 $\int f(x)\mathrm{d}x$ は，x 軸と $f(x)$ の間の面積を表す関数 $F(x)$ を求める計算となります．

Q3：2種としての積分はどのような学習をすればよいか，分かりやすく教えてください．

微分が主に最大・最小問題に応用されるのに対し，積分はいろいろな物理量を求めるために広く応用され，その関数もいろいろな形のものが出てきます．

そのため，まず2種の学習に必要な**積分の基本公式**および**いろいろな関数の積分公式**をマスターすることが第一に必要となります．

次に，これらをベースにして，**置換積分**および**部分積分**の学習を行い計算ができる範囲を拡大します．

以上で，2種としての数学の学習が終わりますが，この際重要なことは，積分は微分の逆計算であるということです．つまり，

$$\int f(x)\mathrm{d}x = F(x) + C \quad (C：積分定数)$$

となるとき，必ず $F(x)$ を微分すると $f(x)$ になることを確認してください．そうすれば比較的早く積分の要領が分かるようになるでしょう．

これらの学習ののち，具体的に積分を使って物理量を求めることになりますが，これについては，第6章で詳しく学習することになります．

積分の基本公式

(1) $\int_a^b kf(x)\mathrm{d}x = k\int_a^b f(x)\mathrm{d}x$ （k：定数）

(2) $\int_a^b \{f(x) \pm g(x)\}\mathrm{d}x = \int_a^b f(x)\mathrm{d}x \pm \int_a^b g(x)\mathrm{d}x$

（複号同順）

(3) $\int_a^c f(x)\mathrm{d}x = \int_a^b f(x)\mathrm{d}x + \int_b^c f(x)\mathrm{d}x$ （$a < b < c$）

(4) $\int_a^b f(x)\mathrm{d}x = -\int_b^a f(x)\mathrm{d}x$

⬇

いろいろな関数の積分公式

(1) べき関数　$\int x^n \mathrm{d}x = \dfrac{x^{n+1}}{n+1} + C$ （$n \neq -1$）

(2) 対数関数　$\int \dfrac{1}{x}\mathrm{d}x = \log x + C$ （$x > 0$）

(3) 三角関数　$\int \sin x \,\mathrm{d}x = -\cos x + C$

$\int \cos x \,\mathrm{d}x = \sin x + C$

(4) 指数関数　$\int \mathrm{e}^x \mathrm{d}x = \mathrm{e}^x + C$ （C：積分定数）

⬇

置換積分および部分積分

2 不定積分・定積分とは

Q1：不定積分とは何ですか．例をあげて説明してください．また，どのような公式を覚えておかなければなりませんか．

(1) 不定積分とは

第1節で述べたように，積分は微分の逆の計算です．つまり，いま $f(x) = 2x$ という関数が与えられた場合，どんな関数を微分すれば $2x$ になるのかを考える計算で，

$$F(x) = \int 2x \, dx = x^2 + C \quad (C：定数)$$

となります．

ここで，C は1や2などの任意の定数となりますが，これを微・積分学では，**積分定数**と呼んでいます．この C は，単に $f(x) = 2x$ の条件だけでは値を定めることができません．この意味で，積分定数 C を含んだ $F(x)$ を $f(x)$ の不定積分といい，第1節のQ1で述べた原始関数と同じものです．

(2) 基本公式

ここでは証明は省略しますが，不定積分について，次の二つの基本公式を覚えておいてください．

$$\int k f(x) \, dx = k \int f(x) \, dx$$

$$\int 5x \, dx = \int \frac{5}{2} \cdot 2x \, dx = \frac{5}{2} \int 2x \, dx$$
$$= \frac{5}{2}(x^2 + C_1) = \frac{5}{2}x^2 + \frac{5}{2}C_1$$
$$= \frac{5}{2}x^2 + C$$

$$\left(\begin{array}{l} \dfrac{5}{2}C_1 = C と書き直して新しい \\ 積分定数とする \end{array} \right)$$

$$\int \{f(x) \pm g(x)\}dx = \int f(x)dx \pm \int g(x)dx$$
（複号同順）

$$\int (2x + 3x^2)dx = \int 2x\,dx + \int 3x^2\,dx$$
$$= x^2 + C_1 + x^3 + C_2$$
$$= x^2 + x^3 + C$$
$\left(C_1 + C_2 = C \text{と書き直して新しい積分定数とする} \right)$

【問 5-2-1】 次の不定積分を計算せよ．

① $f(x) = 6x^2$ ② $f(r) = r + \dfrac{1}{r}$ $(r > 0)$ ③ $f(t) = 4e^t$

Q2：定積分とは何ですか．また，どのような公式を覚えておかなければなりませんか．

(1) **定積分とは何か**

本章第1節のQ2で述べたように，$f(x)$の原始関数$F(x)$は，x軸と$f(x)$の間の面積を表しますが，具体的に第5-3図のアカアミ部の面積Sを計算する場合には，$F(x)$にbを代入した$F(b)$から，aを代入した$F(a)$を引いて求めます．

$$S = F(b) - F(a) \qquad (1)$$

第 5-3 図

この値を$f(x)$のaからbまでの**定積分**といい，$\displaystyle\int_a^b f(x)dx$で表します．また，$F(b) - F(a)$を$\Big[F(x)\Big]_a^b$と表します．

$$S = \int_a^b f(x)dx = \Big[F(x)\Big]_a^b = F(b) - F(a) \qquad (2)$$

a, bをそれぞれ，この定積分の下端，上端といいます．

では，簡単な例をとって，具体的に定積分の計算をしてみましょう．
第5-4図で，アカアミ部の面積Sは，次のように計算されます．

$$S = \frac{1}{2} \times 3 \times 3 - \frac{1}{2} \times 1 \times 1 = 4$$

これを定積分で求めると,

$$\int f(x)\mathrm{d}x = \int x\mathrm{d}x$$
$$= \frac{1}{2}x^2 + C \quad (C：積分定数)$$

$$\therefore\ S = \int_1^3 f(x)\mathrm{d}x = \left[\frac{1}{2}x^2 + C\right]_1^3$$
$$= \left(\frac{1}{2} \times 3^2 + C\right) - \left(\frac{1}{2} \times 1^2 + C\right)$$
$$= \frac{9}{2} - \frac{1}{2} = 4$$

第 5-4 図

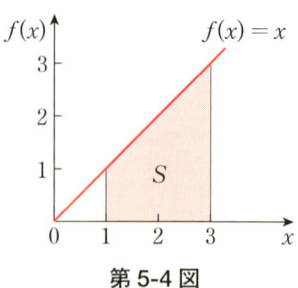

となります.

このように,定積分の計算では,積分定数 C は引き算で消去されてしまうので,一般には積分定数は無視して,

$$S = \int_1^3 f(x)\mathrm{d}x = \left[\frac{1}{2}x^2\right]_1^3 = \frac{9}{2} - \frac{1}{2} = 4$$

のように計算します.

$$S = \int_a^b f(x)\mathrm{d}x = \Big[F(x)\Big]_a^b = F(b) - F(a)$$

第 5-5 図

(2) 2種では,積分は具体的な物理量を計算するために用いられ,その全てが定積分のパターンとなります.したがって,次に示す定積分の基本公式はしっかり覚えておいてください.

〈定積分の基本公式〉

(1) $\int_a^b kf(x)dx = k\int_a^b f(x)dx$ （k：定数）

(2) $\int_a^b \{f(x) \pm g(x)\}dx = \int_a^b f(x)dx \pm \int_a^b g(x)dx$ （複号同順）

(3) $\int_a^c f(x)dx = \int_a^b f(x)dx + \int_b^c f(x)dx$ （$a < b < c$）

(4) $\int_a^b f(x)dx = -\int_b^a f(x)dx$

【問 5-2-2】 次の値を求めよ．

① $\left[3x^2\right]_1^3$ ② $\left[-\dfrac{1}{r}\right]_a^b$ ③ $\left[\log r\right]_{r_1}^{r_2}$ ④ $\left[-\dfrac{1}{r}\right]_a^\infty$

3 ● べき関数の積分とは

Q1：x^n で表される関数の積分はどうなりますか．また，2種ではどのような計算パターンとなりますか．

$(x^{n+1})' = (n+1)x^n$ となるので，n が $n \neq -1$ を満たす実数であれば，

$$\int x^n dx = \frac{x^{n+1}}{n+1} + C \quad (n \neq -1)$$

たしかに $\dfrac{x^{n+1}}{(n+1)} + C$ を微分すると x^n になるな！

となります．これは，最も基礎的な関数の積分公式ですから必ず暗記しておいてください．

2種の学習では，この形の関数は，特

に $n=-2$，すなわち $f(x)=x^{-2}=\dfrac{1}{x^2}$ のパターンで頻繁に出てきます．また，変数は，一般には半径をとることが多いので x の代わりに r がよく使われます（第 5-6 図）．

このパターンでの定積分は，

$$\int_a^b \frac{1}{r^2}dr = \int_a^b r^{-2}dr = \left[\frac{r^{-2+1}}{(-2+1)}\right]_a^b$$

$$= \left[-r^{-1}\right]_a^b = \left[-\frac{1}{r}\right]_a^b$$

$$= \left(-\frac{1}{b}\right) - \left(-\frac{1}{a}\right) = \frac{1}{a} - \frac{1}{b}$$

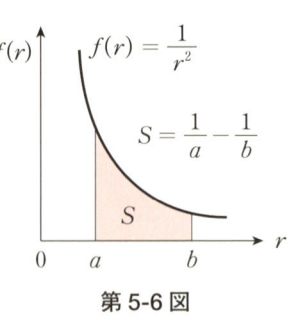

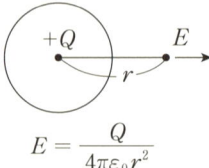

第 5-6 図

第 5-7 図

の手順で計算されます．

なお，$n=-1$ のときは，$\int x^{-1}dx = \int \dfrac{1}{x}dx$ となり，このときだけは $\int \dfrac{1}{x}dx = \log x + C \ (x>0)$ と全く違った関数の形となります．

Q2：べき関数の例題を使って，第 2 節の Q2 で出てきた定積分の基本公式の使い方を示してください．

＜例題＞

(1) $\displaystyle\int_1^2 5x^2 dx$　　(2) $\displaystyle\int_1^2 (3x+2)dx$　　(3) $\displaystyle\int_1^3 2x\, dx$

(1) $kf(x)$（k：定数）の定積分は $f(x)$ の定積分の k 倍となります．

$$\int_a^b kf(x)dx = k\int_a^b f(x)dx$$

したがって，例題(1)は，

$$\int_1^2 5x^2 dx = 5\int_1^2 x^2 dx = 5\left[\frac{x^3}{3}\right]_1^2 = 5\left(\frac{8}{3} - \frac{1}{3}\right) = \frac{35}{3}$$

と計算されます．

(2) $f(x)$ と $g(x)$ の和（または差）の定積分は，おのおのの定積分の和（または差）となります．

$$\int_a^b \{f(x) \pm g(x)\}\mathrm{d}x = \int_a^b f(x)\mathrm{d}x \pm \int_a^b g(x)\mathrm{d}x \quad \text{（複号同順）}$$

この公式を使うと，例題(2)は，

$$\int_1^2 (3x+2)\mathrm{d}x = \int_1^2 3x\mathrm{d}x + \int_1^2 2\mathrm{d}x$$
$$= 3\int_1^2 x\mathrm{d}x + 2\int_1^2 \mathrm{d}x$$
$$= 3\left[\frac{x^2}{2}\right]_1^2 + 2\left[x\right]_1^2$$
$$= 3\cdot\left(\frac{4}{2} - \frac{1}{2}\right) + 2(2-1)$$
$$= \frac{13}{2}$$

$\int_a^b 1\mathrm{d}x$ は $\int_a^b \mathrm{d}x$ と表します．

$\dfrac{x^2}{2}$ ⇄ 微分／積分 ⇄ x

x ⇄ 微分／積分 ⇄ 1

となります．

(3) 下端 a，上端 c の間の点を b とすると，$f(x)$ を a から c まで積分した値は，a から b および b から c まで積分した値の和となります．

$$\int_a^b f(x)\mathrm{d}x = \int_a^b f(x)\mathrm{d}x + \int_b^c f(x)\mathrm{d}x \quad (a < b < c)$$

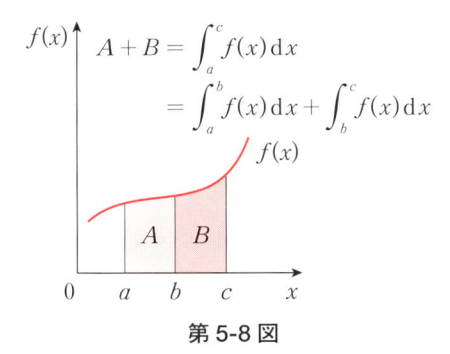

$A + B = \displaystyle\int_a^c f(x)\mathrm{d}x$
$ = \displaystyle\int_a^b f(x)\mathrm{d}x + \int_b^c f(x)\mathrm{d}x$

第 5-8 図

この公式が成り立つことを例題(3)で調べると，次のようになります．

$$\int_1^3 2x\,\mathrm{d}x = \left[x^2\right]_1^3 = 9 - 1 = 8$$

$$\int_1^2 2x\,\mathrm{d}x + \int_2^3 2x\,\mathrm{d}x = \left[x^2\right]_1^2 + \left[x^2\right]_2^3 = 2^2 - 1 + 3^2 - 2^2 = 8$$

(4) 下端 a，上端 b の値は，下端 b，上端 a の値の逆符号となります．

$$\boxed{\int_a^b f(x)\,\mathrm{d}x = -\int_b^a f(x)\,\mathrm{d}x}$$

例えば，例題(3)を下端 3，上端 1 で計算すると，

$$\int_3^1 2x\,\mathrm{d}x = \left[x^2\right]_3^1 = 1 - 9 = -8$$

となり，この関係が成り立つことが分かります．

【問 5-3-1】 次の定積分を計算せよ．

① $\displaystyle\int_1^2 (6x^2 + 2x - 7)\,\mathrm{d}x$ ② $\displaystyle\int_1^2 x(x-1)^2\,\mathrm{d}x$

③ $\displaystyle\int_1^2 \frac{1}{r^2}\,\mathrm{d}r$ ④ $\displaystyle\int_a^b \frac{Q}{4\pi\varepsilon_0 r^2}\,\mathrm{d}r$ （r 以外は定数とする）

⑤ $\displaystyle\int_a^\infty \frac{Q}{4\pi\varepsilon_0 r^2}\,\mathrm{d}r$ （r 以外は定数とする）

4 ● $1/x$ を積分すると

Q1：べき関数 x^n の不定積分が $n \neq -1$ のとき $\displaystyle\int x^n\,\mathrm{d}x = \frac{x^{n+1}}{n+1} + C$ となることは分かりましたが，$n = -1$ のときはどうなるのですか．

積分は微分の逆の計算ですから，何を微分すると $n = -1$ つまり $1/x$ となるのかを考えてみましょう．

すると，第 4 章第 8 節の対数関数の微分公式により，

$$\frac{\mathrm{d}}{\mathrm{d}x}\log x = \frac{1}{x} \quad (ただし，x>0) \qquad (1)$$

となることが分かります．

したがって，$1/x$ の積分は，$x>0$ のとき

$$\int \frac{1}{x}\mathrm{d}x = \log x + C \ (C：積分定数) \qquad (2)$$

となります．ここで，log の底は e です．

2 種の学習では，この形の関数の変数は，一般には半径をとることが多いので，x の代わりに r がよく使われます．

このパターンでの定積分は，

$$\int_a^b \frac{1}{r}\mathrm{d}r = \Big[\log r\Big]_a^b$$
$$= \log b - \log a$$
$$= \log \frac{b}{a}$$

の手順で計算されます．

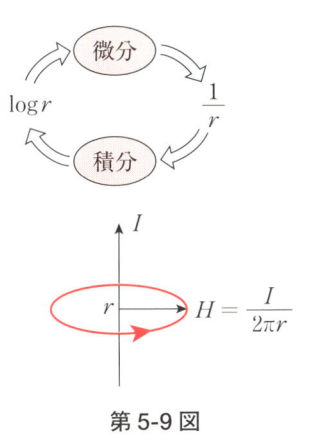

第 5-9 図

【問 5-4-1】 次の定積分を計算せよ．

① $\displaystyle\int_1^2 \left(r + \frac{1}{r}\right)\mathrm{d}r$

② $\displaystyle\int_a^b \frac{\lambda}{2\pi\varepsilon_0 r}\mathrm{d}r$（ただし，$r\ (>0)$ 以外は定数とする）

> **Q2**：$1/x$ の積分が対数関数 $\log x$ になることは分かりましたが，対数の計算について，もう少し詳しく説明してください．

(1) **対数とは**

a を $a \neq 1$ の正の数とし，$a^m = N$ つまり a を m 乗したら N となるとき，m を，

$$m = \log_a N \quad (a>0,\ a \neq 1,\ N>0)$$

のように表し，m は a を底（てい）とする N の対数といいます．また，N を真数といいます．

2種で出てくる対数の底は，

① 電気磁気学などで学習する，$\dfrac{1}{r}$ を積分して得られる対数の底は e で，これを**自然対数**といいます．

② 機械の自動制御で利得（ゲイン）を計算するときに用いられる対数の底は 10 で，これを**常用対数**といいます．

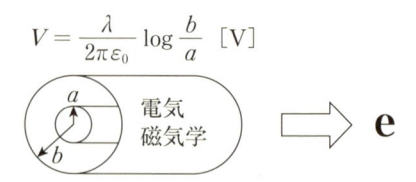

$V = \dfrac{\lambda}{2\pi\varepsilon_0} \log \dfrac{b}{a}$ [V]

電気磁気学 ⇒ e

第 5-10 図

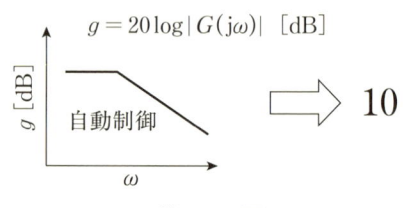

$g = 20 \log |G(j\omega)|$ [dB]

自動制御 ⇒ 10

第 5-11 図

の2種類です．両者はいずれも底の記号を省略し，$\log N$ の形に書かれますが，特に区別する必要のある場合は，自然対数：$\ln N$，常用対数：$\log N$ のように表します．

(2) **対数の基本公式**

対数の基本公式は次のとおりです．

① $\log_a AB = \log_a A + \log_a B$

② $\log_a \dfrac{A}{B} = \log_a A - \log_a B$

③ $\log_a A^n = n \log_a A$

④ $\log_a \sqrt[n]{A} = \dfrac{1}{n} \log_a A \quad (n \neq 0)$

⑤ $\log_a 1 = 0,\ \log_a a = 1$
$(a \neq 1,\ a>0,\ A>0,\ B>0)$

> これらの公式は対数の定義に基づいて，指数の関係から導くことができます．例えば，①式は，$\log_a A = x$，$\log_a B = y$ とすると，
> $A = a^x,\ B = a^y \quad \therefore \quad AB = a^{x+y}$
> よって，
> $\log_a AB = \log_a a^{x+y} = x+y$
> $\qquad\qquad = \log_a A + \log_a B$
> となります．

5 ● 三角関数の積分とは

Q1：三角関数の積分公式として何を覚えておけばよいでしょうか．

まず，三角関数の微分公式を思い出してみましょう．第4章第7節で学習したように，

① $\dfrac{d}{dx}\sin x = \cos x$　　② $\dfrac{d}{dx}\cos x = -\sin x$

となります．したがって，これらから，次の三角関数の積分公式が導かれます．

①′ $\displaystyle\int \sin x \, dx = -\cos x + C$　（C：積分定数）

②′ $\displaystyle\int \cos x \, dx = \sin x + C$　（C：積分定数）

この二つの式を三角関数の公式として覚えておくことが必要ですが，特に sin の積分は −（マイナス）符号が付くことに注意する必要があります．

2種の学習では，この形の積分の変数としては，φ（ファイ），θ（シータ）など角度を表す記号が用いられます．また，交流理論では，$\sin\omega t$ など時間 t を変数とした形で現れてきます．

このパターンでの積分は，

$$\int_0^\pi \sin\theta \, d\theta = \Big[-\cos\theta\Big]_0^\pi$$
$$= -\cos\pi - (-\cos 0)$$
$$= -(-1) - (-1)$$

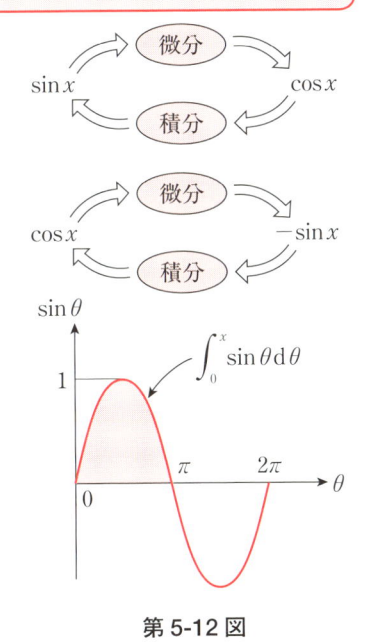

第 5-12 図

$$= 1 + 1$$
$$= 2$$

のように計算されます．

【問 5-5-1】 次の定積分を計算せよ．

① $\displaystyle\int_0^{2\pi} \sin\theta \, d\theta$ ② $\displaystyle\int_0^{\pi} \cos\theta \, d\theta$ ③ $\displaystyle\int_0^{\frac{\pi}{2}} \cos\theta \, d\theta$

> **Q2**：$\sin\theta$ のような場合の積分については分かりましたが，$\sin\omega t$ のような形で出てきたときは，どのように計算すればよいですか．

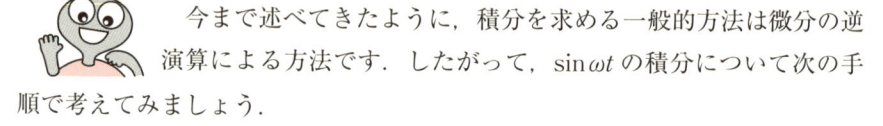

今まで述べてきたように，積分を求める一般的方法は微分の逆演算による方法です．したがって，$\sin\omega t$ の積分について次の手順で考えてみましょう．

| 変数がθであれば，$-\cos\theta$を微分すると$\sin\theta$となる． | $(-\cos\theta)' = \sin\theta$ |

↓

| では，θの代わりにωtを代入して，それをtで微分してみよう． | $\dfrac{d}{dt}(-\cos\omega t)$ |

↓

| 合成関数の微分公式を使って $\omega\sin\omega t$ となる． | $(-\cos\omega t)' = \omega\sin\omega t$ |

↓

$-\cos\omega t$ を微分すると $\omega\sin\omega t$ となるのだから $-\cos\omega t$ を $\frac{1}{\omega}$ 倍したものを微分すれば $\sin\omega t$ となるな！

$$\left\{(-\cos\omega t)\times\frac{1}{\omega}\right\}' = \sin\omega t$$

↓

わかった！ $\left(-\frac{1}{\omega}\cos\omega t\right)' = \sin\omega t$

だから，

$$\int \sin\omega t\,dt = -\frac{1}{\omega}\cos\omega t + C \quad (1)$$

たしかに(1)式の右辺を微分すると $\sin\omega t$ になるな

このようにして(1)式が得られます．この形の積分については置換積分でさらに詳しく説明しますが，$\int f(x)dx$ では，"何を微分したら $f(x)$ になるか" が最も重要な積分公式なのです．

【問 5-5-2】 次の不定積分を計算せよ．

① $\int \sin 2x\,dx$　　② $\int \cos^2 x\,dx$

6 ● 指数関数の積分とは

Q1：$f(x) = e^x$ の形の積分はどのように行うのでしょうか．

　　第4章第8節で学習したように，微分をする前と後で関数の形が変わらない唯一の関数が e^x でした．

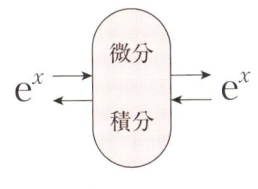

$e^x \xrightarrow{\text{微分}} e^x$, $e^x \xleftarrow{\text{積分}} e^x$

第 5-13 図

$$\frac{d}{dx}e^x = e^x \quad (1)$$

したがって，この形の積分公式は次のようになります．

$$\int e^x dx = e^x + C \quad (Cは積分定数) \quad (2)$$

なお，指数関数は主に回路の過渡現象で，時間を t，定数を α として，$e^{-\alpha t}$ の形で出てきます．$f(t) = e^{-\alpha t}$ の微分は，

$$\frac{d}{dx}(e^{-\alpha t}) = -\alpha e^{-\alpha t} \quad (3)$$

となるので，この形の積分は次のようになります．

$$\int e^{-\alpha t} dt = -\frac{1}{\alpha}e^{-\alpha t} + C \quad (4)$$

（C：積分定数）

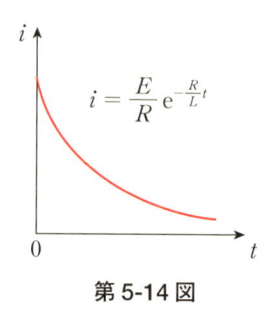

$$i = \frac{E}{R}e^{-\frac{R}{L}t}$$

第 5-14 図

以上の(1)～(4)式は重要な公式ですから必ず覚えておいてください．

【問 5-6-1】 次の定積分を計算せよ．

① $\int_a^b e^{-t} dt$ ② $\int_a^b e^{-2t} dt$ ③ $\int_0^\infty e^{-\alpha t} dt$（$\alpha$ は正の定数）

Q2：$e^{-\alpha t}$ の形の積分計算はどのような計算に応用されるのですか．

　　　　Q1 で述べたように $e^{-\alpha t}$ の形は過渡現象に出てくる関数のパターンです．この関数を求めるには，第 7 章および第 8 章の微分方程式についての学習が必要となりますが，その学習を済ませれば，第 5-15 図のように電圧 E [V] で充電したコンデンサを，スイッチ S を閉じ抵抗 R を通して放電したときの電流は，

$$i = \frac{E}{R} e^{-\frac{1}{RC}t} \qquad (1)$$

となることが分かります．

この電流を図に表すと第5-16図のように，$t=0$ で $i=E/R$，$t=\infty$ で $i=0$ となります．

ところで，第5-16図のアカアミの面積は，電流[A]×時間[s]の物理量，すなわち電荷量[C]を表します．したがって，i を $t=0$ から ∞ まで積分した値は，抵抗 R を通過した全電荷量で，次のように計算されます．

$$\begin{aligned}
Q &= \int_0^\infty i\,dt = \int_0^\infty \frac{E}{R} e^{-\frac{1}{RC}t}\,dt \\
&= \frac{E}{R} \cdot (-RC) \cdot \left[e^{-\frac{1}{RC}t}\right]_0^\infty \\
&= -CE(e^{-\infty} - e^0) \\
&= -CE(0 - 1) \\
&= CE \text{ [C]}
\end{aligned} \qquad (2)$$

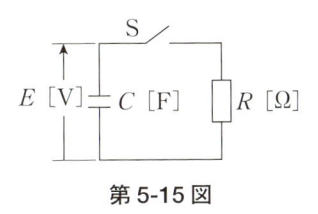

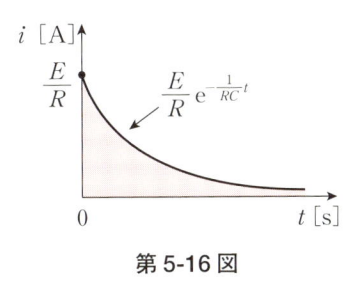

静電容量 C [F] を電圧 E [V] で充電したときに蓄えられる電荷量は，$Q = CV$ の公式により，$Q = CE$ [C] で，この電荷量が(2)式の積分によって求められたことが分かります．

【問 5-6-2】 第5-15図で $\int_0^\infty Ri^2\,dt$ がコンデンサに蓄えられたエネルギー $\frac{1}{2}CE^2$ [J] に等しくなることを証明せよ．

7. 置換積分とは

Q1：置換積分とはどのような積分のことですか．例題を使って，分かりやすく説明してください．

＜例題＞

次の定積分の値を求めよ．

(1) $\displaystyle\int_{-1}^{2} \frac{x-1}{(x+2)^2} dx$ (2) $\displaystyle\int_{0}^{\frac{\pi}{2}} \sin^3 x \cos x \, dx$

まず，上の例題(1)を見てください．この形の積分はすぐにはできそうもありませんが，もし分母が $(x+2)^2$ ではなく，t^2 のような形になっていれば，何とか積分できそうです．このような場合，次の手順で計算します．

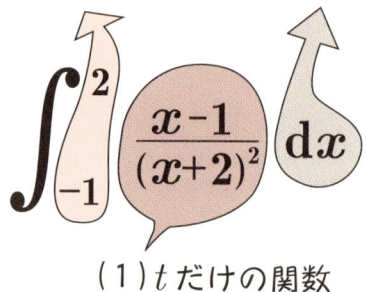

$$\int_{-1}^{2} \frac{x-1}{(x+2)^2} dx$$

- (1) t だけの関数に変換
- (2) dt の記号に変更
- (3) t の変域に変更

(1) $x+2=t$ と置いて，式を t の関数に書き替えます．

$$f(x) = \frac{x-1}{(x+2)^2}$$
$$= \frac{t-3}{t^2} \tag{1}$$

(2) 変数を t に替えたので，x で積分する記号 dx を t で積分する記号 dt に書き替えます．本問では，

$$x = t-2$$
$$\therefore \frac{dx}{dt} = 1$$

dx/dt を分数のように考えて，両辺に dt を掛けると，

$$dx = dt \qquad (2)$$

となり，dx を単に dt に書き替えることができます．このような要領で変数を替えることを**変数変換**と呼びます．

(3) x が -1 から 2 に変わるとき，t は 1 から 4 に変わります．したがって，積分範囲は，t を変数としたときの値とし，下端を 1，上端を 4 とします．

(4) (1)〜(3)を用いて，式を次のように書き替えて計算します．

$$\int_{-1}^{2} \frac{x-1}{(x+2)^2} dx = \int_{1}^{4} \frac{t-3}{t^2} dt$$
$$= \int_{1}^{4} \left(\frac{1}{t} - \frac{3}{t^2} \right) dt$$
$$= \left[\log t + 3 \cdot t^{-1} \right]_{1}^{4}$$
$$= \log 4 + \frac{3}{4} - \log 1 - 3$$
$$= 2\log 2 - \frac{9}{4} \cdots\cdots \text{(答)}$$

① $t^{-n} = \dfrac{1}{t^n}$

② $\log a^n = \underbrace{\log a + \log a + \cdots \log a}_{n \text{個}}$
$\qquad = n \log a$
$\therefore \log 4 = \log 2^2 = 2\log 2$

③ $\log 1 = 0$

同じ要領で例題(2)についても考えてみましょう．

(1) $\sin x = t$ とすれば，
$$f(x) = \sin^3 x \cos x = t^3 \cos x \qquad (3)$$

(2) ここで，$\sin x = t$ を x で微分すると，
$$\frac{dt}{dx} = \cos x$$

dx，dt を一つの文字のように考えて dx を表す式に書き替えると，
$$dx = \frac{1}{\cos x} dt \qquad (4)$$

(3) x が $0 \to \dfrac{\pi}{2}$ に変化したとき，t は $0 \to 1$ に変化するので，積分範囲の下端を 0，上端を 1 とします．

(4) (1)〜(3)により，例題(2)は次のように計算されます．

$$\int_{0}^{\frac{\pi}{2}} \sin^3 x \cos x \, dx = \int_{0}^{1} t^3 \cos x \cdot \frac{1}{\cos x} dt$$
$$= \int_{0}^{1} t^3 dt = \left[\frac{t^4}{4} \right]_{0}^{1}$$

$$= \frac{1}{4} \cdots\cdots (答)$$

　上記の説明から，およそ理解されたと思いますが，置換積分は合成関数の微分法の逆の計算にあたります．

　第4章第5節で学習した合成関数の微分公式によれば，

> $F(x)$ は x の関数で，x は t の関数であるとき，
> $$\frac{dF(x)}{dt} = \frac{dF(x)}{dx} \cdot \frac{dx}{dt}$$
> ここで，$F(x) = \int f(x)dx$，$x = g(t)$ とすれば，
> $\dfrac{dF(x)}{dx} = f(x)$ であるから，
> $$\frac{dF\{g(t)\}}{dt} = f(x) \cdot \frac{dx}{dt}$$
> $$= f\{g(t)\} \cdot \frac{dg(t)}{dt} \quad (5)$$

(5)式の両辺を t について積分すれば，

$$F\{g(t)\} = \int f\{g(t)\} \cdot \frac{dg(t)}{dt} dt \quad (6)$$

の置換積分の一般公式が得られます．この公式と例題(1)とを突き合わせてみると，

$x = g(t) = t - 2$

$$\therefore f\{g(t)\} = \frac{x-1}{(x+2)^2} = \frac{t-2-1}{(t-2+2)^2} = \frac{t-3}{t^2} \quad (7)$$

また，$\dfrac{dg(t)}{dt} = \dfrac{d}{dt}(t-2) = 1$ 　　　　　　　　　　　　(8)

(7), (8)式を(6)式に代入すると，

$$F\{g(t)\} = \int \frac{t-3}{t^2} \cdot 1 \cdot dt = \int \frac{t-3}{t^2} dt$$

となり，例題(1)を t に関する不定積分とした式が得られます．なお，前述のとおり，定積分の場合の積分範囲は，変換した後の変数の積分範囲に変えることに注意してください．

【問5-7-1】 次の定積分を計算せよ．

① $\int_0^{\frac{\pi}{4}} \sin 2x \, dx$ ② $\int_0^{\frac{\pi}{2}} \sin x \cos x \, dx$ ③ $\int_0^{\infty} e^{-2x} \, dx$

Q2：電験2種の学習範囲では，どのようなときに置換積分を使うことが必要となるのですか．

置換積分の計算は所々に出てきますが，代表例として，次の二つを説明します．

(1) 実効値計算

実効値は「瞬時値の二乗の和の平均の平方根」と定義されます．したがって，$i = I_m \sin\theta$ の実効値 I_{rms} は，第5-17図のアカアミ部の面積を S とすると，

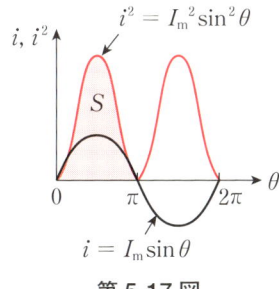

$$I_{\text{rms}} = \sqrt{\frac{S}{\pi}} \tag{1}$$

で計算されることになります．ここで，面積 S は，

$$S = \int_0^{\pi} i^2 \, d\theta = I_m^2 \int_0^{\pi} \sin^2\theta \, d\theta \tag{2}$$

となりますが $\sin^2\theta$ の積分が問題となり，このままでは積分の公式を使うことができません．そこで，三角関数の倍角の公式

$$\cos 2\theta = \cos^2\theta - \sin^2\theta$$
$$= 1 - 2\sin^2\theta$$
$$\therefore \sin^2\theta = \frac{1 - \cos 2\theta}{2}$$

を使って，(2)式を変形します．

第5-17図

実効値

r（ルート，平方根）
m（ミーン，平均）
s（スクエア，平方）
を
s→m→r
と逆に計算
すれば実効値
が求まる

$$S = I_\mathrm{m}^2 \int_0^\pi \left(\frac{1}{2} - \frac{1}{2}\cos 2\theta\right) \mathrm{d}\theta \tag{3}$$

ここで，$2\theta = \varphi$ として，次のように置換積分を使います．

$$\frac{\mathrm{d}\varphi}{\mathrm{d}\theta} = 2 \quad \therefore\ \mathrm{d}\theta = \frac{1}{2}\mathrm{d}\varphi$$

$\theta : 0 \to \pi$ のとき，$\varphi : 0 \to 2\pi$

$$\therefore\ S = I_\mathrm{m}^2 \int_0^{2\pi} \left(\frac{1}{2} - \frac{1}{2}\cos\varphi\right) \cdot \frac{1}{2}\mathrm{d}\varphi = \frac{I_\mathrm{m}^2}{4} \int_0^{2\pi} (1 - \cos\varphi)\mathrm{d}\varphi$$

$$= \frac{I_\mathrm{m}^2}{4} \Big[\varphi - \sin\varphi\Big]_0^{2\pi} = \frac{I_\mathrm{m}^2}{4} 2\pi = \frac{\pi I_\mathrm{m}^2}{2} \tag{4}$$

(4)式が求まれば，これを(1)式に代入して，次のように実効値が求まります．

$$I_\mathrm{rms} = \frac{I_\mathrm{m}}{\sqrt{2}} \tag{5}$$

(2) 電位差計算

第5-18図のように空気中に間隔 d [m] で置かれた半径 a [m] の無限長平行導体 A，B があり，単位長さ当たり，それぞれ $+\lambda$，$-\lambda$ [C/m] の電荷が一様に分布している場合，両者の単位長さ当たりの静電容量がどのように表されるかについて考えてみます．

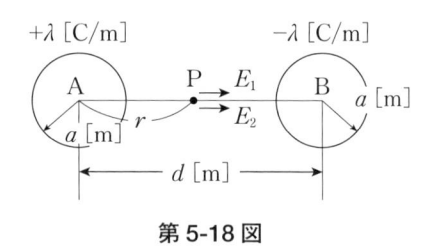

第5-18図

導体 A から r [m] 離れた点 P の電界の強さ E_r は，A 導体の作る電界 E_1 と，B 導体の作る電界 E_2 の和となり，

$$E_r = E_1 + E_2 = \frac{\lambda}{2\pi\varepsilon_0 r} + \frac{\lambda}{2\pi\varepsilon_0 (d-r)} \quad [\mathrm{V/m}]$$

となり，A，B 導体間の電位差 V は E_r を a から $d-a$ まで積分して，

$$V = \int_a^{d-a} E_r \mathrm{d}r$$

$$= \frac{\lambda}{2\pi\varepsilon_0} \int_a^{d-a} \frac{1}{r}\mathrm{d}r + \frac{\lambda}{2\pi\varepsilon_0} \int_a^{d-a} \frac{1}{d-r}\mathrm{d}r \tag{6}$$

となります．ここで，(6)式の第2項は，すぐには積分できませんので，次のよ

うに置換積分を使います.

$x = d - r$ とすると,

$$\frac{dx}{dr} = -1 \quad \therefore \quad dr = -dx$$

$r : a \to d-a$ のとき, $x = d - r : d-a \to a$

$$\therefore V = \frac{\lambda}{2\pi\varepsilon_0} \int_a^{d-a} \frac{1}{r} dr + \frac{\lambda}{2\pi\varepsilon_0} \int_{d-a}^a \frac{1}{x}(-dx)$$

$$= \frac{\lambda}{2\pi\varepsilon_0} \Big[\log r\Big]_a^{d-a} - \frac{\lambda}{2\pi\varepsilon_0}\Big[\log x\Big]_{d-a}^a$$

$$= \frac{\lambda}{2\pi\varepsilon_0}[\log(d-a) - \log a] - \frac{\lambda}{2\pi\varepsilon_0}[\log a - \log(d-a)]$$

$$= \frac{\lambda}{2\pi\varepsilon_0}[\log(d-a) - \log a - \log a + \log(d-a)]$$

$$= \frac{\lambda}{2\pi\varepsilon_0}[2\log(d-a) - 2\log a]$$

$$= \frac{\lambda}{\pi\varepsilon_0}\log\frac{d-a}{a} \; [\text{V}]$$

$$\boxed{\begin{array}{l}\log A + \log A = \log A^2 = 2\log A \\ \log A - \log B = \log\dfrac{A}{B}\end{array}}$$

このように, A, B間の電位差 Vが求まれば, 両者の単位長さ当たりの静電容量は, $\lambda = CV$ の関係から,

$$C = \frac{\lambda}{V} = \frac{\lambda}{\dfrac{\lambda}{\pi\varepsilon_0}\cdot\log\dfrac{d-a}{a}} = \frac{\pi\varepsilon_0}{\log\dfrac{d-a}{a}} \; [\text{F/m}]$$

と求めることができます.

以上のように,

$\int \cos 2\theta \, d\theta$: もし 2θ が φ となっていれば $\int \cos\varphi \, d\varphi = \sin\varphi + C$ で積分できる.

$\int \dfrac{1}{d-r} dr$: もし $d-r$ が x となっていれば $\int \dfrac{1}{x} dx = \log x + C$ で積分できる.

と考えられるようなときに活用するのが置換積分なのです.

【問 5-7-2】 次の定積分を計算せよ．

① $\int_0^\pi \cos^2\theta \, d\theta$ ② $\int_0^{\frac{\pi}{2}} \sin\theta\cos\theta \, d\theta$ ③ $\int_a^{d-a} \frac{1}{(d-x)^2} dx$

8 ● 部分積分とは

Q1：部分積分とはどんな積分ですか．具体例をあげて分かりやすく説明してください．

(1) 部分積分は二つの関数の積を積分するときに使われるもので，次の公式が成り立ちます．

$$\int_a^b f(x)g'(x) \, dx = \Big[f(x)g(x)\Big]_a^b - \int_a^b f'(x)g(x) \, dx$$

この公式は，次のように導かれます．

微分公式 $\{f(x)g(x)\}' = f'(x)g(x) + f(x)g'(x)$ の両辺を a から b まで積分すると，

$$\int_a^b \{f(x)g(x)\}' \, dx = \int_a^b f'(x)g(x) \, dx + \int_a^b f(x)g'(x) \, dx$$

ここで，$\int_a^b \{f(x)g(x)\}' \, dx = \Big[f(x)g(x)\Big]_a^b$ ですから，次式が成立します．

$$\int_a^b f(x)g'(x) \, dx = \Big[f(x)g(x)\Big]_a^b - \int_a^b f'(x)g(x) \, dx$$

(2) 具体例として，$\int_1^e x\log x \, dx$ について，部分積分を使って計算してみましょう．

$f(x) = \log x$, $g'(x) = x$ と置くと，

$$f'(x) = \frac{1}{x}, \quad g(x) = \frac{x^2}{2}$$

であるので，

$$\int_1^e x\log x\,\mathrm{d}x = \left[\frac{x^2}{2}\log x\right]_1^e - \int_1^e \frac{1}{x}\cdot\frac{x^2}{2}\mathrm{d}x$$
$$= \left(\frac{e^2}{2}\log e - \frac{1}{2}\log 1\right) - \int_1^e \frac{x}{2}\mathrm{d}x$$
$$= \frac{e^2}{2} - \left[\frac{x^2}{4}\right]_1^e = \frac{e^2}{2} - \frac{e^2}{4} + \frac{1}{4}$$
$$= \frac{e^2}{4} + \frac{1}{4}$$

のようになります．

【問 5-8-1】 次の定積分の値を求めよ．

① $\int_0^{\frac{\pi}{2}} \sin\theta\cos\theta\,\mathrm{d}\theta$ ② $\int_0^\infty t\mathrm{e}^{-t}\mathrm{d}t$

> **Q2**：2種ではどのような学習の際に部分積分を使うことが必要となるのですか．

実際のところ，部分積分はさほど多くは出てきませんが，ラプラス変換の学習の際に用いられることがあります．

いま，時間 t の関数 $f(t)$ があるものとします．これに e^{-st} を掛け 0 から ∞ まで積分すると，$f(t)$ のラプラス変換 $F(s)$ が得られます．

$$F(s) = \int_0^\infty f(t)\mathrm{e}^{-st}\mathrm{d}t \quad (1)$$

したがって，$f(t) = t$ の場合には，

$$F(s) = \int_0^\infty t\mathrm{e}^{-st}\mathrm{d}t \tag{2}$$

の定積分の計算となります．

(2)式で $f(t) = t$，$g'(t) = \mathrm{e}^{-st}$ と置くと，部分積分の公式により，

$$\int_a^b f(t)g'(t)\mathrm{d}t = \Big[f(t)g(t)\Big]_a^b - \int_a^b f'(t)g(t)\mathrm{d}t$$

$$\therefore \int_a^\infty t\mathrm{e}^{-st}\mathrm{d}t = \left[t\cdot\left(-\frac{1}{s}\right)\mathrm{e}^{-st}\right]_0^\infty - \int_0^\infty 1\cdot\left(-\frac{1}{s}\right)\mathrm{e}^{-st}\mathrm{d}t$$

$$= \left[-\frac{1}{s}t\mathrm{e}^{-st}\right]_0^\infty + \frac{1}{s}\int_0^\infty \mathrm{e}^{-st}\mathrm{d}t$$

$$= \left[-\frac{1}{s}t\mathrm{e}^{-st}\right]_0^\infty - \frac{1}{s^2}\Big[\mathrm{e}^{-st}\Big]_0^\infty$$

ここで，$\lim_{t\to\infty} t\mathrm{e}^{-st} = 0$ となることが知られているので，

$$F(s) = \int_0^\infty t\mathrm{e}^{-st}\mathrm{d}t = (0-0) - \frac{1}{s^2}(0-1) = \frac{1}{s^2}$$

と，$f(t) = t$ のラプラス変換の公式 $F(s) = \dfrac{1}{s^2}$ が求まります．

【問 5-8-2】 $f(t)$ の微分 $f'(t)$ のラプラス変換が $sF(s) - f_0$ となることを証明せよ．ただし，f_0 は $t=0$ における $f(t)$ の値とする．

9 この章をまとめると

(1) **積分とは**

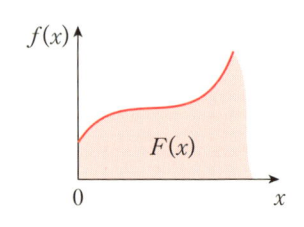

① 関数 $f(x)$ が与えられたとき，微分すると $f(x)$ になる関数 $F(x)$ を $f(x)$ の原始関数という．

② 原始関数を求めることを積分するといい，$F(x) = \displaystyle\int f(x)\mathrm{d}x$ と書く．

第 5-19 図

③ $F(x)$ は，x 軸と $f(x)$ の間の面積を表す関数である．

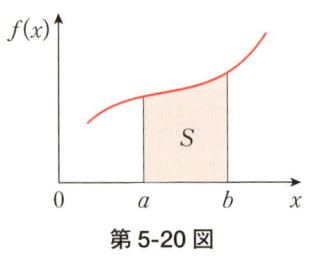

(2) **不定積分と定積分**

① $\displaystyle\int f(x)\mathrm{d}x = F(x) + C$ （C：定数）と

第 5-20 図

表されたとき，右辺を $f(x)$ の不定積分といい，C を積分定数と呼ぶ．
② $x=a$ と $x=b$ の間の面積 S は次式で求めることができる．
$$S = F(b) - F(a)$$
この値を $f(x)$ の a から b までの定積分といい次のように表す．
$$S = \int_a^b f(x)\,\mathrm{d}x = \Big[F(x)\Big]_a^b = F(b) - F(a)$$

a，b をそれぞれ，この定積分の下端，上端という．

(3) **定積分の基本公式**

① $\displaystyle\int_a^b kf(x)\,\mathrm{d}x = k\int_a^b f(x)\,\mathrm{d}x$ （k：定数）

② $\displaystyle\int_a^b \{f(x) \pm g(x)\}\,\mathrm{d}x = \int_a^b f(x)\,\mathrm{d}x \pm \int_a^b g(x)\,\mathrm{d}x$ （複号同順）

③ $\displaystyle\int_a^c f(x)\,\mathrm{d}x = \int_a^b f(x)\,\mathrm{d}x + \int_b^c f(x)\,\mathrm{d}x \;(a<b<c)$

④ $\displaystyle\int_a^b f(x)\,\mathrm{d}x = -\int_b^a f(x)\,\mathrm{d}x$

(4) **いろいろな関数の積分公式**（C：積分定数）

① べき関数 $\displaystyle\int x^n\,\mathrm{d}x = \frac{x^{n+1}}{n+1} + C$ （$n \neq -1$）

② 対数関数 $\displaystyle\int \frac{1}{x}\,\mathrm{d}x = \log x + C$

③ 三角関数 $\displaystyle\int \sin x\,\mathrm{d}x = -\cos x + C$

$\displaystyle\int \cos x\,\mathrm{d}x = \sin x + C$

④ 指数関数 $\displaystyle\int e^x\,\mathrm{d}x = e^x + C$

(5) **置換積分**

① $F(x)$ は x の関数で，x は t の関数であるとき，
$$\int f(x)\,\mathrm{d}x = \int f(g(t)) \cdot \frac{\mathrm{d}g(t)}{\mathrm{d}t} \cdot \mathrm{d}t$$
となる．このように変数を変えることを変数変換と呼ぶ．

② 例えば，$\int_{-1}^{2}\dfrac{x-1}{(x+2)^2}\mathrm{d}x$ は，$t=x+2$ と置いて，

$$f(g(t))=\dfrac{t-3}{t^2},\quad \dfrac{\mathrm{d}g(t)}{\mathrm{d}t}=1$$

また，$x:-1\to 2$ のとき $t:1\to 4$ となるので，

$$\int_{-1}^{2}\dfrac{x-1}{(x+2)^2}\mathrm{d}x=\int_{1}^{4}\dfrac{t-3}{t^2}\mathrm{d}t=\left[\log t+\dfrac{3}{t}\right]_{1}^{4}=2\log 2-\dfrac{9}{4}$$

となる．

③ 置換積分は合成関数の微分法の逆の計算である．

(6) **部分積分**

① 部分積分は二つの関数の積を積分するときに用いられる．

② $f(x)g'(x)$ の a から b までの定積分は次式となる．

$$\int_{a}^{b}f(x)g'(x)\mathrm{d}x=\left[f(x)g(x)\right]_{a}^{b}-\int_{a}^{b}f'(x)g(x)\mathrm{d}x$$

③ 部分積分はラプラス変換で用いられることがある．

④ 例えば，$f(t)=t$ のラプラス変換で，

$$\begin{aligned}F(s)&=\int_{0}^{\infty}t\mathrm{e}^{-st}\mathrm{d}t\\ &=\left[t\left(-\dfrac{1}{s}\right)\mathrm{e}^{-st}\right]_{0}^{\infty}-\int_{0}^{\infty}1\left(-\dfrac{1}{s}\right)\mathrm{e}^{-st}\mathrm{d}\\ &=\dfrac{1}{s^2}\end{aligned}$$

のように用いられる．

【問 5-1-1】の解答

① $F(x)=x^3+C$（C：定数）を x で微分すると，$f(x)=3x^2$ になるので，

$$\int f(x)\mathrm{d}x=\int 3x^2\mathrm{d}x=x^3+C$$

② $F(r)=\log r+C$（$r>0$，C：定数）を r で微分すると $f(r)=1/r$ となるので，

$$\int\dfrac{1}{r}\mathrm{d}r=\log r+C$$

③ $F(t) = e^t + C$（C：定数）を t で微分すると $f(t) = e^t$ となるので，
$$\int e^t dt = e^t + C$$

【問 5-2-1】の解答

① $\int 6x^2 dx = \int 2 \cdot 3x^2 dx = 2 \int 3x^2 dx = 2(x^3 + C)$
$= 2x^3 + 2C = 2x^3 + C'$ （C, C'：積分定数）

② $\int \left(r + \dfrac{1}{r}\right) dr = \int r\, dr + \int \dfrac{1}{r} dr = \dfrac{r^2}{2} + C_1 + \log r + C_2$
$= \dfrac{r^2}{2} + \log r + C$ （C_1, C_2, C：積分定数）

③ $\int 4e^t dt = 4 \int e^t dt = 4(e^t + C) = 4e^t + C'$ （C, C'：積分定数）

【問 5-2-2】の解答

① $3(3^2 - 1^2) = 24$　　② $\dfrac{1}{a} - \dfrac{1}{b}$　　③ $\log r_2 - \log r_1 = \log \dfrac{r_2}{r_1}$

④ $\dfrac{1}{a}$

【問 5-3-1】の解答

① $\left[2x^3 + x^2 - 7x\right]_1^2 = 16 + 4 - 14 - (2 + 1 - 7) = 10$

② $\int_1^2 (x^3 - 2x^2 + x) dx = \left[\dfrac{x^4}{4} - \dfrac{2}{3}x^3 + \dfrac{x^2}{2}\right]_1^2 = 4 - \dfrac{16}{3} + 2 - \left(\dfrac{1}{4} - \dfrac{2}{3} + \dfrac{1}{2}\right)$
$= \dfrac{7}{12}$

③ $\left[-\dfrac{1}{r}\right]_1^2 = -\dfrac{1}{2} + 1 = \dfrac{1}{2}$

④ $\dfrac{Q}{4\pi\varepsilon_0} \left[-\dfrac{1}{r}\right]_a^b = \dfrac{Q}{4\pi\varepsilon_0} \left(\dfrac{1}{a} - \dfrac{1}{b}\right)$

⑤ $\dfrac{Q}{4\pi\varepsilon_0} \left[-\dfrac{1}{r}\right]_a^\infty = \dfrac{Q}{4\pi\varepsilon_0} \left(0 + \dfrac{1}{a}\right) = \dfrac{Q}{4\pi\varepsilon_0 a}$

【問 5-4-1】の解答

① $\displaystyle\int_1^2 \left(r+\frac{1}{r}\right)\mathrm{d}r = \left[\frac{r^2}{2}+\log r\right]_1^2 = \frac{4}{2}+\log 2 - \left(\frac{1}{2}+\log 1\right) = \frac{3}{2}+\log 2$

② $\displaystyle\int_a^b \frac{\lambda}{2\pi\varepsilon_0 r}\mathrm{d}r = \frac{\lambda}{2\pi\varepsilon_0}\Big[\log r\Big]_a^b = \frac{\lambda}{2\pi\varepsilon_0}\log\frac{b}{a}$

【問 5-5-1】の解答

① $\Big[-\cos\theta\Big]_0^{2\pi} = -\cos 2\pi - (-\cos 0) = -1+1 = 0$

② $\Big[\sin\theta\Big]_0^{\pi} = \sin\pi - \sin 0 = 0-0 = 0$

③ $\Big[\sin\theta\Big]_0^{\frac{\pi}{2}} = \sin\frac{\pi}{2} - \sin 0 = 1-0 = 1$

【問 5-5-2】の解答

① $-\dfrac{1}{2}\cos 2x + C$ （C：積分定数）

② $\cos 2x = \cos^2 x - \sin^2 x = 2\cos^2 x - 1$

∴ $\cos^2 x = \dfrac{1}{2} + \dfrac{1}{2}\cos 2x$

となるので，

$$\int \cos^2 x\,\mathrm{d}x = \int\left(\frac{1}{2}+\frac{1}{2}\cos 2x\right)\mathrm{d}x$$
$$= \frac{1}{2}x + \frac{1}{4}\sin 2x + C \quad (C：積分定数)$$

【問 5-6-1】の解答

① $\Big[-\mathrm{e}^{-t}\Big]_a^b = \mathrm{e}^{-a} - \mathrm{e}^{-b}$

② $\left[-\dfrac{1}{2}\mathrm{e}^{-2t}\right]_a^b = \dfrac{1}{2}\left(\mathrm{e}^{-2a} - \mathrm{e}^{-2b}\right)$

③ $\left[-\dfrac{1}{\alpha}\mathrm{e}^{-\alpha t}\right]_0^{\infty} = -\dfrac{1}{\alpha}\mathrm{e}^{-\alpha\cdot\infty} + \dfrac{1}{\alpha}\mathrm{e}^{-\alpha\cdot 0} = -\dfrac{1}{\alpha}\cdot\dfrac{1}{\mathrm{e}^{\infty}} + \dfrac{1}{\alpha}\mathrm{e}^0 = \dfrac{1}{\alpha}$

【問 5-6-2】の解答

$$\int_0^\infty Ri^2 \mathrm{d}t = \int_0^\infty R \cdot \frac{E^2}{R^2} \mathrm{e}^{-\frac{2}{RC}t} \mathrm{d}t = \frac{E^2}{R} \int_0^\infty \mathrm{e}^{-\frac{2}{RC}t} \mathrm{d}t$$

$$= \frac{E^2}{R} \cdot \left(-\frac{RC}{2}\right) \left[\mathrm{e}^{-\frac{2}{RC}t}\right]_0^\infty = -\frac{1}{2}CE^2(0-1)$$

$$= \frac{1}{2}CE^2 \ [\mathrm{J}]$$

【問 5-7-1】の解答

① $2x = \theta$ と置けば,$x = \theta/2$

∴ $\dfrac{\mathrm{d}x}{\mathrm{d}\theta} = \dfrac{1}{2}$, $\mathrm{d}x = \dfrac{1}{2}\mathrm{d}\theta$

∴ $\displaystyle\int_0^{\frac{\pi}{4}} \sin 2x \, \mathrm{d}x = \int_0^{\frac{\pi}{2}} \frac{1}{2}\sin\theta \, \mathrm{d}\theta = \frac{1}{2}\left[-\cos\theta\right]_0^{\frac{\pi}{2}} = \frac{1}{2}$

② $\sin x = t$ と置けば,$\dfrac{\mathrm{d}t}{\mathrm{d}x} = \cos x$

∴ $\mathrm{d}x = \dfrac{\mathrm{d}t}{\cos x}$

$\displaystyle\int_0^{\frac{\pi}{2}} \sin x \cos x \, \mathrm{d}x = \int_0^1 t \cdot \cos x \cdot \frac{1}{\cos x} \mathrm{d}t = \left[\frac{t^2}{2}\right]_0^1 = \frac{1}{2}$

③ $-2x = t$ と置けば,$\dfrac{\mathrm{d}t}{\mathrm{d}x} = -2$

∴ $\mathrm{d}x = -\dfrac{1}{2}\mathrm{d}t$

$\displaystyle\int_0^\infty \mathrm{e}^{-2x}\mathrm{d}x = -\frac{1}{2}\int_0^{-\infty} \mathrm{e}^t \mathrm{d}t = -\frac{1}{2}\left[\mathrm{e}^t\right]_0^{-\infty}$

$$= -\frac{1}{2}\left[\frac{1}{\mathrm{e}^\infty} - 1\right] = \frac{1}{2}$$

【問 5-7-2】の解答

① $\displaystyle\int_0^\pi \cos^2\theta \, \mathrm{d}\theta = \frac{1}{2}\int_0^\pi (1 + \cos 2\theta)\mathrm{d}\theta$

$\varphi = 2\theta$ として,

$$\frac{1}{4}\int_0^{2\pi}(1+\cos\varphi)\,\mathrm{d}\varphi = \frac{1}{4}\Big[\varphi+\sin\varphi\Big]_0^{2\pi} = \frac{\pi}{2}$$

② $\displaystyle\int_0^{\frac{\pi}{2}}\sin\theta\cos\theta\,\mathrm{d}\theta = \frac{1}{2}\int_0^{\frac{\pi}{2}}\sin 2\theta\,\mathrm{d}\theta$

$\varphi = 2\theta$ として，

$$\frac{1}{4}\int_0^{\pi}\sin\varphi\,\mathrm{d}\varphi = \frac{1}{4}\Big[-\cos\varphi\Big]_0^{\pi} = \frac{1}{2}$$

③ $y = d-x$ とすれば，$\dfrac{\mathrm{d}y}{\mathrm{d}x} = -1$

∴ $\mathrm{d}x = -\mathrm{d}y$

また，$x: a \to d-a$ のとき，$y: d-a \to a$

$$\int_a^{d-a}\frac{1}{(d-x)^2}\,\mathrm{d}x = -\int_{d-a}^{a}\frac{1}{y^2}\,\mathrm{d}y = -\Big[-\frac{1}{y}\Big]_{d-a}^{a} = \frac{1}{a}-\frac{1}{d-a}$$

【問 5-8-1】の解答

① $\displaystyle\int_0^{\frac{\pi}{2}}\sin\theta\cos\theta\,\mathrm{d}\theta = \Big[\sin\theta\cdot\sin\theta\Big]_0^{\frac{\pi}{2}} - \int_0^{\frac{\pi}{2}}\cos\theta\cdot\sin\theta\,\mathrm{d}\theta$

∴ $2\displaystyle\int_0^{\frac{\pi}{2}}\sin\theta\cos\theta\,\mathrm{d}\theta = \Big[\sin^2\theta\Big]_0^{\frac{\pi}{2}} = 1$

$\displaystyle\int_0^{\frac{\pi}{2}}\sin\theta\cos\theta\,\mathrm{d}\theta = \frac{1}{2}$

〔別解〕 $\sin\theta\cos\theta = \dfrac{1}{2}\sin 2\theta$

∴ 与式 $= \dfrac{1}{2}\displaystyle\int_0^{\frac{\pi}{2}}\sin 2\theta\,\mathrm{d}\theta = \dfrac{1}{2}\cdot\dfrac{1}{2}\Big[-\cos 2\theta\Big]_0^{\frac{\pi}{2}} = \dfrac{1}{4}(1+1) = \dfrac{1}{2}$

② $\displaystyle\int_0^{\infty}t\mathrm{e}^{-t}\,\mathrm{d}t = \Big[t\cdot(-\mathrm{e}^{-t})\Big]_0^{\infty} - \int_0^{\infty}1\cdot(-\mathrm{e}^{-t})\,\mathrm{d}t$

$\qquad = \Big[\dfrac{-t}{\mathrm{e}^t}\Big]_0^{\infty} + \displaystyle\int_0^{\infty}\mathrm{e}^{-t}\,\mathrm{d}t = 0 + \Big[-\mathrm{e}^{-t}\Big]_0^{\infty}$

$\qquad = 0 + \Big(-\dfrac{1}{\mathrm{e}^{\infty}} + \mathrm{e}^0\Big) = 1$

(注) $\dfrac{\infty}{\mathrm{e}^{\infty}} = 0$, $\dfrac{1}{\mathrm{e}^{\infty}} = 0$, $\mathrm{e}^0 = 1$

【問 5-8-2】の解答

$\int_0^\infty \dfrac{\mathrm{d}f(t)}{\mathrm{d}t} \mathrm{e}^{-st} \mathrm{d}t$ で，$f'(t) = \dfrac{\mathrm{d}f(t)}{\mathrm{d}t}$，$g(t) = \mathrm{e}^{-st}$ と置けば，

$$\int_0^\infty f'(t)g(t)\mathrm{d}t = \Bigl[f(t)\cdot g(t)\Bigr]_0^\infty - \int_0^\infty f(t)g'(t)\mathrm{d}t$$

$$= \Bigl[f(t)\cdot \mathrm{e}^{-st}\Bigr]_0^\infty + s\int_0^\infty f(t)\mathrm{e}^{-st}\mathrm{d}t$$

$$= f(t=\infty)\mathrm{e}^{-\infty} - f(t=0)\mathrm{e}^0 + s\int_0^\infty f(t)\mathrm{e}^{-st}\mathrm{d}t$$

ここで，一般的には $f(t=\infty)\mathrm{e}^{-\infty} = 0$ となるので $f(t=0) = f_0$ とすれば，

$$\int_0^\infty \dfrac{\mathrm{d}f(t)}{\mathrm{d}t}\mathrm{e}^{-st}\mathrm{d}t = -f_0 + s\int_0^\infty f(t)\mathrm{e}^{-st}\mathrm{d}t$$

$\int_0^\infty f(t)\mathrm{e}^{-st}\mathrm{d}t$ は $f(t)$ のラプラス変換 $F(s)$ であるので，

$$\int_0^\infty \dfrac{\mathrm{d}f(t)}{\mathrm{d}t}\mathrm{e}^{-st}\mathrm{d}t = sF(s) - f_0$$

となる．

10 ● 基本問題（数学問題）

【問題 1】

次の不定積分を計算せよ．

(1) $\int 3x^2 \mathrm{d}x$ (2) $\int (2x^2 + x + 1)\mathrm{d}x$ (3) $\int \dfrac{1}{r^2}\mathrm{d}r$

(4) $\int \dfrac{1}{r}\mathrm{d}r$ $(r>0)$ (5) $\int \sin\theta\, \mathrm{d}\theta$ (6) $\int \cos\theta\, \mathrm{d}\theta$

(7) $\int \sin\omega t\, \mathrm{d}t$ （ω：定数） (8) $\int \cos\omega t\, \mathrm{d}t$ （ω：定数）

(9) $\int \mathrm{e}^x \mathrm{d}x$ (10) $\int \mathrm{e}^{-st}\mathrm{d}t$ （s：定数） (11) $\int \sin^2\theta \cos\theta\, \mathrm{d}\theta$

(12) $\int \sin^2\theta\, \mathrm{d}\theta$ (13) $\int \cos^2\theta\, \mathrm{d}\theta$ (14) $\int \sin\theta \cos\theta\, \mathrm{d}\theta$

(15) $\int \log x\, \mathrm{d}x$ $(x>0)$

【問題2】

第1図～第6図のスミアミ部分の面積 $S_1 \sim S_6$ を定積分を使って求めよ．

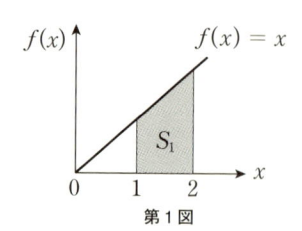

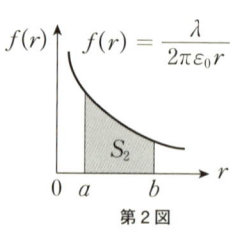

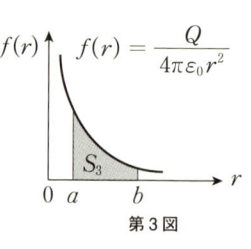

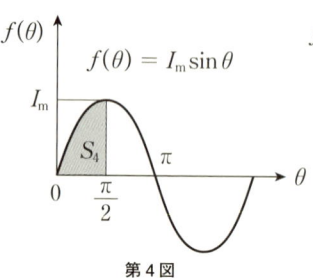

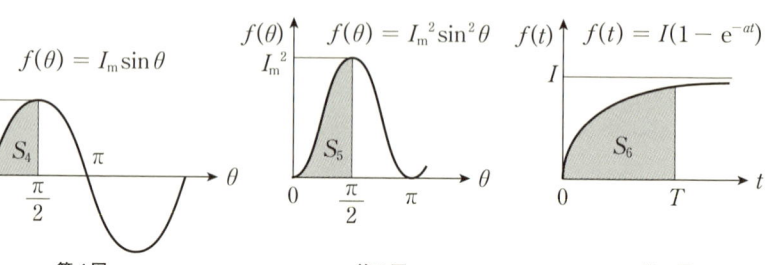

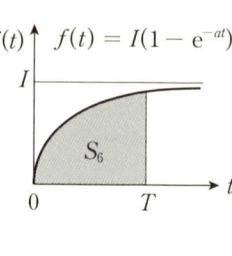

第1図： $f(x) = x$
第2図： $f(r) = \dfrac{\lambda}{2\pi\varepsilon_0 r}$
第3図： $f(r) = \dfrac{Q}{4\pi\varepsilon_0 r^2}$
第4図： $f(\theta) = I_\mathrm{m}\sin\theta$
第5図： $f(\theta) = I_\mathrm{m}^2\sin^2\theta$
第6図： $f(t) = I(1 - \mathrm{e}^{-at})$

● 基本問題の解答

【問題1】

(1) $x^3 + C$　　(2) $\dfrac{2}{3}x^3 + \dfrac{1}{2}x^2 + x + C$　　(3) $-\dfrac{1}{r} + C$

(4) $\log r + C$　　(5) $-\cos\theta + C$　　(6) $\sin\theta + C$

(7) $-\dfrac{1}{\omega}\cos\omega t + C$　　(8) $\dfrac{1}{\omega}\sin\omega t + C$　　(9) $\mathrm{e}^x + C$

(10) $-\dfrac{1}{r}\mathrm{e}^{-st} + C$

(11) $\sin\theta = t$ とすれば，$\dfrac{\mathrm{d}t}{\mathrm{d}\theta} = \cos\theta$

$\therefore \quad \mathrm{d}\theta = \dfrac{1}{\cos\theta}\mathrm{d}t$

$\therefore \quad \displaystyle\int \sin^2\theta \cos\theta \mathrm{d}\theta = \int t^2 \cos\theta \dfrac{1}{\cos\theta}\mathrm{d}t = \int t^2 \mathrm{d}t$

$\qquad\qquad = \dfrac{t^3}{3} + C = \dfrac{\sin^3\theta}{3} + C$

(12) $\sin^2\theta = \dfrac{1 - \cos 2\theta}{2}$

$$\therefore \int \sin^2\theta \, \mathrm{d}\theta = \int \frac{1-\cos 2\theta}{2}\mathrm{d}\theta = \frac{1}{2}\left(\theta - \frac{1}{2}\sin 2\theta\right) + C$$

(13) $\cos^2\theta = \dfrac{1+\cos 2\theta}{2}$

$$\therefore \int \cos^2\theta \, \mathrm{d}\theta = \frac{1}{2}\left(\theta + \frac{1}{2}\sin 2\theta\right) + C$$

(14) $\sin\theta\cos\theta = \dfrac{\sin 2\theta}{2}$

$$\therefore \int \sin\theta\cos\theta \, \mathrm{d}\theta = -\frac{1}{4}\cos 2\theta + C$$

または，$\sin\theta = t$ として，

$$\int \sin\theta\cos\theta \, \mathrm{d}\theta = \int t \, \mathrm{d}t = \frac{1}{2}t^2 + C$$

$$\therefore \int \sin\theta\cos\theta \, \mathrm{d}\theta = \frac{1}{2}\sin^2\theta + C$$

(15) $\int \log x \, \mathrm{d}x = \int 1 \cdot \log x \, \mathrm{d}x = x\log x - \int x(\log x)' \, \mathrm{d}x$

$$= x\log x - \int \mathrm{d}x = x\log x - x + C$$

【問題 2】

$$S_1 = \int_1^2 x \, \mathrm{d}x = \left[\frac{x^2}{2}\right]_1^2 = 2 - \frac{1}{2} = \frac{3}{2}$$

$$S_2 = \frac{\lambda}{2\pi\varepsilon_0}\int_a^b \frac{1}{r}\mathrm{d}r = \frac{\lambda}{2\pi\varepsilon_0}\log\frac{b}{a}$$

$$S_3 = \frac{Q}{4\pi\varepsilon_0}\int_a^b \frac{1}{r^2}\mathrm{d}r = \frac{Q}{4\pi\varepsilon_0}\left(\frac{1}{a} - \frac{1}{b}\right)$$

$$S_4 = I_\mathrm{m}\int_0^{\frac{\pi}{2}}\sin\theta \, \mathrm{d}\theta = I_\mathrm{m}\Bigl[-\cos\theta\Bigr]_0^{\frac{\pi}{2}} = I_\mathrm{m}$$

$$S_5 = I_\mathrm{m}^2 \int_0^{\frac{\pi}{2}}\sin^2\theta \, \mathrm{d}\theta = I_\mathrm{m}^2 \cdot \frac{1}{2}\left[\theta - \frac{1}{2}\sin 2\theta\right]_0^{\frac{\pi}{2}} = \frac{\pi}{4}I_\mathrm{m}^2$$

$$S_6 = I\int_0^T (1-\mathrm{e}^{-\alpha t}) \, \mathrm{d}t = I\left[t + \frac{1}{\alpha}\mathrm{e}^{-\alpha t}\right]_0^T = I\left(T + \frac{1}{\alpha}\mathrm{e}^{-\alpha T} - \frac{1}{\alpha}\right)$$

第6章

積分法の応用は
どこまで学習するのか

第6章 積分法の応用はどこまで学習するのか

1. 面積を積分で求めると

Q1：右図のようなグラフでスミアミ部の面積 S が $S=\int_a^b f(x)\mathrm{d}x$ で計算できることは分かりましたが，グラフが描けない場合，例えば，円の面積などはどのように求めればよいのですか．

第6-1図

積分の学習のはじめに x が x から $x+\Delta x$ に微小分 Δx だけ変化したときの面積の増分 ΔF が $f(x)\Delta x$ であるとすれば，$\int f(x)\mathrm{d}x$ が面積を表す関数となることを学習しました．

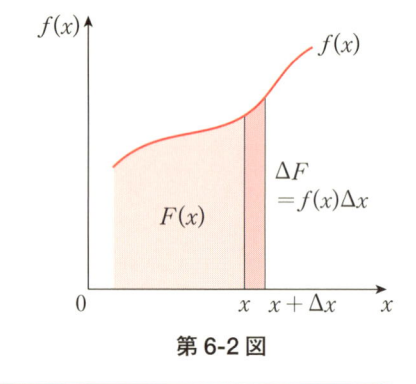

第6-2図

$\Delta F = f(x)\Delta x$ $\Rightarrow$ $\int f(x)\mathrm{d}x$ が面積を表す関数となる

グラフに描けない場合についても同じように考えて面積を求めることができます．例えば，半径 a の円については，次の二つの解き方ができます．

(1) 第6-3図のように中心から半径 r のところに，微小距離 Δr をとると，アカアミ部の面積の増分 ΔS は，

第 6-3 図

Δr が非常に小さいとき アカアミ部は $2\pi r$、Δr と考えられる

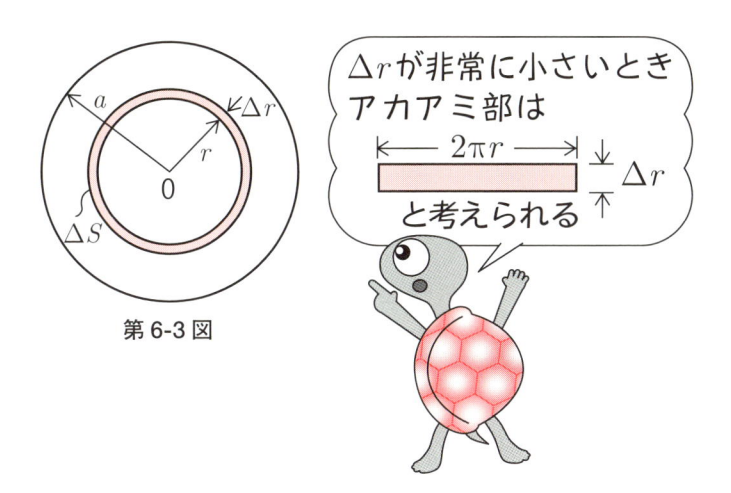

$\Delta S = 2\pi r \Delta r$

となります．したがって，$\int 2\pi r\,dr$ が円の面積を表す関数になり，r が 0 から a まで変化したとき，つまり半径 a の面積は，

$$S = \int_0^a 2\pi r\,dr = 2\pi \int_0^a r\,dr = 2\pi \left[\frac{r^2}{2}\right]_0^a = \pi a^2$$

となります．

(2) 第 6-4 図のように，弧度法で表された角度が θ から $\theta + \Delta\theta$ に微小角 $\Delta\theta$ だけ変化した場合には，

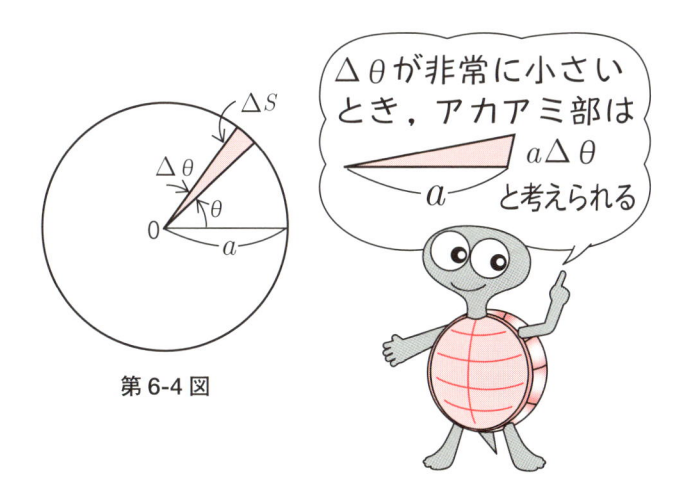

第 6-4 図

$\Delta\theta$ が非常に小さいとき，アカアミ部は $a\Delta\theta$、a と考えられる

1 ● 面積を積分で求めると

$$\Delta S = \frac{1}{2}a^2 \Delta\theta$$

となります．したがって，この場合には，$\int \frac{1}{2}a^2 \mathrm{d}\theta$ が面積を表す関数になり，次のように円の面積が計算されます．

$$S = \int_0^{2\pi} \frac{1}{2}a^2 \mathrm{d}\theta = \frac{1}{2}a^2 \cdot 2\pi = \pi a^2$$

Q2：これで半径 a の円の面積が πa^2 となる理由が分かりました．他の図形についても積分による面積の求め方を示してください．

では，今度は第6-5図のような長方形について考えてみましょう．図のように微小距離 Δx を考えると，面積の増分は，

$$\Delta S = a\Delta x$$

となります．したがって，$\int a\mathrm{d}x$ が面積を表す関数となり，x が 0 から b に変化したときの面積は，

$$S = \int_0^b a\mathrm{d}x = a\int_0^b \mathrm{d}x = a\Big[x\Big]_0^b = ab$$

となります．

第6-6図のような一辺の長さが a の正三角形ではアカアミ部の高さ h が，比例式により，

$$h : a = x : \frac{\sqrt{3}}{2}a \quad \therefore \quad h = \frac{2}{\sqrt{3}}x$$

となるので，面積の増分 ΔS は，

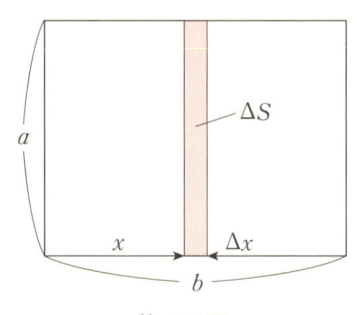

第6-5図

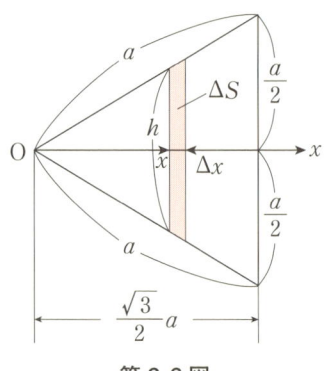

第6-6図

$$\Delta S = h \cdot \Delta x = \frac{2}{\sqrt{3}} x \Delta x$$

となります．

したがって，$\int \frac{2}{\sqrt{3}} x \, dx$ が正三角形の面積を表す関数となり，一辺の長さが a の場合には，

$$S = \int_0^{\frac{\sqrt{3}}{2}a} \frac{2}{\sqrt{3}} x \, dx = \frac{2}{\sqrt{3}} \left[\frac{x^2}{2} \right]_0^{\frac{\sqrt{3}}{2}a}$$
$$= \frac{\sqrt{3}}{4} a^2$$

となります．

> いつも微小距離をとったときにどれだけ面積が増えるかを考えるのだな！

以上のように，ある変数 x が x から $x+\Delta x$ に微小分 Δx だけ変化したとき，面積が $f(x)\Delta x$ 増えるのであれば，x が a から b まで変化したときの面積は，$\int_a^b f(x) \, dx$ で計算することができます．

2 ● 球の表面積と体積を積分で求めると

Q1：円，長方形，三角形などの平面図形の面積の求め方は分かりましたが，球の表面積については，どのように計算すればよいのでしょうか．

いままで学習してきたように，ある変数が x から $x+\Delta x$ に変化したとき，求める物理量 F が $\Delta F = f(x)\Delta x$ 増えるのであれば，F は，次の積分で計算することができます．

$$\boxed{\Delta F = f(x)\Delta x} \quad \Rightarrow \quad \boxed{F = \int_a^b f(x) \, dx}$$

この考え方を球の表面積あるいは次に説明する体積の計算にも当てはめてみ

ましょう．

いま，半径 R の球について，第6-7図のように弧度法による角度が θ から $\theta+\Delta\theta$ に微小角 $\Delta\theta$ だけ変化したとき，その表面積は，

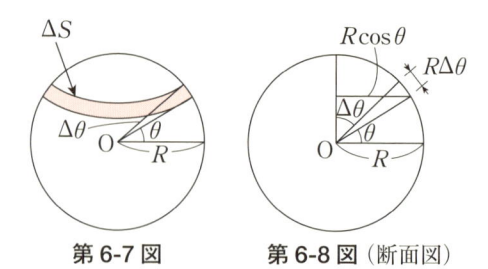

$$\Delta S = 2\pi R\cos\theta \times R\Delta\theta = 2\pi R^2 \cos\theta \Delta\theta$$

増えます．したがって，球の表面積は θ が $-\dfrac{\pi}{2}$ から $\dfrac{\pi}{2}$ まで変化したとして，

$$\begin{aligned}
S &= 2\pi R^2 \int_{-\frac{\pi}{2}}^{\frac{\pi}{2}} \cos\theta \, d\theta = 2\pi R^2 \Big[\sin\theta\Big]_{-\frac{\pi}{2}}^{\frac{\pi}{2}} \\
&= 2\pi R^2 \left\{\sin\frac{\pi}{2} - \sin\left(-\frac{\pi}{2}\right)\right\} \\
&= 4\pi R^2
\end{aligned}$$

として求まります．

第6-7図

第6-8図（断面図）

$\Delta\theta$ が非常に小さいと面積の増分は $2\pi R\cos\theta \times R\Delta\theta$ となる

【問 6-2-1】

第6-9図の半径 R の球において □ で示された球帽の面積および立体角を求めよ．

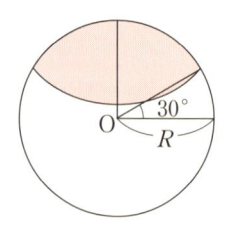

第6-9図

Q2：球の表面積の求め方は分かりました．次に体積について示してください．

球の表面積の計算では，角度を変数としましたが，体積計算では半径を変数とします．このような変数のとり方は覚えるしか仕方ありませんので，早くそのコツをのみ込むことが重要です．

さて，第6-10図のような半径 R の球で，いま半径が r から $r+\Delta r$ に，微小

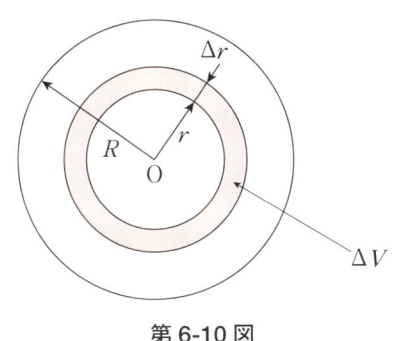

第 6-10 図

距離 Δr だけ変化したとき，体積の増分 ΔV は，半径 r の球の表面積 $4\pi r^2$ に厚さ Δr を掛けて，

$$\Delta V = 4\pi r^2 \Delta r$$

と表されます．したがって，半径 R の球の体積は，

$$\begin{aligned}
V &= \int_0^R 4\pi r^2 \, dr \\
&= 4\pi \int_0^R r^2 \, dr \\
&= 4\pi \left[\frac{r^3}{3} \right]_0^R \\
&= \frac{4}{3}\pi R^3
\end{aligned}$$

$$\int k f(r) \, dr = k \int f(r) \, dr \quad (k：定数)$$

$$\int r^n \, dr = \frac{1}{n+1} r^{n+1} + C \quad (n \neq -1)$$

と求まります．

以上のように，積分の応用の手始めとして，面積および体積の求め方を学習してきましたが，いよいよ次節から2種に直結した問題について説明します．

もう一度，いままでのところを復習して，積分の式を立てるテクニックをまとめておきましょう．

積分を使うと球の体積の公式も簡単に導くことができる

たまにはコーヒーブレイク

$\Delta F = f(x) \Delta x \rightarrow F = \int f(x) \, dx$

3. 平均値と実効値を積分で求めると

Q1：2種で出題される平均値と実効値を求めるのはどのようなレベルとなりますか．

3種では簡単な矩形波の平均値，実効値に関する問題が出題されましたが，2種では積分計算を使った種々の波形が出題されることになります．

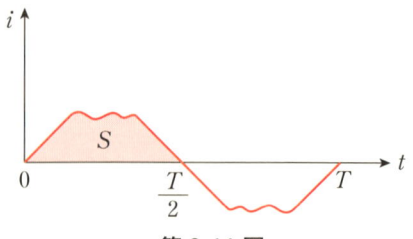

ただし，どのような波形であっても，次の基本事項に基づいて計算することになります．

第6-11図のように周期 T で正，負の対称な波形が繰り返されるものでは，

第6-11図

$$
\text{平均値} = \begin{pmatrix} \text{波形を半周期間にわ} \\ \text{たって平均した値} \end{pmatrix}
$$
$$
= \frac{S}{\frac{T}{2}}
$$
$$
= \frac{\int_0^{\frac{T}{2}} i\, dt}{\frac{T}{2}}
$$

第6-12図　正弦波

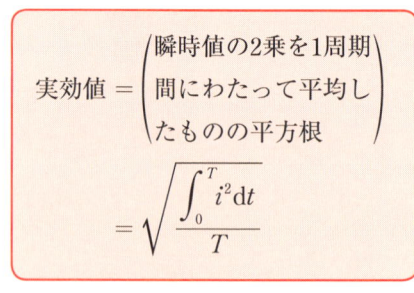

$$
\text{実効値} = \begin{pmatrix} \text{瞬時値の2乗を1周期} \\ \text{間にわたって平均し} \\ \text{たものの平方根} \end{pmatrix}
$$
$$
= \sqrt{\frac{\int_0^T i^2\, dt}{T}}
$$

2種で出題される基本パターンは

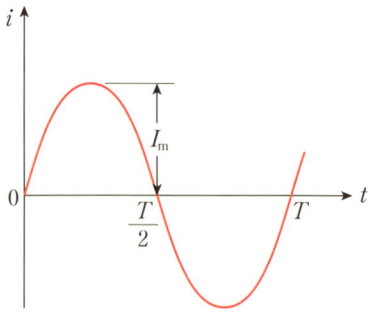

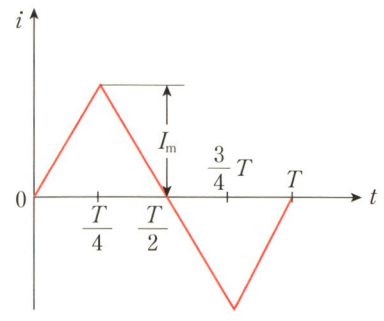

第6-13図　三角波

第 6-12 図～第 6-14 図で示した各種の波形ですが，これらの平均値，実効値は次のように計算されます．

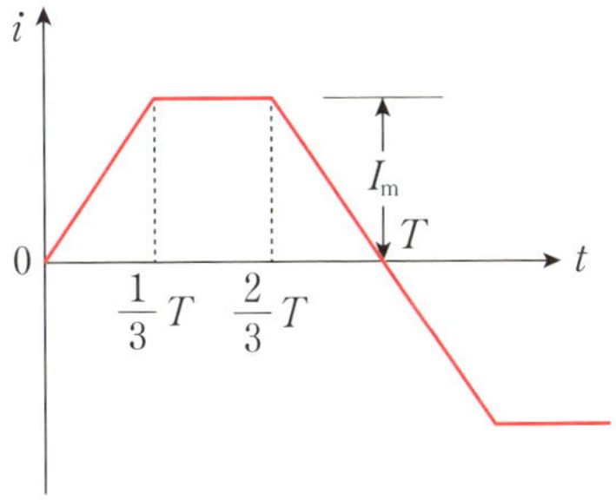

(1) **正弦波**

$$（平均値）= \frac{I_m \int_0^{\frac{T}{2}} \sin\omega t\, dt}{\frac{T}{2}}$$

$$= \frac{2I_m}{T} \cdot \frac{1}{\omega}\left[-\cos\omega t\right]_0^{\frac{T}{2}}$$

$$= \frac{2I_m}{T} \cdot \frac{T}{2\pi}(1+1) = \frac{2I_m}{\pi} \quad \left(\because \omega = 2\pi f = \frac{2\pi}{T}\right)$$

$$（実効値）= \sqrt{\frac{I_m^2}{T}\int_0^T \sin^2\omega t\, dt} = \sqrt{\frac{I_m^2}{T}\cdot\int_0^T \frac{1-\cos 2\omega t}{2} dt}$$

$$= \sqrt{\frac{I_m^2}{2T}\left[t - \frac{1}{2\omega}\sin 2\omega t\right]_0^T} = \sqrt{\frac{I_m^2}{2}}$$

$$= \frac{I_m}{\sqrt{2}}$$

第 6-14 図　台形波

$\sin^2\omega t = \frac{1}{2}(1-\cos 2\omega t)$

(2) **三角波**

$t : 0 \sim \frac{T}{4}$ において i は，

$$i = \frac{I_m}{\frac{T}{4}}t = \frac{4I_m}{T}t$$

と表されます．

平均値は半周期で平均しても，1/4 周期で平均しても同じ値となるので，計算しやすい 1/4 周期を積分範囲として，

$$（平均値）= \frac{4}{T}\int_0^{\frac{T}{4}} i\, dt = \frac{4}{T}\cdot\frac{4I_m}{T}\left[\frac{t^2}{2}\right]_0^{\frac{T}{4}}$$

$$= \frac{16I_m}{T^2}\cdot\frac{T^2}{32} = \frac{I_m}{2}$$

3 ● 平均値と実効値を積分で求めると

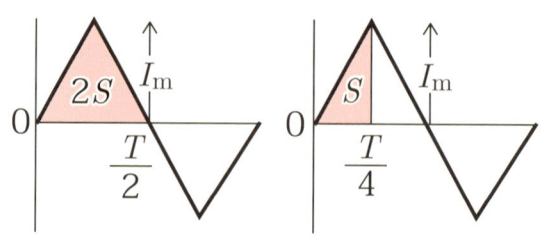

どちらで計算しても平均値は
$\dfrac{4S}{T}$ となる

なお，この計算は積分を使わず，面積 S を $T/4$ で割り，

$$\left(\dfrac{1}{2}\times I_\mathrm{m}\times \dfrac{T}{4}\right)\Big/\dfrac{T}{4}=\dfrac{I_\mathrm{m}}{2}$$

として求めることもできます．

実効値も 1/4 周期で計算でき，次式となります．

$$\begin{aligned}
(\text{実効値}) &= \sqrt{\dfrac{4}{T}\int_0^{\frac{T}{4}} i^2 \mathrm{d}t} = \sqrt{\dfrac{4}{T}\cdot \int_0^{\frac{T}{4}} \dfrac{4^2 I_\mathrm{m}^2}{T^2} t^2 \mathrm{d}t} \\
&= \sqrt{\dfrac{4^3 I_\mathrm{m}^2}{T^3}\cdot \left[\dfrac{t^3}{3}\right]_0^{\frac{T}{4}}} = \sqrt{\dfrac{4^3 I_\mathrm{m}^2}{T^3}\cdot \dfrac{1}{3}\cdot \dfrac{T^3}{4^3}} \\
&= \dfrac{I_\mathrm{m}}{\sqrt{3}}
\end{aligned}$$

【問 6-3-1】

第 6-14 図の台形波について，平均値と実効値を計算せよ．

Q2：平均値，実効値を計算する場合の積分範囲について，もう少し詳しく説明してください．

　平均値・実効値の積分範囲について，正弦波を例にとり，もう少し掘り下げて説明します．

(1) 平均値 I_a

第 6-15 図で表される正弦波では，平均値 I_a は，

$$I_\mathrm{a} = \frac{\int_0^{\frac{T}{2}} i \, \mathrm{d}t}{\frac{T}{2}}$$

となりますが，$\int_0^{\frac{T}{2}} i \, \mathrm{d}t$ は，面積 $2S$ を表しています．したがって，面積を S，時間を $T/4$ のように，面積と時間を共に $1/2$ としても I_a の値は変化しないので，次のように積分範囲を $0 \sim T/4$ として計算することもできます．

$$I_\mathrm{a} = \frac{\int_0^{\frac{T}{4}} i \, \mathrm{d}t}{\frac{T}{4}}$$

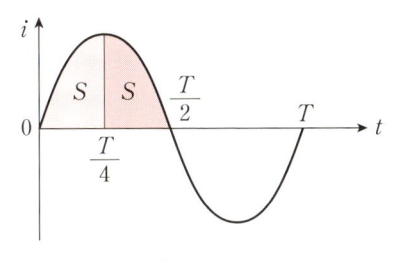

第 6-15 図

(2) **実効値 I_rms**

正弦波の 2 乗のグラフは第 6-16 図のようになります．実効値の定義によれば，

$$I_\mathrm{rms} = \sqrt{\frac{\int_0^T i^2 \, \mathrm{d}t}{T}} = \sqrt{\frac{4S}{T}}$$

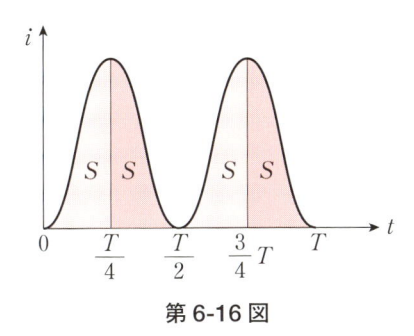

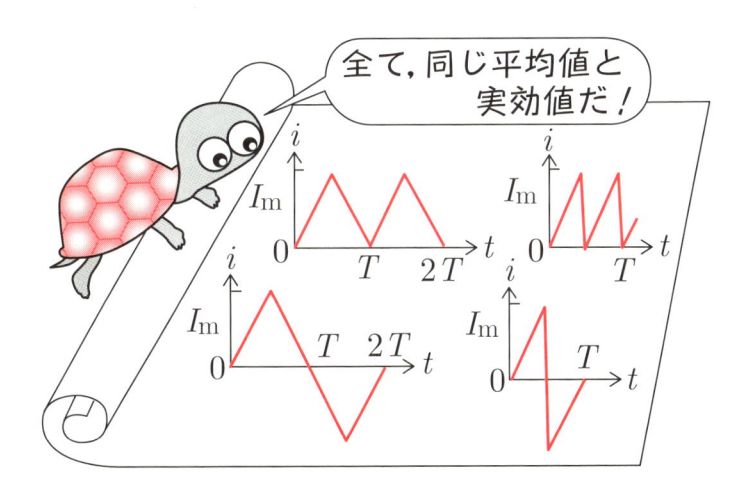

第 6-16 図

全て，同じ平均値と実効値だ！

3 ● 平均値と実効値を積分で求めると

となりますが，次のような積分範囲で求めることもできます．

$$I_{\text{rms}} = \sqrt{\frac{\int_0^{\frac{3}{4}T} i^2 \, \mathrm{d}t}{3T/4}} = \sqrt{\frac{3S}{3T/4}} = \sqrt{\frac{4S}{T}}$$

$$= \sqrt{\frac{\int_0^{\frac{T}{2}} i^2 \, \mathrm{d}t}{T/2}} = \sqrt{\frac{2S}{T/2}} = \sqrt{\frac{4S}{T}}$$

$$= \sqrt{\frac{\int_0^{\frac{T}{4}} i^2 \, \mathrm{d}t}{T/4}} = \sqrt{\frac{S}{T/4}} = \sqrt{\frac{4S}{T}}$$

$$I_{\text{rms}} = \sqrt{\frac{\int_0^{\frac{3}{4}T} i^2 \, \mathrm{d}t}{3T/4}} = \sqrt{\frac{3S}{3T/4}} = \sqrt{\frac{4S}{T}}$$

$$= \sqrt{\frac{\int_0^{\frac{T}{2}} i^2 \, \mathrm{d}t}{T/2}} = \sqrt{\frac{2S}{T/2}} = \sqrt{\frac{4S}{T}}$$

$$= \sqrt{\frac{\int_0^{\frac{T}{4}} i^2 \, \mathrm{d}t}{T/4}} = \sqrt{\frac{S}{T/4}} = \sqrt{\frac{4S}{T}}$$

平均値・実効値は、面積の対称性を考えて積分範囲を決めればよい

4● 電界の強さと電位差の関係は

(1) 3種の計算との違い

Q1：電位差の計算方法について，3種と2種の方法を比較して説明してください．

第 6-17 図のように，距離 d [m] 離れた電極板間の電界の強さが一様に E [V/m] である場合，電極板の電位差 V は，第 6-18

図のアカアミ部の面積に相当し，

$$V = Ed \,[\text{V}]$$

となることを3種では学習しました．

それでは，第6-19図のような電荷 $Q\,[\text{C}]$ が与えられた導体球から $a\,[\text{m}]$ 離れた点Aと，$b\,[\text{m}]$ 離れた点Bとの間の電位差についてはどうでしょうか．

ガウスの法則より，導体球から $r\,[\text{m}]$ 離れた点の電界の強さは，

$$E = \frac{Q}{4\pi\varepsilon_0 r^2}\,[\text{V/m}]$$

となるので，そのグラフは第6-20図のようになります．したがって，第6-20図のアカアミ部の面積が計算できればよいことになります．この計算をするのが2種のレベルで，AB間の電位差は，

$$\begin{aligned}
V_{\text{AB}} &= \frac{Q}{4\pi\varepsilon_0}\int_a^b \frac{1}{r^2}\,\mathrm{d}r \\
&= \frac{Q}{4\pi\varepsilon_0}\left[-\frac{1}{r}\right]_a^b \\
&= \frac{Q}{4\pi\varepsilon_0}\left(\frac{1}{a} - \frac{1}{b}\right)\,[\text{V}]
\end{aligned}$$

と求まります．

このように，面積に相当する物理量について，3種では極めて簡単な計算に限定されていましたが，2種では積分を使うことにより，そのワクが広がります．ただし，2種で電位差を積分で求める主なパターンは

第6-17図

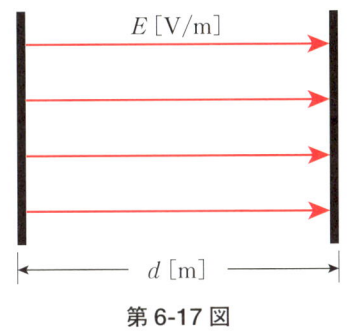

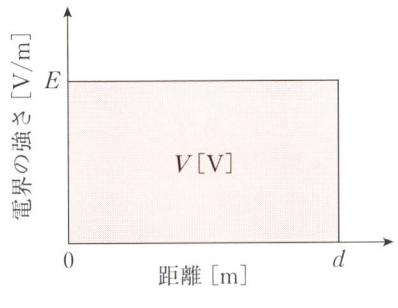

第6-18図

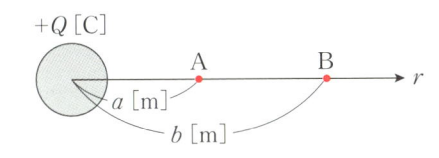

第6-19図

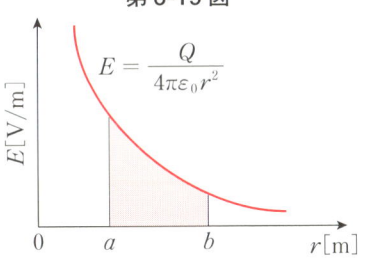

第6-20図

4 ● 電界の強さと電位差の関係は

$\int_b^a \frac{1}{r^2} dr$ と，$\int_b^a \frac{1}{r} dr$ の二つです．

【問 6-4-1】

第 6-21 図のように，単位長さ当たり λ [C/m] の電荷が与えられた無限長の導体がある．これから，a [m] 離れた点 A と b [m] 離れた点 B との間の電位差を求めよ．

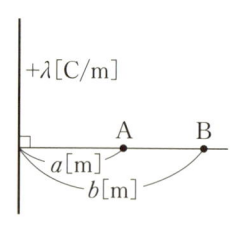

第 6-21 図

Q2：電位差を積分で求める計算手順について，例題をあげて詳しく説明してください．

＜例題＞

図のように内球の半径 r_1，外球の内半径 r_2 の二つの同心導体球があり，その間に誘電率 ε の絶縁体が満たされている．外球の内半径 r_2 および両球間の電位差 V をそれぞれ一定とした場合，内球の表面における電界の強さを最小にするには，その半径 r_1 をいくらにすればよいか．

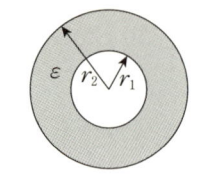

この問題では，まず電位差 V を表す式を求めることが必要です．内球，外球の電荷をそれぞれ $+Q$，$-Q$ とすれば，中心より距離 r の両球間の点の電界の強さ E は，ガウスの法則により，

$$E = \frac{Q}{4\pi\varepsilon r^2} \qquad (1)$$

したがって，両球間の電位差は，

$$
\begin{aligned}
V &= \int_{r_2}^{r_1} (-E)\,\mathrm{d}r \\
&= \int_{r_1}^{r_2} E\,\mathrm{d}r \\
&= \frac{Q}{4\pi\varepsilon} \int_{r_1}^{r_2} \frac{1}{r^2}\,\mathrm{d}r \\
&= \frac{Q}{4\pi\varepsilon} \int_{r_1}^{r_2} r^{-2}\,\mathrm{d}r \\
&= \frac{Q}{4\pi\varepsilon} \left[\frac{1}{-2+1} r^{(-2+1)} \right]_{r_1}^{r_2} \\
&= \frac{Q}{4\pi\varepsilon} \left[-r^{-1} \right]_{r_1}^{r_2} \\
&= \frac{Q}{4\pi\varepsilon} \left[-\frac{1}{r} \right]_{r_1}^{r_2} \\
&= \frac{Q}{4\pi\varepsilon} \left(-\frac{1}{r_2} + \frac{1}{r_1} \right) \\
&= \frac{Q}{4\pi\varepsilon} \left(\frac{r_2 - r_1}{r_1 r_2} \right) \quad\quad (2)
\end{aligned}
$$

> 電位差の定義では $\int_{r_2}^{r_1}(-E)\mathrm{d}r$ となりますが,$\int_a^b f(x)\mathrm{d}x = -\int_b^a f(x)\mathrm{d}x$ の公式を使って,$\int_{r_1}^{r_2} E\mathrm{d}r$ で計算することができます.

> $\int x^n \mathrm{d}x = \dfrac{1}{n+1}x^{n+1} + C$

> 慣れてきたら,
> $$\begin{aligned} V &= \frac{Q}{4\pi\varepsilon}\int_{r_1}^{r_2} r^{-2}\,\mathrm{d}r \\ &= \frac{Q}{4\pi\varepsilon}\left[-\frac{1}{r}\right]_{r_1}^{r_2} \\ &= \frac{Q}{4\pi\varepsilon}\left[\frac{1}{r_1} - \frac{1}{r_2}\right] \end{aligned}$$
> のように書いても構いません.

(2)式から,

$$Q = \frac{4\pi\varepsilon V r_1 r_2}{r_2 - r_1} \quad\quad (3)$$

(3)式を(1)式に代入して,

$$E = \frac{4\pi\varepsilon V r_1 r_2}{4\pi\varepsilon r^2 (r_2 - r_1)} = \frac{r_1 r_2 V}{r^2 (r_2 - r_1)} \quad\quad (4)$$

ここで,内球の表面における電界 E_1 は,(4)式で $r = r_1$ と置けばよいので,

$$E_1 = \frac{r_1 r_2 V}{r_1^2 (r_2 - r_1)} = \frac{r_2 V}{r_1 (r_2 - r_1)} \quad\quad (5)$$

ここまでくれば,あとは最小条件を求めることになり,微分の登場です.

 (5)式で r_2,V が一定で,変数は r_1 ですから E_1 を最小にするには(5)式の分母を最大にすればよいことになります.ここで,分母を $f(r_1)$ とすると,

$$f(r_1) = r_1 r_2 - r_1^2 \quad\quad (6)$$

 (6)式を r_1 で微分して,

$$\frac{\mathrm{d}f(r_1)}{\mathrm{d}r_1} = r_2 - 2r_1$$

$\dfrac{\mathrm{d}f(r_1)}{\mathrm{d}r_1} = 0$ となるのは $r_1 = \dfrac{r_2}{2}$ のときで,このとき分母は,最大となります.

第 6-1 表

r_1	$r_1 < \dfrac{r_2}{2}$	$\dfrac{r_2}{2}$	$r_1 > \dfrac{r_2}{2}$
$f'(r_1)$	$+$	0	$-$
$f(r_1)$	↗	最大	↘

(答) 電界の強さを最小にする内球の半径は $r_1 = r_2/2$

(注) (5)式の分母で (r_2-r_1) と r_1 は 2 項とも正で,その和は $(r_2-r_1)+r_1=r_2$ で一定です.したがって,最大定理より $(r_2-r_1)r_1$ は $r_2-r_1=r_1$ すなわち,$r_1=r_2/2$ のとき最大となります.

$V_{ab} = \int_b^a -E\,\mathrm{d}r$ となるが

$V_{ab} = \int_a^b E\,\mathrm{d}r$ と覚えておけばよい

5・電流密度と電位差の関係は

Q1:電流密度とは何ですか.また,それを使って,電位差を求める方法を簡単な例をあげて分かりやすく説明してください.

(1) 電流密度

第 6-22 図のように面積 $S\,[\mathrm{m}^2]$,間隔 $l\,[\mathrm{m}]$ の平行平板電極間に抵抗率 $\rho\,[\Omega\cdot\mathrm{m}]$ の抵抗材料が配置されているとします.この抵抗材料中に電流 $I\,[\mathrm{A}]$ が均一に流れるとすると,この材料中の電流密度は,

$$J = \frac{I}{S} \, [\text{A/m}^2] \quad (1)$$

となります．このように，電流密度は単位面積当たりに流れる電流を表すものです．

(2) 電流密度から電位差を求める方法

第6-22図の電極間の抵抗は，

$$R = \rho \cdot \frac{l}{S} \, [\Omega]$$

で表されるので，これに電流 $I\,[\text{A}]$ が流れたときの電極間の電位差は，

$$V = IR = \frac{\rho l I}{S} \, [\text{V}] \quad (2)$$

で与えられます．したがって，抵抗材料中の電界の強さは，$V\,[\text{V}]$ を電極間距離 $l\,[\text{m}]$ で割って，

$$E = \frac{V}{l} = \frac{\rho I}{S} \, [\text{V/m}] \quad (3)$$

となることが分かります．

ここで，(3)式より，

$$\frac{I}{S} = \frac{E}{\rho}$$

となるので，これを(1)式に代入すると，次の電流密度 J と電界の強さ E を結びつける関係式が得られます．

$$\boxed{J = \frac{E}{\rho}} \quad (4)$$

この式は非常に重要な式ですから必ず覚えておいてください．

ところで，この(4)式は，次のような場合にも適用することができます．いま，第6-24図のように，半径 $r\,[\text{m}]$ の球状電極を抵抗率 $\rho\,[\Omega\cdot\text{m}]$ の地中にうずめ，これに $I\,[\text{A}]$ の電流を流したとすると，電流は球電極から均等に放射状の分

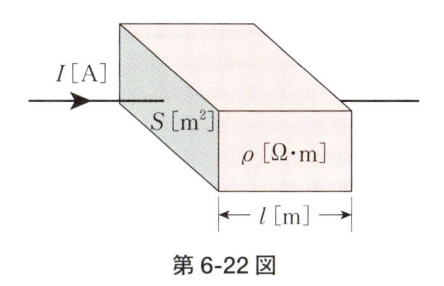

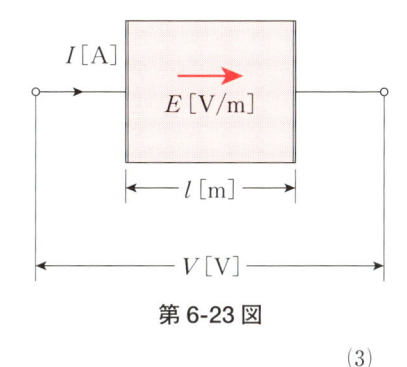

第6-22図

第6-23図

5 ● 電流密度と電位差の関係は

布で流れ出ていきます．したがって，電極の中心から x [m] $(x>r)$ の点の電流密度は電流 I [A] を半径 x [m] の球の表面積で割って，

$$J = \frac{I}{4\pi x^2} \,[\text{A/m}^2] \qquad (5)$$

となります．ここで，(4)式は，$E=J\rho$ と変形されるので，この点の電界の強さは，

$$E = \frac{\rho I}{4\pi x^2} \,[\text{V/m}]$$

と表され，そのグラフは，第 6-25 図のようになります．これが求まれば電位差は，第 4 節と同様に計算できます．例えば，$x: r \to \infty$ としたときの電位差は，第 6-25 図のアカアミ部の面積となり，

$$V = \frac{\rho I}{4\pi} \int_r^\infty \frac{1}{x^2} \,\mathrm{d}x$$
$$= \frac{\rho I}{4\pi} \left[-\frac{1}{x} \right]_r^\infty = \frac{\rho I}{4\pi r} \,[\text{V}]$$

となります．

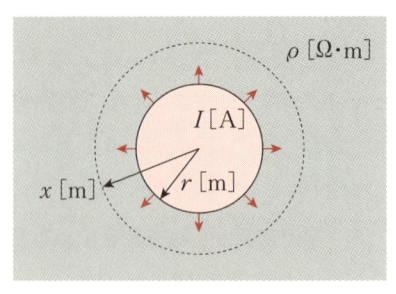

第 6-24 図

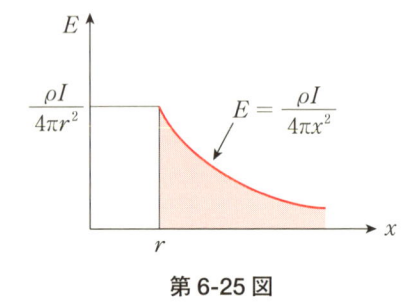

第 6-25 図

Q2：電流密度を使って電位差を求めるパターンについて，例題をあげて説明してください．

<例題>

　図の点 A で接地された導体を通して 1 000 A の直流電流が大地に流入している．

　この場合，点 A から 5 m 離れた地点 B にいる人が，AB の延長上の地点

Cで接地された金属線の1点Dに接触したとすれば，人体に加わる電圧はいくらか，ただし，次の条件によるものとする．

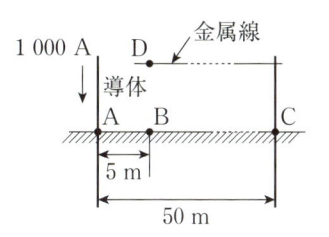

(a) 大地の抵抗率は，100 Ω·m である．
(b) 大地中の電流は，点Aから放射状に，かつ，各方向へ均等に流出している．
(c) A，C間の距離は50 m である．
(d) 点Dは点Bの真上にあり，また，D，B間の電圧は人体の接触により変化しない．

この問題は，B，C間の電位差を求めるものですが，第6-26図に示すように，点Aから r [m] 離れた点の電流密度 J は I [A] を半径 r の半球の表面積で割って，

$$J = \frac{I}{2\pi x^2} \, [\text{A/m}^2]$$

となります．したがって，この点の電界の強さは，

$$E = \frac{\rho I}{2\pi x^2} \, [\text{V/m}]$$

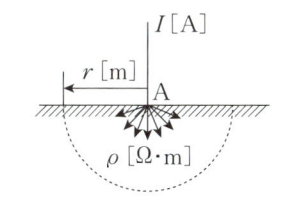

となり，このグラフは第6-27図となるので，求める電圧は，

$$\begin{aligned}
V &= \frac{\rho I}{2\pi} \int_5^{50} \frac{1}{r^2} dr = \frac{\rho I}{2\pi} \left[-\frac{1}{r} \right]_5^{50} \\
&= \frac{100 \times 10^3}{2\pi} \times \left(\frac{1}{5} - \frac{1}{50} \right) \\
&= \frac{9}{\pi} \times 10^3 \\
&\fallingdotseq 2\,865 \text{ V}
\end{aligned}$$

第6-26図

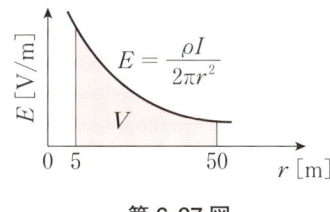

第6-27図

となります．

6 ビオ・サバールの法則を使って磁界の強さを求めると

Q1：ビオ・サバールの法則とその使い方について説明してください．

(1) **ビオ・サバールの法則とは**

電流が流れると，その周りにアンペアの右ねじの法則により磁界が生じます．その磁界の強さを求める方法には，ここで説明するビオ・サバールの法則と，次節で紹介するアンペアの周回積分の法則とがあります．

第6-28図のように導線に電流 I [A] が流れているとき，導線上の微小長さ Δl [m] より任意の点Pまでの距離を r [m]，Δl のところで導線に引いた電流方向に向かう接線とP点の方向とのなす角を θ とすれば，導線 Δl [m] 部分の電流 I [A] によってP点に生じる磁界の強さは，(1)式で表されます．これをビオ・サバールの法則といいます．

$$\Delta H = \frac{I \Delta l \sin \theta}{4\pi r^2} \ [\text{A/m}] \qquad (1)$$

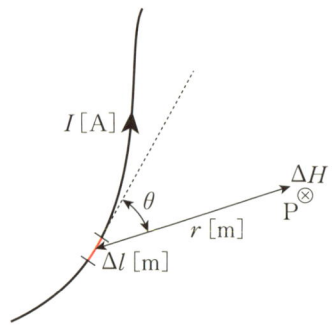

第6-28図

(2) **ビオ・サバールの法則の使い方**

第6-29図のような半径 a [m] の円形コイルに電流 I [A] が流れているとき，コイルの中心Oに生じる磁界の強さは，(1)式に $r=a$，$\theta=90°$ を代入して，

$$\Delta H = \frac{I \Delta l}{4\pi a^2} \ [\text{A/m}]$$

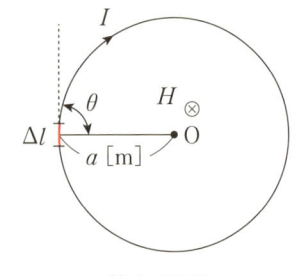

第6-29図

$l : 0 \to 2\pi a$（全周）の範囲で積分すれば円形コイルの全円周に流れる電流に

よる磁界の強さ H となるので，

$$H = \int_0^{2\pi a} \frac{I}{4\pi a^2} dl = \frac{I}{4\pi a^2} \int_0^{2\pi a} dl = \frac{I}{4\pi a^2} \Big[l \Big]_0^{2\pi a}$$

$$= \frac{I}{2a} \ [\text{A/m}]$$

と求めることができます．なお，この円形コイルが N 回巻きの場合には，磁界の強さは N 倍となり，$H = NI/2a$ [A/m] となります．

Q2：例題をあげてビオ・サバールの法則の使い方について説明してください．

＜例題＞

一辺の長さ a [m]，巻数 $N=1$ の図のような正三角のコイルがある．このコイルに電流 I [A] を流すとき，中心点 P における磁界の強さ [A/m] を求めよ．

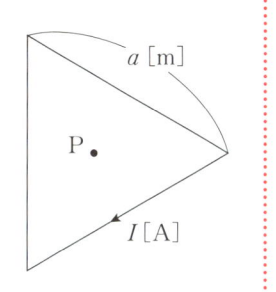

この問題を解くためには，まず，第 6-30 図のような有限長の直線導体 AB に流れる電流 I [A] により，導体から d [m] 離れた点 Q に生じる磁界の強さを求めることができなければなりません．

導体上に微小長さ $\overline{CD} = \Delta l$ をとると，この部分に流れる電流によって，Q 点に生じる磁界の強さは，ビオ・サバールの法則により，

$$\Delta H = \frac{I \Delta l \sin\theta}{4\pi r^2} \ [\text{A/m}] \qquad (1)$$

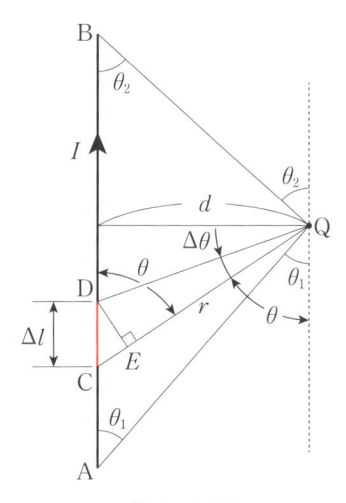

第 6-30 図

6 ● ビオ・サバールの法則を使って磁界の強さを求めると 173

となります．(1)式で，l を 0 から $\overline{AB}$ の長さまで積分すれば，H の強さが求まりますが，l が変われば r と θ も変化するので，(1)式をそのまま積分することはできません．そこで，次のようにして変数を一つにします．

$\angle CQD = \Delta\theta$ とし，$\Delta\theta$ を弧度法で表された非常に微小な角とすれば，

$$\overline{DE} = \Delta l \sin\theta = r\Delta\theta$$

$$\therefore \quad \Delta l = \frac{r}{\sin\theta}\Delta\theta \tag{2}$$

(2)式を(1)式に代入して，

$$\Delta H = \frac{I \cdot \dfrac{r}{\sin\theta}\Delta\theta \cdot \sin\theta}{4\pi r^2} = \frac{I\Delta\theta}{4\pi r} \tag{3}$$

ここで，$d = r\sin\theta$ となるので，

$$r = \frac{d}{\sin\theta} \tag{4}$$

(4)式を(3)式に代入して，

$$\Delta H = \frac{I\Delta\theta}{4\pi \cdot \dfrac{d}{\sin\theta}} = \frac{I\Delta\theta \cdot \sin\theta}{4\pi d} \tag{5}$$

これで，変数は θ だけになりました．θ が θ_1 から $(\pi - \theta_2)$ まで変化すれば $\overline{AB}$ を表すことになるので $\overline{AB}$ に流れる電流によって生じる磁界の強さは，

$$H = \frac{I}{4\pi d}\int_{\theta_1}^{\pi-\theta_2} \sin\theta\,d\theta = \frac{I}{4\pi d}\Bigl[-\cos\theta\Bigr]_{\theta_1}^{\pi-\theta_2}$$

$$= \frac{I}{4\pi d}(\cos\theta_1 + \cos\theta_2) \; [\text{A/m}] \tag{6}$$

さて，第 6-31 図のように一辺の長さ a [m]，巻数 $N = 1$ のコイルに電流 I [A] が流れた場合，このコイルの一辺に流れる電流によってP点に生じる磁界の強さは，(6)式に，$\theta_1 = \theta_2 = \pi/6$，$d = a/2\sqrt{3}$ を代入して，

> $H = \dfrac{I}{4\pi d}(\cos\theta_1 + \cos\theta_2)$ の式は覚えておこう

$$H = \frac{I}{4\pi \cdot \frac{a}{2\sqrt{3}}} \cdot 2\cos\frac{\pi}{6}$$

$$= \frac{3I}{2\pi a} \ [\text{A/m}]$$

コイル全体ではこの3倍となるので，求める答は，

$$H_P = \frac{9I}{2\pi a} \ [\text{A/m}]$$

となります.

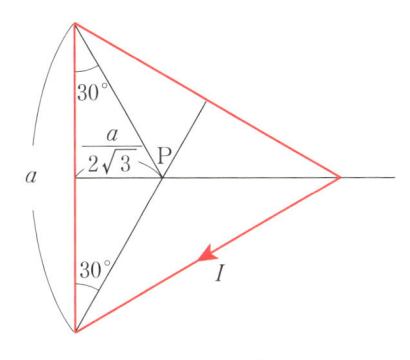

第6-31図

なお，直線導体の長さが無限長のときに点Qに生じる磁界の強さは，(6)式に $\theta_1 = \theta_2 = 0$ を代入して求められ，その値は，$H = I/(2\pi d) \ [\text{A/m}]$ となります.

7 ● アンペアの周回積分の法則とは

Q1：アンペアの周回積分の法則とは何ですか．また，どのような場合に用いるのですか．

(1) **アンペアの周回積分の法則とは**

第6-32図のように，無限長の直線導体に，電流 $I\,[\text{A}]$ が流れている場合，これから $d\,[\text{m}]$ 離れた点Pに生じる磁界の強さ $H\,[\text{A/m}]$ については，

$$\oint H d l = I \quad (1)$$

が成立します．これがアンペアの周回積分の法則です．ここで，$\oint dl$ は微小長さ Δl を円周に沿って1回線積分する記号です．第6-32図では，円周上の磁界の強さはどこでも同じ値となるので，H は定数として扱ってよく，

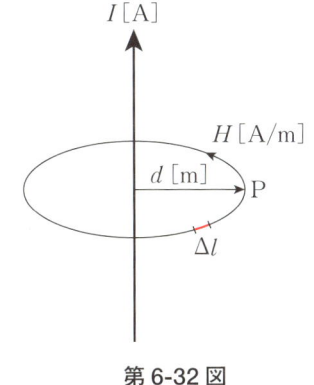

第6-32図

$$\oint H\mathrm{d}l = H\oint \mathrm{d}l = H\int_0^{2\pi d}\mathrm{d}l = H\Big[l\Big]_0^{2\pi d} = 2\pi dH$$

と計算されます．したがって，P点の磁界の強さは，

$$\oint H\mathrm{d}l = 2\pi dH = I$$

$$\therefore\ H = \frac{I}{2\pi d}\ [\mathrm{A/m}]$$

と簡単に求めることができます．

(2) **アンペアの周回積分はどのような場合に用いるか**

アンペアの周回積分を用いれば，非常に簡単に磁界の強さを計算できますが，

第6-2表　磁界計算のパターンと適用法則

磁界計算のパターン	アンペアの周回積分の法則	ビオ・サバールの法則
無限長の直線電流による磁界	○	○
有限長の直線電流による磁界	×	○
円形電流による磁界	×	○
導体内外の磁界	○	×
無端ソレノイド内の磁界	○	×

176　第6章　積分法の応用はどこまで学習するのか

適用できないこともあります．

基本的な適用パターンを，ビオ・サバールの法則の場合と比較して第6-2表に示します．

> **Q2**：無限長の直線導体に流れる電流によって生じる磁界の計算は分かりましたが，その他の計算パターンについても，アンペアの周回積分の法則による解き方を示してください．

＜例題＞

半径 a [m] の無限長の直線導体に直流電流 I [A] が一様な密度で流れているとき，導体内外の磁界の強さを求め，図示せよ．

アンペアの周回積分の法則は，無限長の直線電流のほかに，導体内外の磁界計算および無端ソレノイド内の磁界計算に適用することができます．

(1) **導体内外の磁界計算**

(ア) **導体外の磁界計算**

導体中心から距離 r [m] の点の磁界の強さは，アンペアの周回積分の法則をそのまま適用して，

$$\oint H dl = H \int_0^{2\pi r} dl$$
$$= 2\pi r H = I$$
$$\therefore H = \frac{I}{2\pi r} \text{ [A/m]} \quad (1)$$

(イ) **導体内の磁界計算**

第6-33図

導体内の場合には，半径 r [m] の円内に流れる電流をアンペアの周回積分の法則の右辺とします．電流は断面積に比例するので，半径 r [m] 内に流れる電流は $I_i = I(r/a)^2$ となり，

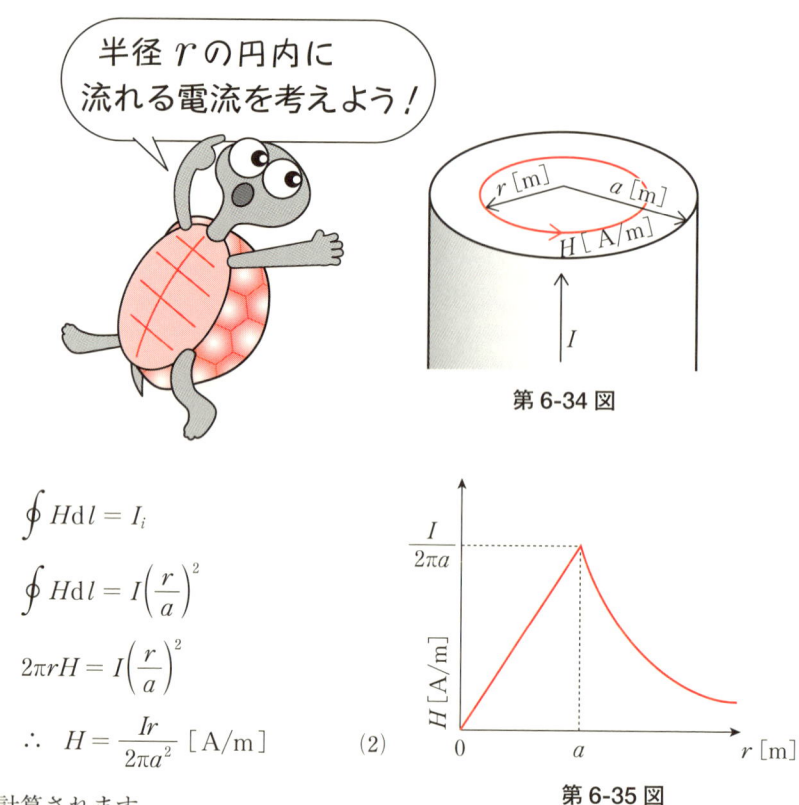

半径 r の円内に流れる電流を考えよう！

第 6-34 図

$$\oint H \mathrm{d}l = I_i$$

$$\oint H \mathrm{d}l = I\left(\frac{r}{a}\right)^2$$

$$2\pi r H = I\left(\frac{r}{a}\right)^2$$

$$\therefore \quad H = \frac{Ir}{2\pi a^2} \ [\mathrm{A/m}] \qquad (2)$$

第 6-35 図

と計算されます．

(1), (2)式を図示すると第 6-35 図となります．

(2) **無端ソレノイド内の磁界計算**

アンペアの周回積分の法則

$$\oint H \mathrm{d}l = I \qquad\qquad (1)$$

で，円内に I [A] の電流が流れている導体が N [本] ある場合には(1)式は，

$$\oint H \mathrm{d}l = NI \qquad\qquad (2)$$

となります．

無端ソレノイドでは，(2)式を応用します．

> **＜例題＞**
>
> 図のように平均半径 a [m] の鉄心に，巻数 N のコイルが巻かれている．この無端ソレノイドに I [A] の電流を流すとき，ソレノイド内の磁界の強さ H を求めよ．

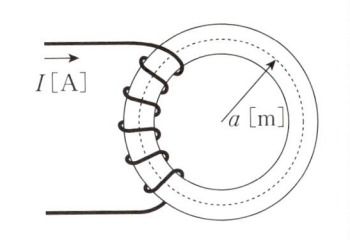

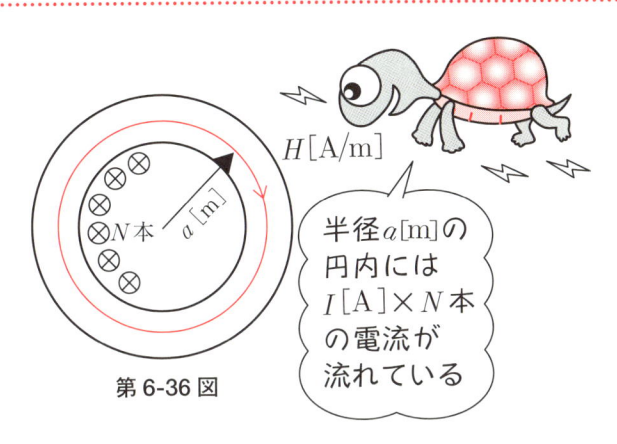

第 6-36 図

いま，例題の断面を描くと，第 6-36 図となり，半径 a [m] の円内には，I [A] の電流が N 本含まれます．したがって，ソレノイド内の磁界の強さ H [A/m] は，

$$\oint H dl = NI$$

$$\oint H dl = H \oint dl$$

$$= H \int_0^{2\pi a} dl = 2\pi a H$$

$$= NI$$

$$\therefore H = \frac{NI}{2\pi a} \ [\text{A/m}]$$

となります．

> 慣れてきたら，
>
> $$\oint H dl = NI$$
>
> $$2\pi a H = NI$$
>
> $$\therefore H = \frac{NI}{2\pi a}$$
>
> のように表しても構いません．

7 ● アンペアの周回積分の法則とは

8 ● 照明の計算に積分をどう使う

Q1：照明で用いられる積分について，どんな計算に積分が用いられるかを，最も簡単な例をあげて分かりやすく説明してください．

＜例題＞

半径 1 m の円形の机がある．その中心の真上 1 m の点に 80 cd の球形光源を点灯したとき，この机の平均照度はいくらか．

照明計算で用いられる積分は立体角に関するものがほとんどです．このため，第 2 節の Q1 で学習した球の表面積の計算の考え方が基礎となります．

さて，3 種で学習したように，I [cd] の球光源からは，各方向に均等に立体角 1 sr（ステラジアン）当たり，I [lm] の光束が放射されます．したがって，光源から見た机の立体角が計算できれば，机に入射する光束が分かり，それを机の面積 A で割れば平均照度が求まります．

第 6-38 図のように，光源から机の周辺までの距離を r [m] とすると，半径 r [m] の球を机が切り取った球帽の表面積 S は，積分を使って，

$$S = 2\pi r^2 \int_0^\theta \sin\theta \, d\theta$$
$$= 2\pi r^2 (1 - \cos\theta) \qquad (1)$$

となります．したがって，点光源から机をのぞむ立体角 ω は，

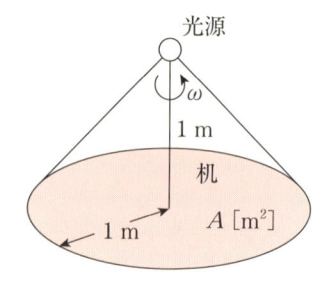

第 6-37 図

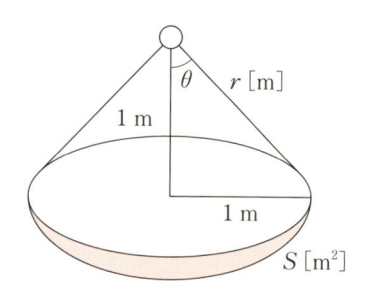

第 6-38 図

$$\omega = \frac{S}{r^2} = 2\pi(1-\cos\theta)\ [\text{sr}] \qquad (2)$$

したがって，平均照度は，次の値となります．

$$E = \frac{I\omega}{A} = \frac{80 \times 2\pi \times (1-\cos 45°)}{\pi} = 46.9\ \text{lx}$$

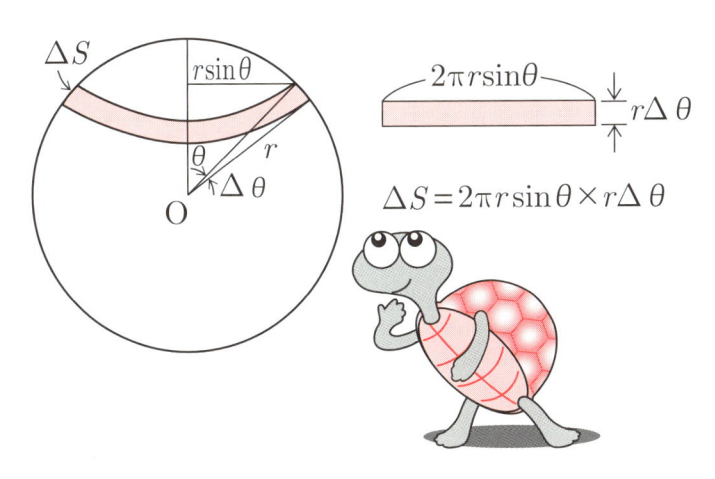

$$\Delta S = 2\pi r\sin\theta \times r\Delta\theta$$

Q2：光束計算の一般式 $F = 2\pi\int_0^x I(\theta)\sin\theta\,d\theta$ について，なぜ，この式が成り立つか解説してください．また，この式の具体的な使い方について，例をあげて示してください．

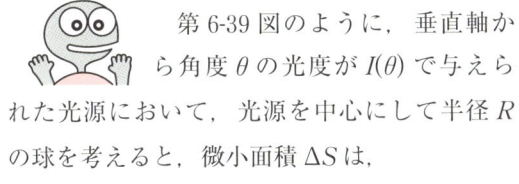

第 6-39 図のように，垂直軸から角度 θ の光度が $I(\theta)$ で与えられた光源において，光源を中心にして半径 R の球を考えると，微小面積 ΔS は，

$$\Delta S = 2\pi R\sin\theta \cdot R\Delta\theta = 2\pi R^2 \sin\theta\Delta\theta$$

となります．したがって，ΔS による微小立体角 $\Delta\omega$ は，

$$\Delta\omega = \frac{\Delta S}{R^2} = 2\pi\sin\theta\Delta\theta$$

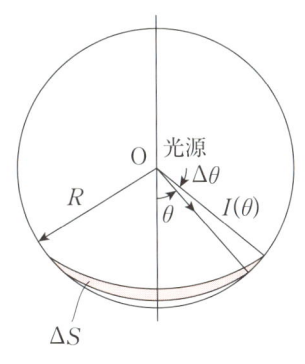

第 6-39 図

8 ● 照明の計算に積分をどう使う

となります．ここで，ΔS に入射する微小光束 ΔF は，

$$\Delta F = I(\theta) \cdot \Delta \omega = 2\pi I(\theta) \sin\theta \Delta\theta$$

となるので，この光源から放射される全光束は，θ を 0 から π まで積分して，

$$\begin{aligned}F &= \int_0^\pi 2\pi I(\theta)\sin\theta\,\mathrm{d}\theta \\ &= 2\pi \int_0^\pi I(\theta)\sin\theta\,\mathrm{d}\theta \quad (1)\end{aligned}$$

となります．これが，光束計算の一般式です．

$I = \dfrac{\mathrm{d}F}{\mathrm{d}\omega}$ が光度の定義式だ

この式を使って，第 6-40 図のような平面板光源から放射される光束を求めると，配光が $I(\theta) = I_0 \cos\theta$ となるので，

$$\begin{aligned}F &= 2\pi \int_0^\pi I(\theta)\sin\theta\,\mathrm{d}\theta \\ &= 2\pi I_0 \int_0^{\frac{\pi}{2}} \cos\theta\sin\theta\,\mathrm{d}\theta \\ &= \pi I_0 \int_0^{\frac{\pi}{2}} \sin 2\theta\,\mathrm{d}\theta \\ &= \pi I_0 \left[\frac{-\cos 2\theta}{2}\right]_0^{\frac{\pi}{2}} = \pi I_0 \end{aligned} \quad (2)$$

$I(\theta) = I_0 \cos\theta$

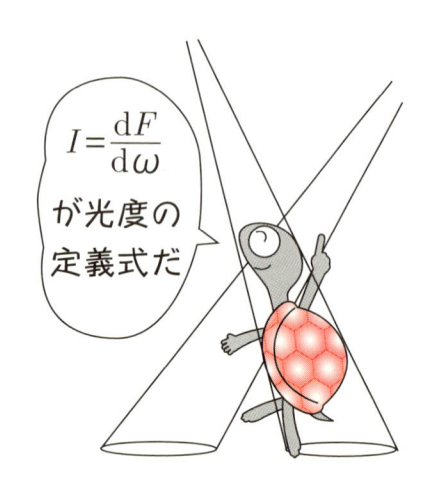

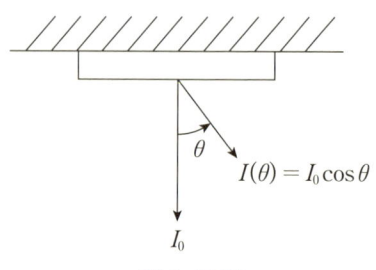

第 6-40 図

と計算されます．なお，この例では，θ が $\dfrac{\pi}{2} \sim \pi$ の範囲は光束が放射されないので，(2)式の変域が $0 \to \dfrac{\pi}{2}$ となることに注意してください．

9. この章をまとめると

(1) 面積を積分で求める方法

(a) 第6-41図のように x が $x \to x+\Delta x$ に微小分 Δx 変化したときの面積の増分 ΔF が，

$$\Delta F = f(x)\Delta x$$

で表されるとき，a から b の x の範囲の面積は，

$$S = \int_a^b f(x)\,dx$$

で表される．

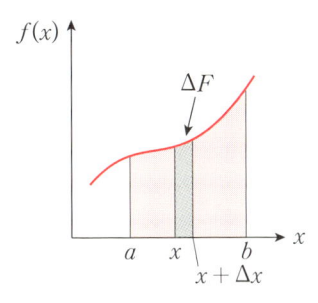

第6-41図

(b) グラフに描けない場合でも，x から $x+\Delta x$ に微小分 Δx 変化したときの面積の増分が $\Delta F = f(x)\Delta x$ で表される場合には，a から b の x の範囲の面積は，

$$F = \int_a^b f(x)\,dx$$

で求めることができる．

(2) 球の表面積と体積

(a) 球の表面積は，第6-42図の ΔS が，

$$\Delta S = 2\pi R^2 \cos\theta\,\Delta\theta$$

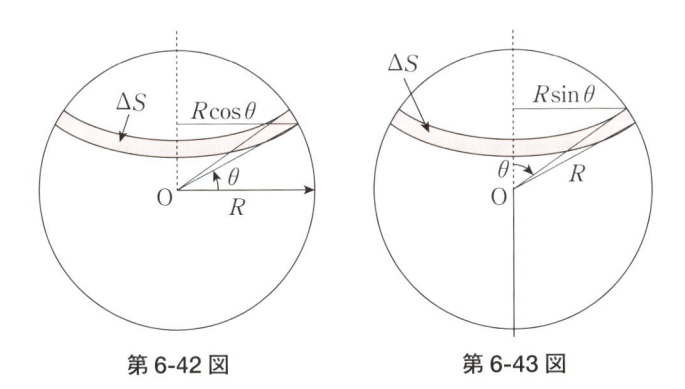

第6-42図 第6-43図

で表されることにより，

$$S = 2\pi R^2 \int_{-\frac{\pi}{2}}^{\frac{\pi}{2}} \cos\theta \, d\theta = 2\pi R^2 \Big[\sin\theta\Big]_{-\frac{\pi}{2}}^{\frac{\pi}{2}} = 4\pi R^2$$

となる．

(b) 変数 θ を第 6-43 図のようにとれば，

$$\Delta S = 2\pi R^2 \sin\theta \Delta\theta$$

となり，θ が 0 から θ の範囲の球帽の表面積は，

$$S = 2\pi R^2 \int_0^\theta \sin\theta \, d\theta = 2\pi R^2 \Big[-\cos\theta\Big]_0^\theta = 2\pi R^2 (1 - \cos\theta)$$

で表される．$\theta = \pi$ のときは，球の全表面積 $4\pi R^2$ となる．

(c) 球の体積計算では，半径 r を変数とし，

$$\Delta V = 4\pi r^2 \Delta r$$

より，半径 R の球の体積は，

$$V = 4\pi \int_0^R r^2 \, dr = \frac{4}{3}\pi R^3$$

となる．

(d) このように，積分は面積の計算だけではなく，体積の計算などにも応用することができ，ある変数 x が x から $x + \Delta x$ に微小量 Δx 変化したとき，ある物理量が $\Delta F = f(x)\Delta x$ 増えるのであれば，a から b の x の範囲の物理量 F は，

$$F = \int_a^b f(x) \, dx$$

で求めることができる．

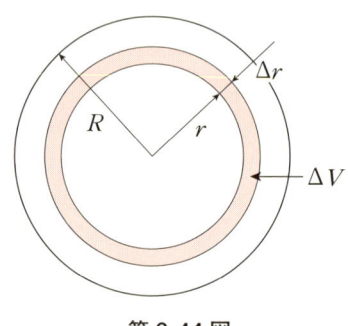

第 6-44 図

(3) 平均値と実効値

(a) 第 6-45 図のように，正負対称な波形が周期 T で繰り返される場合の平均値 I_a と実効値 I_{rms} は次式で表される．

$$I_\mathrm{a} = \frac{\int_0^{\frac{T}{2}} i\,\mathrm{d}t}{\frac{T}{2}}$$

$$I_\mathrm{rms} = \sqrt{\frac{\int_0^T i^2\,\mathrm{d}t}{T}}$$

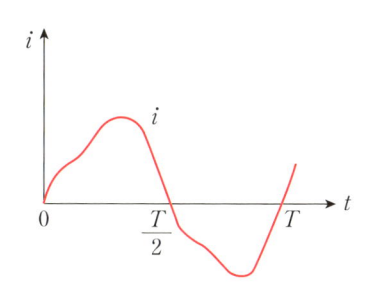

第 6-45 図

(b) 上式の積分範囲は面積の対称性を考慮して変更することができる.

例えば, $i = I_\mathrm{m} \sin\theta$ の実効値は i^2 のグラフが第 6-46 図となることにより, 次のいずれの計算でも求めることができる.

$$I_\mathrm{rms} = \sqrt{\frac{\int_0^{\frac{\pi}{2}} i^2\,\mathrm{d}t}{\frac{\pi}{2}}} = \sqrt{\frac{\int_0^{\pi} i^2\,\mathrm{d}t}{\pi}}$$

$$= \sqrt{\frac{\int_0^{\frac{3\pi}{2}} i^2\,\mathrm{d}t}{3\pi/2}} = \sqrt{\frac{\int_0^{2\pi} i^2\,\mathrm{d}t}{2\pi}}$$

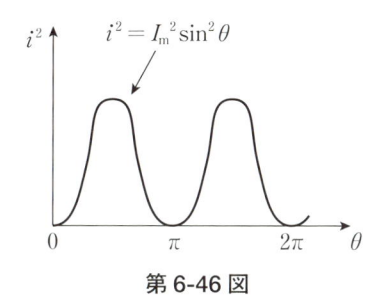

第 6-46 図

(4) **電界の強さと電位差**

電界の強さ $E\,[\mathrm{V/m}]$ が第 6-47 図および第 6-48 図で表されるとき, a, b 間の電位差は図のアカアミ部の面積となり, おのおの次式で表される.

(a): 第 6-47 図

$$V = \frac{Q}{4\pi\varepsilon_0} \int_a^b \frac{1}{r^2}\,\mathrm{d}r = \frac{Q}{4\pi\varepsilon_0}\left(\frac{1}{a} - \frac{1}{b}\right)\,[\mathrm{V}]$$

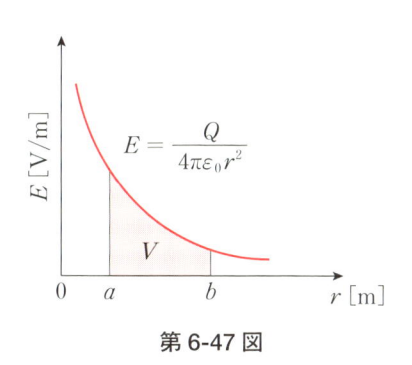

第 6-47 図 ($E = \dfrac{Q}{4\pi\varepsilon_0 r^2}$)

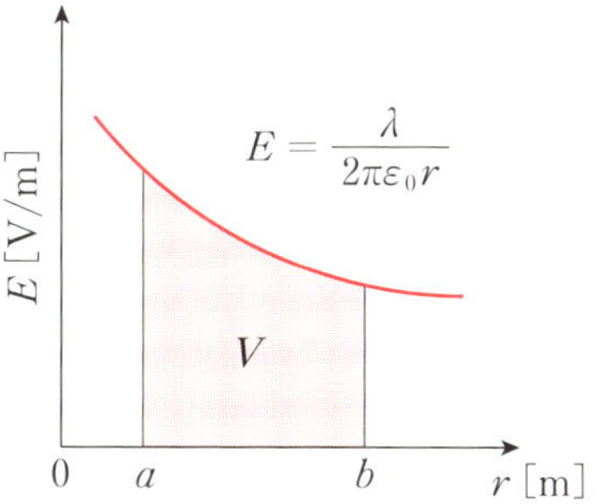

第 6-48 図 ($E = \dfrac{\lambda}{2\pi\varepsilon_0 r}$)

(b)：第 6-48 図

$$V = \frac{\lambda}{2\pi\varepsilon_0}\int_a^b \frac{1}{r}\mathrm{d}r = \frac{\lambda}{2\pi\varepsilon_0}\log\frac{b}{a}\ [\mathrm{V}]$$

(5) **電流密度と電位差**

(a) 電流密度 $J\,[\mathrm{A/m^2}]$ と電界の強さ $E\,[\mathrm{V/m}]$ の関係は，ρ を抵抗率 $[\Omega\cdot\mathrm{m}]$ として，$J = E/\rho$ となる．

(b) 電界の強さ $E\,[\mathrm{V/m}]$ が第 6-49 図で表されるとき，a，b 間の電位差 V は図のアカアミ部の面積となり，

$$V = \frac{I\rho}{4\pi}\int_a^b \frac{1}{r^2}\mathrm{d}r$$
$$= \frac{I\rho}{4\pi}\left(\frac{1}{a} - \frac{1}{b}\right)\ [\mathrm{V}]$$

で表される．

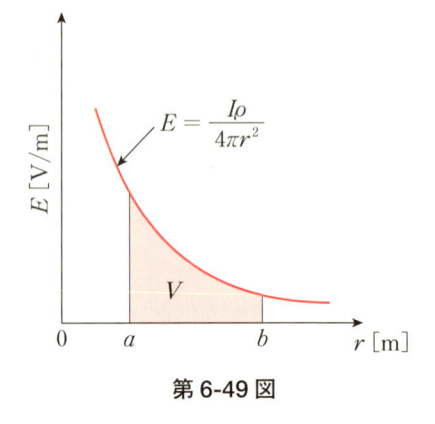

第 6-49 図

(6) **ビオ・サバールの法則**

(a) 第 6-50 図のような微小導線 $\Delta l\,[\mathrm{m}]$ 部分の電流 $I\,[\mathrm{A}]$ によって，P 点に生じる磁界の強さは，

$$\Delta H = \frac{I\Delta l\sin\theta}{4\pi r^2}\ [\mathrm{A/m}]$$

で表される．これをビオ・サバールの法則という．

(b) 第 6-51 図の半径 $a\,[\mathrm{m}]$ の円形コイルに流れる電流により，コイルの中

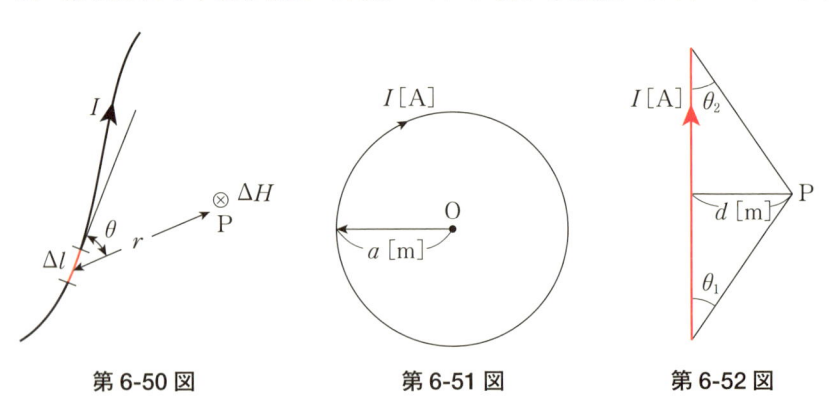

第 6-50 図　　　第 6-51 図　　　第 6-52 図

心 O に生じる磁界の強さは，次式で表される．

$$\Delta H = \frac{I \Delta l \sin 90°}{4\pi a^2} = \frac{I \Delta l}{4\pi a^2}$$

$$\therefore \ H = \int_0^{2\pi a} \frac{I}{4\pi a^2} dl = \frac{I}{2a^2} \ [\text{A/m}]$$

(c) 第 6-52 図のような有限長の導体に流れる電流 I [A] により，P 点に生じる磁界の強さは次式で表される．

$$H = \frac{I}{4\pi d}(\cos\theta_1 + \cos\theta_2) \ [\text{A/m}]$$

(7) **アンペアの周回積分の法則**

第 6-53 図のような無限長の直線導体に流れる電流 I [A] により，これから r [m] 離れた点に生じる磁界の強さは，アンペアの周回積分の法則により，

$$\oint H dl = 2\pi r H = I$$

$$\therefore \ H = \frac{I}{2\pi r} \ [\text{A/m}]$$

第 6-53 図

となる．$\oint dl$ は微小長さ Δl を円周に沿って 1 回線積分する記号である．

(8) **光束計算に用いられる積分**

(a) 光源から第 6-54 図のような円形の机をのぞむ立体角 ω は，次式となる．

$$\omega = \frac{2\pi r^2 \int_0^\theta \sin\theta d\theta}{r^2}$$

$$= 2\pi(1 - \cos\theta) \ [\text{sr}]$$

(b) 光源から放射される全光束は，θ 方向の配光を $I(\theta)$ として，一般に次式で求められる．

$$F = 2\pi \int_0^\pi I(\theta) \sin\theta d\theta \ [\text{lm}]$$

第 6-54 図

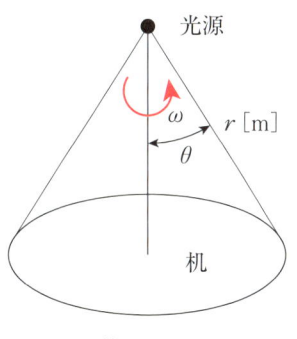

【問 6-2-1】の解答

表面積 $S = 2\pi R^2 \int_{\frac{\pi}{6}}^{\frac{\pi}{2}} \cos\theta \, d\theta = 2\pi R^2 \Big[\sin\theta\Big]_{\frac{\pi}{6}}^{\frac{\pi}{2}}$

$\quad\quad\quad = 2\pi R^2 \left(1 - \dfrac{1}{2}\right) = \pi R^2$

立体角 $\omega = S/R^2 = \pi \,[\mathrm{sr}]$

【問 6-3-1】の解答

$t : 0 \sim \dfrac{1}{2}T$ の間で考えると,

$\quad t : 0 \sim \dfrac{1}{3}T \cdots\cdots i = \dfrac{3I_\mathrm{m}}{T}t$

$\quad t : \dfrac{1}{3}T \sim \dfrac{1}{2}T \cdots\cdots i = I_\mathrm{m}$

で表されるので,

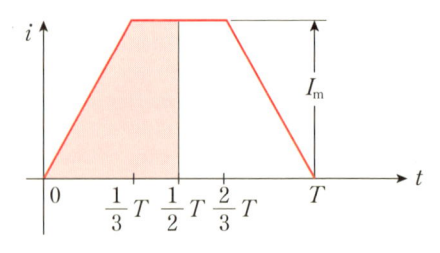

第 1 図

(平均値) $= \dfrac{\displaystyle\int_0^{\frac{T}{2}} i \, dt}{\dfrac{T}{2}}$

$\quad\quad\quad = \dfrac{2}{T}\left(\displaystyle\int_0^{\frac{T}{3}} \dfrac{3I_\mathrm{m}}{T} t \, dt + \int_{\frac{T}{3}}^{\frac{T}{2}} I_\mathrm{m} \, dt\right)$

$\quad\quad\quad = \dfrac{2}{T}\left(\dfrac{3I_\mathrm{m}}{T} \cdot \dfrac{1}{2} \cdot \dfrac{T^2}{3^2} + \dfrac{TI_\mathrm{m}}{6}\right)$

$\quad\quad\quad = \dfrac{2}{T} \cdot \dfrac{2TI_\mathrm{m}}{6} = \dfrac{2}{3}I_\mathrm{m}$

(実効値) $= \sqrt{\dfrac{2}{T}\displaystyle\int_0^{\frac{T}{2}} i^2 \, dt} = \sqrt{\dfrac{2}{T}\left(\displaystyle\int_0^{\frac{T}{3}} \dfrac{3^2 I_\mathrm{m}^2}{T^2} t^2 \, dt + \int_{\frac{T}{3}}^{\frac{T}{2}} I_\mathrm{m}^2 \, dt\right)}$

$\quad\quad\quad = \sqrt{\dfrac{2}{T}\left(\dfrac{3^2 I_\mathrm{m}^2}{T^2} \cdot \dfrac{1}{3} \cdot \dfrac{T^3}{3^3} + I_\mathrm{m}^2 \cdot \dfrac{T}{6}\right)}$

$\quad\quad\quad = \sqrt{\dfrac{2}{T}\left(\dfrac{I_\mathrm{m}^2 T}{9} + \dfrac{I_\mathrm{m}^2 T}{6}\right)}$

$\quad\quad\quad = \sqrt{\dfrac{5}{9}I_\mathrm{m}^2} = \dfrac{\sqrt{5}}{3}I_\mathrm{m}$

【問 6-4-1】の解答

導体から r [m] 離れた点の電界の強さ E は,

$$E = \frac{\lambda}{2\pi\varepsilon_0 r}$$

したがって, AB 間の電位差 V_{AB} は,

$$V_{AB} = \frac{\lambda}{2\pi\varepsilon_0} \int_a^b \frac{1}{r} dr = \frac{\lambda}{2\pi\varepsilon_0} \Big[\log r\Big]_a^b$$
$$= \frac{\lambda}{2\pi\varepsilon_0}(\log b - \log a) = \frac{\lambda}{2\pi\varepsilon_0} \log \frac{b}{a}$$

10 ● 応用問題

【問題1】 次の表は, 図示の波形を有する電流の平均値, 実効値, 波形率および波高率を示したものである. 空欄に適当な答を記入せよ.

	波形	平均値	実効値	波形率	波高率
正弦波の全波整流波			$\dfrac{I_m}{\sqrt{2}}$		$\sqrt{2}$
三角波				$\dfrac{2}{\sqrt{3}}$	

【問題2】 半径 a [m] の導体球の静電容量を求め, かつ地球の静電容量を計算せよ. ただし, 地球を半径 6 370 km の球と見なす.

【問題3】 半径 a [m] の導体球が Q [C] に充電されている. いまその外部を図のように内半径 b [m], 外半径 c [m] の同心導体球で囲む場合, 外球をアースしたときと, しないときのおのお

のについて次の問に答えよ．

(1) 各部の電界の大きさを表す式を求めよ．また，それをグラフに示せ．
(2) 内球の電位を求めよ．

【問題 4】 図に示すような 2 個の同心球導体があり，内球導体の半径を a [m]，外球導体の内半径を b [m]，外半径を c [m] とする．両導体球間に誘電率 ε [F/m]，抵抗率 ρ [Ω·m] の物質を満たしたとき，両導体間の静電容量および抵抗を求めよ．

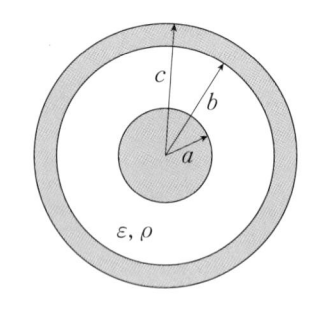

【問題 5】 二つの同心円筒電極があり，外筒の半径 b と両筒間の電圧 V とを一定にしたとき，電界の最大値を最小にするには，内外両筒の半径をどんな関係にしたらよいか．

【問題 6】 1 辺の長さ l [m]，巻数 $N=1$ の図のような正方形の導線に I [A] の電流が流れている．この回路の中心点 P における磁束密度を求めよ．

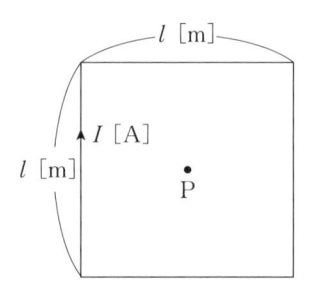

【問題 7】 図示のような円形同軸ケーブルの内外導体に，往復電流 I が一様な密度で流れている．各部の磁束密度を半径 r の関数として求め，その分布の概略図を描け．

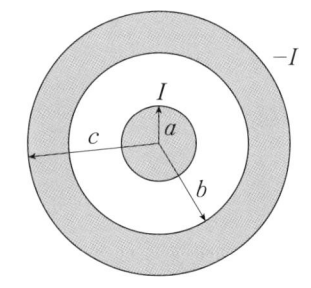

● 応用問題の解答

【問題1】

(1) 正弦波の全波整流波

(ア) 平均値 I_a, $\omega t = \theta$ と置いて,

$$I_a = \frac{1}{\pi}\int_0^\pi I_m \sin\theta \, d\theta = \frac{I_m}{\pi}\Big[-\cos\theta\Big]_0^\pi = \frac{2}{\pi}I_m$$

(イ) 波形率 $= \dfrac{実効値}{平均値} = \dfrac{I_m}{\sqrt{2}} \Big/ \left(\dfrac{2}{\pi}I_m\right) = \dfrac{\pi}{2\sqrt{2}}$

(2) 三角波

(ア) 平均値 I_a

$$I_a = \frac{1}{\frac{\pi}{2}}\int_0^{\frac{\pi}{2}} \frac{I_m}{\frac{\pi}{2}}\theta \, d\theta = \frac{4I_m}{\pi^2}\left[\frac{\theta^2}{2}\right]_0^{\frac{\pi}{2}} = \frac{I_m}{2}$$

(イ) 実効値 I_{rms}

$$I_{rms} = \sqrt{\frac{1}{\frac{\pi}{2}}\int_0^{\frac{\pi}{2}}\left(\frac{I_m}{\frac{\pi}{2}}\theta\right)^2 d\theta} = \sqrt{\frac{8I_m^2}{\pi^3}\left[\frac{\theta^3}{3}\right]_0^{\frac{\pi}{2}}} = \frac{I_m}{\sqrt{3}}$$

(ウ) 波高率 $= \dfrac{最大値}{実効値} = \dfrac{I_m}{I_m/\sqrt{3}} = \sqrt{3}$

【問題2】

半径 a [m] の導体球に Q [C] の電荷を与えると, 球の中心から r [m] の点の電界の強さ E は,

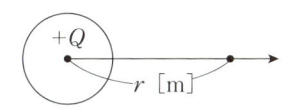

$$E = \frac{Q}{4\pi\varepsilon_0 r^2} \text{ [V/m]}$$

したがって, 電位 V は,

$$V = \int_a^\infty E \, dr = \frac{Q}{4\pi\varepsilon_0}\int_a^\infty \frac{1}{r^2} dr$$
$$= \frac{Q}{4\pi\varepsilon_0 r^2} \text{ [V]}$$

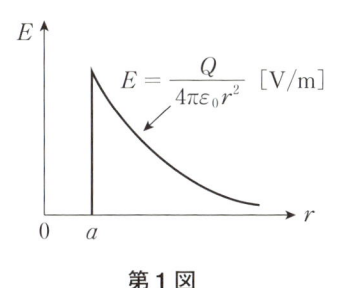

第1図

$Q = CV$ の関係から,静電容量 C は,

$$C = \frac{Q}{V} = 4\pi\varepsilon_0 a \ [\mathrm{F}]$$

地球の静電容量は,$\varepsilon_0 = 8.855 \times 10^{-12}\ \mathrm{F/m}$,$a = 6.370 \times 10^6\ \mathrm{m}$ を代入して,

$$C = 4\pi \times 8.855 \times 10^{-12} \times 6.370 \times 10^6 = 708 \times 10^{-6}\ \mathrm{F}$$

【問題3】

(ア) 外球をアースしたとき(第2図)

(1) 内球内および外球内外の電界は 0 である.内外球間の電界の強さは,中心からの距離を $r\ [\mathrm{m}]$ とすると,次式となる.

$$E = \frac{Q}{4\pi\varepsilon_0 r^2}\ [\mathrm{V/m}]$$

以上より,電界のグラフは第3図となる.

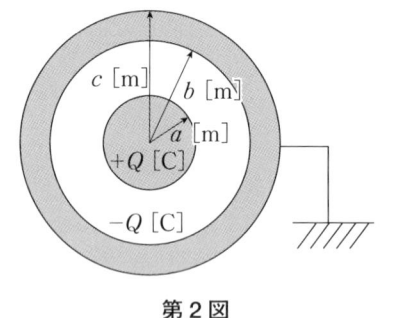

第2図

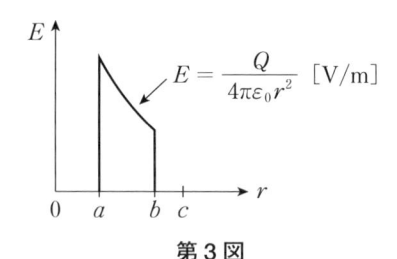

第3図

(2) 内球の電位 V は,

$$V = \int_a^b E \mathrm{d}r = \frac{Q}{4\pi\varepsilon_0} \int_a^b \frac{1}{r^2}\,\mathrm{d}r$$
$$= \frac{Q}{4\pi\varepsilon_0}\left(\frac{1}{a} - \frac{1}{b}\right)\ [\mathrm{V}]$$

(イ) 外球をアースしないとき(第4図)

(1) 内球内,外球内の電界は 0 である.内外球間および外球外の電界の強さは,中心からの距離を $r\ [\mathrm{m}]$ とすると,次式となる.

$$E = \frac{Q}{4\pi\varepsilon_0 r^2}\ [\mathrm{V/m}]$$

第 4 図　　　　　　　　第 5 図

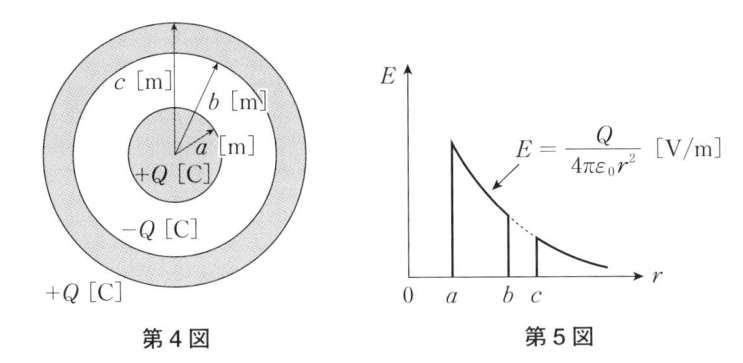

以上より，電界のグラフは第 5 図となる．

(2) 内球の電位 V は，

$$V = \int_a^b E\,dr + \int_c^\infty E\,dr = \frac{Q}{4\pi\varepsilon_0}\int_a^b \frac{1}{r^2}dr + \frac{Q}{4\pi\varepsilon_0}\int_c^\infty \frac{1}{r^2}dr$$

$$= \frac{Q}{4\pi\varepsilon_0}\left(\frac{1}{a} - \frac{1}{b}\right) + \frac{Q}{4\pi\varepsilon_0}\cdot\frac{1}{c}$$

$$= \frac{Q}{4\pi\varepsilon_0}\left(\frac{1}{a} - \frac{1}{b} + \frac{1}{c}\right)\;[\mathrm{V}]$$

【問題 4】

(1) 内球に電荷 Q を与えたときの，内外球間の電位差 V は，前問の結果から，

$$V = \frac{Q}{4\pi\varepsilon}\left(\frac{1}{a} - \frac{1}{b}\right)\;[\mathrm{V}]$$

したがって，静電容量 C は，$Q = CV$ の関係から，

$$C = \frac{Q}{V} = \frac{4\pi\varepsilon}{\dfrac{1}{a} - \dfrac{1}{b}} = \frac{4\pi\varepsilon ab}{b-a}\;[\mathrm{F}]$$

(2) 内外球間に電流 I を流したとき，中心から r [m] の点の電流密度 J は，

$$J = \frac{I}{4\pi r^2}\;[\mathrm{A/m^2}]$$

この点の電界の強さは，$J = E/\rho$ の関係より，

$$E = \rho J = \frac{\rho I}{4\pi r^2}\;[\mathrm{V/m}]$$

内外球間の電位差 V は，

$$V = \int_a^b E\,dr = \frac{\rho I}{4\pi}\int_a^b \frac{1}{r^2}\,dr = \frac{\rho I}{4\pi}\left(\frac{1}{a}-\frac{1}{b}\right)\ [\text{V}]$$

$V = IR$ の関係から，抵抗 R は次式となる．

$$R = \frac{V}{I} = \frac{\rho}{4\pi}\left(\frac{1}{a}-\frac{1}{b}\right)\ [\Omega]$$

（注）C または R の片方を求めてから，$RC = \varepsilon\rho$ の関係を使って，R または C を求めることもできる．

【問題5】

内筒の半径を a とし，内筒に単位長さ当たり λ の電荷を与えると，内外円筒電極間で中心から r の点の電界の強さは，

$$E = \frac{\lambda}{2\pi\varepsilon_0 r} \tag{1}$$

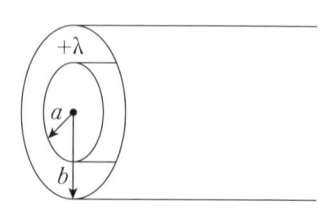

第6図

したがって，両筒間の電位差 V は，

$$V = \int_a^b E\,dr = \frac{\lambda}{2\pi\varepsilon_0}\int_a^b \frac{1}{r}\,dr$$
$$= \frac{\lambda}{2\pi\varepsilon_0}\left[\log r\right]_a^b = \frac{\lambda}{2\pi\varepsilon_0}\log\frac{b}{a}$$
$$\therefore\ \lambda = \frac{2\pi\varepsilon_0 V}{\log\dfrac{b}{a}} \tag{2}$$

電界が最大となるのは，内筒の表面のごく近傍であるから，(1)式の r に a を代入して，

$$E_{\max} = \frac{\lambda}{2\pi\varepsilon_0 r} \tag{3}$$

(3)式に(2)式を代入して，

$$E_{\max} = \frac{V}{a\log\dfrac{b}{a}} \tag{4}$$

(4)式が最小となるときは，(4)式の分母が最大となるときであるので，(4)式の分母を $f(a)$ とすると，

$$f(a) = a\log\frac{b}{a} = a(\log b - \log a) = a\log b - a\log a$$

$$\therefore \quad f'(a) = \log b - \{a(\log a)' + (a)'\log a\}$$

$$= \log b - 1 - \log a$$

$$= \log\frac{b}{a} - 1$$

$f'(a) = 0$ のときは $\log\dfrac{b}{a} = 1$

したがって，

$$\frac{b}{a} = \mathrm{e} \quad \therefore \quad a = b/\mathrm{e}$$

となり，これが求める関係である．

第1表

a	$0 < a < b/\mathrm{e}$	b/e	$b/\mathrm{e} < a$
$f'(a)$	+	0	−
$f(a)$	↗	最大	↘

【問題6】

コイルの一辺に流れる電流によってP点に生じる磁界の強さ H_0 は，

$$H_0 = \frac{I}{4\pi d}(\cos\theta_1 + \cos\theta_2)$$

$$= \frac{I}{2\pi d}\cos\frac{\pi}{4}$$

$$\left(\because \quad \theta_1 = \theta_2 = \frac{\pi}{4}\right)$$

$$= \frac{I}{2\sqrt{2}\,\pi d} = \frac{I}{\sqrt{2}\,\pi l} \quad [\mathrm{A/m}]$$

$$\left(\because \quad d = \frac{l}{2}\right)$$

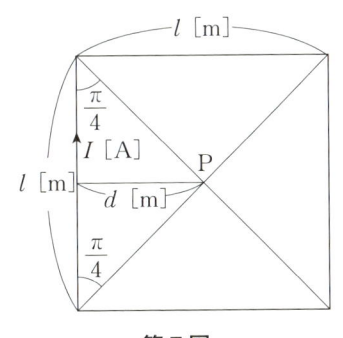

第7図

各辺が点Pにつくる磁界の強さは等しく，同方向となるので，合成磁界 H は，

$$H = 4H_0 = \frac{2\sqrt{2}\,I}{\pi l} \quad [\mathrm{A/m}]$$

$B = \mu_0 H$ の関係から，求める磁束密度 B は次式となる．

$$B = \frac{2\sqrt{2}\,\mu_0 I}{\pi l} \quad [\mathrm{T}] = [\mathrm{Wb/m^2}]$$

【問題7】

(1) $r \leqq a$ のとき（内部導体内）

半径 r の円内に含まれる電流は $I \times (\pi r^2/\pi a^2) = I \times (r/a)^2$ であるので，アンペアの周回積分の法則より，

$$\oint H \mathrm{d}l = 2\pi r H = \frac{Ir^2}{a^2}$$

$$\therefore \quad H = \frac{rI}{2\pi a^2}$$

導体の比透磁率は一般に $\mu_s \fallingdotseq 1$ であるので，磁束密度 B は，

$$B = \mu_0 H = \frac{\mu_0 rI}{2\pi a}$$

(2) $a < r \leqq b$ のとき（内外導体間）

半径 r の円内の電流は I であるので，

$$2\pi r H = I \quad \therefore \quad H = \frac{I}{2\pi r}$$

空気の比透磁率は $\mu_s \fallingdotseq 1$ であるので，磁束密度 B は，

$$B = \mu_0 H = \frac{\mu_0 I}{2\pi r}$$

(3) $b < r \leqq c$ のとき（外部導体内）

半径 r の円内の電流は，内部導体と外部導体の電流の向きが逆であるから，

$$2\pi r H = I - \frac{\pi(r^2 - b^2)}{\pi(c^2 - b^2)} I = \frac{c^2 - r^2}{c^2 - b^2} I$$

$$\therefore \quad B = \mu_0 H = \frac{\mu_0 (c^2 - r^2) I}{2\pi r (c^2 - b^2)}$$

(4) $c < r$ のとき（外部導体外）

半径 r の円内の電流は $I - I = 0$ であるから $H = 0$．したがって，$B = 0$ となる．

以上から，磁束密度 B の分布は第8図のようになる．

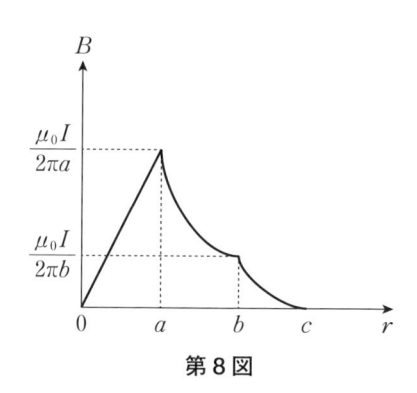

第8図

第7章

微分方程式・ラプラス変換とは

第7章 微分方程式・ラプラス変換とは

1 • 微分方程式とはそもそも何か

Q1：微分方程式とはどのような方程式ですか．また，なぜ微分方程式が必要となるのか身近な例をあげて説明してください．

第7-1図の回路でスイッチSを閉じた場合に流れる電流について考えてみましょう．

過渡現象を考えない場合は，「インダクタンス L は，直流回路では短絡した状態となるので，この回路に流れる電流は，

$$i = \frac{E}{R} \,[\mathrm{A}] \tag{1}$$

となる．」と答えることになります．確かに，時間が十分経過した後は，(1)式の電流の値となりますが，スイッチSを閉じた瞬間は0で，その後は第7-2図に示すように時間とともに変化します．したがって，(1)式は厳密には誤った答であり，

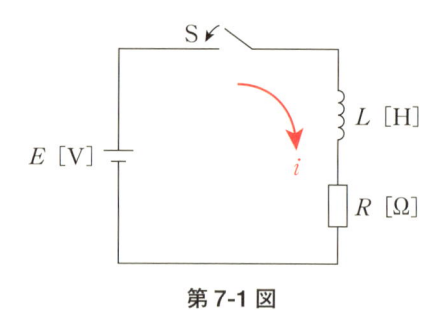

第7-1図

第7-2図

$$i = \frac{E}{R}\left(1 - e^{-\frac{R}{L}t}\right) \text{ [A]} \tag{2}$$

が正しい解となります．過渡現象に関する問題では，このような電流や電圧が時間とともに変化する状態を表す式を数学的に導き出すことが必要となります．このためには，第7-1図の回路では，インダクタンス L と抵抗 R の電圧降下の和が起電力 E と等しいとする次の電流 i に関する方程式を解くことになります．

$$E = L\frac{di}{dt} + Ri \tag{3}$$

(3)式のような，導関数を含む方程式を微分方程式といいます．そして，与えられた微分方程式を満足する関数を求めることを，その微分方程式を解くといい，解いて得た関数を微分方程式の解といいます．

Q2：微分方程式は非常に難しく，どこから手をつけて学習したらよいのか分かりません．勉強の仕方についてアドバイスしてください．

確かに一般の微分方程式を解くことは難しいものですが，2種に出題される問題は，極めて基礎的なものに限定されており，それらの方程式の立て方および解き方のパターンさえ学習しておけばさほど難しいものではありません．したがって，2種の範囲で必要な事項について限定して学習することが合格の近道となります．このための学習手順は次のようにするとよいでしょう．

(1) 微分方程式を解くことが必要となる範囲の一つは回路の過渡現象です．基本的な回路について，微分方程式の立て方を学習します．

(2) 次に，ラプラス変換および逆ラプラス変換を学習し，微分方程式を解く武器を得ます．

(3) 実際にラプラス変換を使って微分方程式を解くことにより，解き方の要領について学習します．

(4) 以上で，回路の過渡現象についての一通りの学習が終わります．次に，機械の科目に移りラプラス変換の知識が必要な自動制御の学習に入ります．

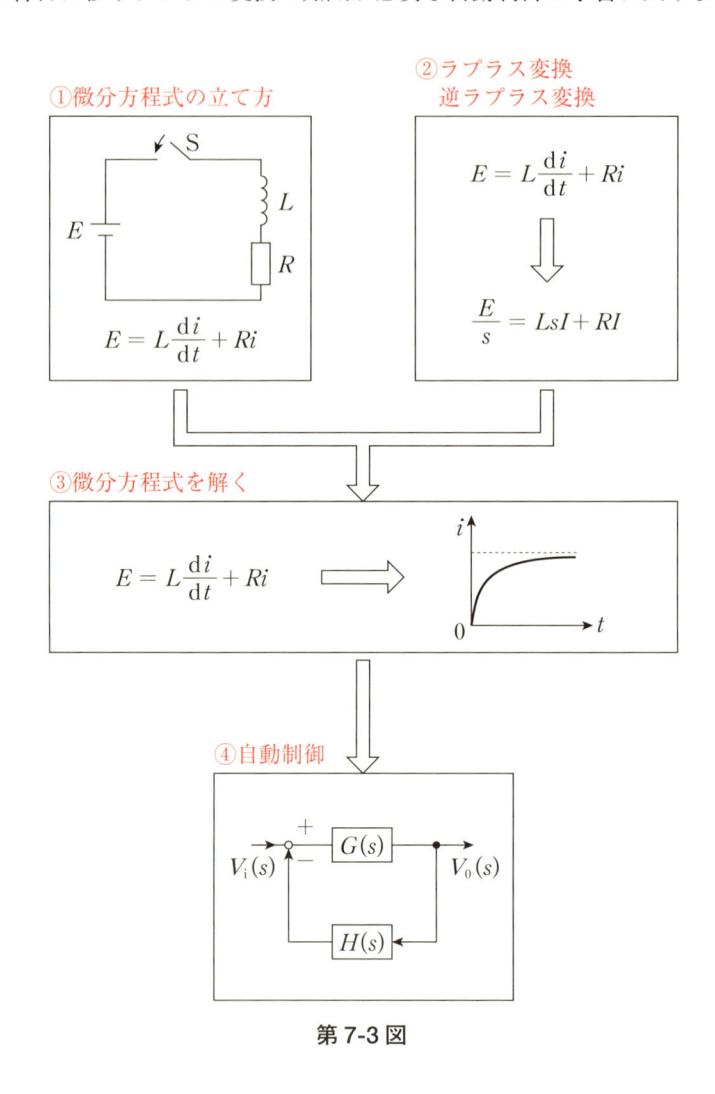

①微分方程式の立て方

$$E = L\frac{di}{dt} + Ri$$

②ラプラス変換　逆ラプラス変換

$$E = L\frac{di}{dt} + Ri$$

$$\frac{E}{s} = LsI + RI$$

③微分方程式を解く

$$E = L\frac{di}{dt} + Ri$$

④自動制御

第7-3図

2 ● 微分方程式の立て方は

Q1：どのような学習をすればよいかが分かりました．では，いろいろな回路について，微分方程式の立て方を示してください．

最も基本的な回路は，第7-4図に示す抵抗 R とインダクタンス L の直列回路です．

時間 $t=0$ でスイッチ S を閉じた場合，回路に加えられる電圧は E で，R および L の電圧降下はおのおの Ri，$L di/dt$ となるので，

$$E = L\frac{di}{dt} + Ri \tag{1}$$

が，この回路の微分方程式となります．

第7-4図

では，次に第7-5図のように，スイッチ S を①側に閉じて定常状態になった後，S を急に②側に閉じたときの微分方程式はどのようになるのでしょうか．②側に倒したときは電圧はないので式も立てようがないなどと考えてはいけません．この場合は，R と L の電圧降下の和が 0 となると考えて，

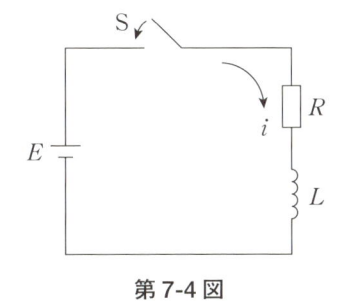

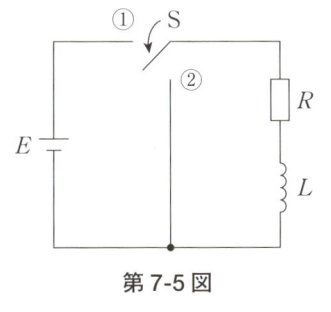

$$0 = L\frac{di}{dt} + Ri \tag{2}$$

第7-5図

となる式を立てるのです．

なお，やがて導き出すことができるようになりますが，(2)式の解は，

$$i = I_0 e^{-\frac{R}{L}t}$$

となり，これを図に表すと第7-6図となります．ここで，I_0 は E/R で，スイッチ S を①側として，十分時間が経過した後の電流です．このように，十分時

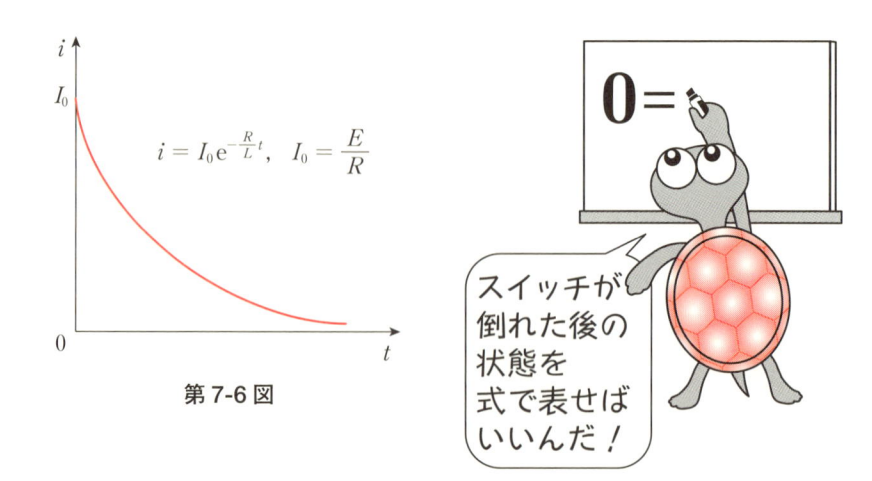

第7-6図

$$i = I_0 e^{-\frac{R}{L}t}, \quad I_0 = \frac{E}{R}$$

スイッチが倒れた後の状態を式で表せばいいんだ！

間が経過して安定した状態を定常状態，また，この状態で流れる電流 I_0 を定常電流と呼びます．

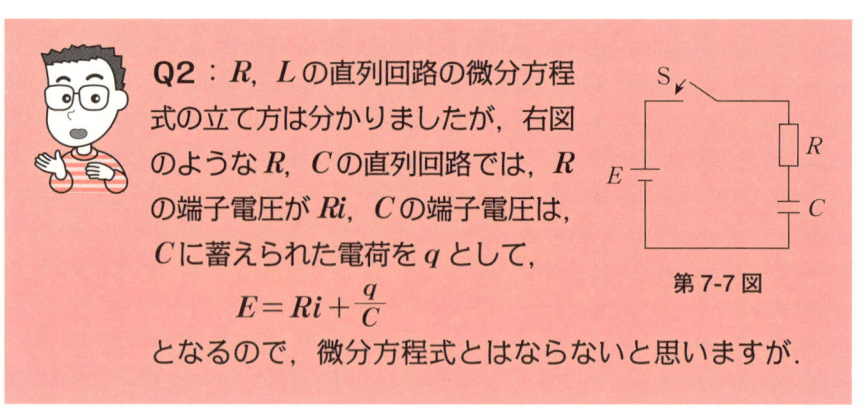

Q2：R, L の直列回路の微分方程式の立て方は分かりましたが，右図のような R, C の直列回路では，R の端子電圧が Ri, C の端子電圧は，C に蓄えられた電荷を q として，

$$E = Ri + \frac{q}{C}$$

となるので，微分方程式とはならないと思いますが．

第7-7図

コンデンサ C を含む回路では，C の両端の電圧 v_C は，コンデンサの電荷を q として，

$$v_C = \frac{q}{C}$$

となります．ここで，q と電流 i については，

$$i = \frac{dq}{dt}$$

が成り立ちます．したがって，第7-7図のような R, C の直列回路の微分方程

式は，電荷 q の関数として，

$$E = R\frac{dq}{dt} + \frac{q}{C} \qquad (1)$$

の微分方程式が得られます．この方程式を解いて q を表す式が求まれば，それを時間 t で微分することにより，電流 i の値が求まります．なお，この式と，RL の直列回路の場合の式

$$E = L\frac{di}{dt} + Ri$$

を比べると，$R \to L$, $\dfrac{1}{C} \to R$ に対応した同じパターンの式であることが分かります．

> コンデンサを含む回路では，電荷 q に関する式を立てるのだな

【問 7-2-1】

第 7-8 図のような R, L, C の直列回路で，スイッチ S を閉じたときの，微分方程式を立てよ．

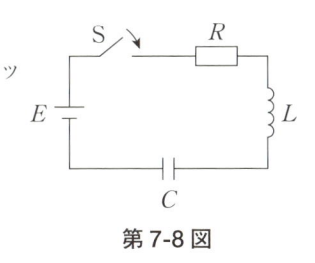

第 7-8 図

3 ラプラス変換とは

Q1：ラプラス変換とはどのようなことをするのですか．やさしく説明してください．

一般に微分方程式で過渡現象を解こうとすると，非常にやっかいなものですが，ラプラス変換を使えば，簡単な代数計算で解が得られます．

われわれが相手にする過渡現象では，$\sin\omega t$ や e^{-at} などのパターンの時間 t

を変数とする関数を扱うのですが，ラプラス変換を使うと，ラプラスの演算子の s を関数とする世界へワープできます．

このワープするための数学的操作がラプラス変換で，時間 t の関数を $f(t)$ とすると，ワープ後の s の関数は，

$$F(s) = \int_b^\infty e^{-st} f(t) \, dt \tag{1}$$

の積分で得られます．この $f(t)$ から $F(s)$ を求めることをラプラス変換といい，$\mathcal{L}$ などの記号を用いて，次のように表します．

$$\mathcal{L} f(t) = F(s) \tag{2}$$

さて，s の世界では，過渡現象が代数的に求まるのですが，われわれは，その答を時間の関数として表す必要があるので，今度は s の世界から，t の世界へと逆にワープしなければなりません．

このための数学的操作が逆ラプラス変換で，$\mathcal{L}^{-1}$ などの記号を用いて，次のように表します．

$$\mathcal{L}^{-1} F(s) = f(t) \tag{3}$$

ただし，この場合には，(1)式のような難しい演算は不要で，ラプラス変換の公式を覚えておいて，それを逆に使うことになります．

例えば，$f(t) = e^{-at}$ のとき $\mathcal{L} f(t) = \dfrac{1}{s+a}$ となることを覚えておき，s の世

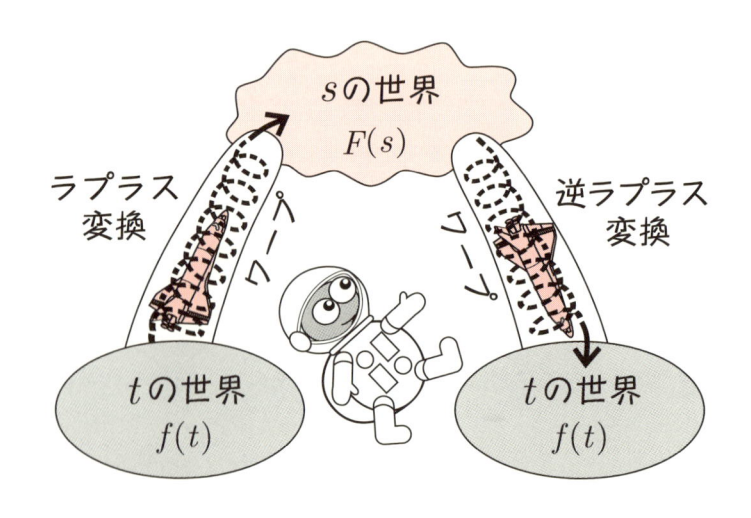

界で求めた答が $F(s) = \dfrac{1}{s+a}$ となったのであれば，その解は，$f(t) = e^{-at}$ であるという要領で逆ラプラス変換することになります．

> **Q2**：ラプラス変換のイメージが分かりましたが，ラプラス変換の具体的計算方法を例をあげて説明してください．また，2種としては，どの程度の公式を覚えておけばよいのでしょうか．

Q1 で述べたように，時間 t の関数 $f(t)$ のラプラス変換 $F(s)$ は，次の式で計算されます．

$$F(s) = \int_0^\infty e^{-st} f(t) \, dt \tag{1}$$

ここで，2種で覚えておいてほしい $f(t)$ の具体的例をあげて(1)式の計算をしてみます．

① $f(t) = 1$

$$F(s) = \int_0^\infty e^{-st} \cdot 1 \, dt = \int_0^\infty e^{-st} \, dt = -\frac{1}{s}\left[e^{-st}\right]_0^\infty$$
$$= -\frac{1}{s}[e^{-\infty} - e^0] = -\frac{1}{s}(0 - 1) = \frac{1}{s}$$

② $f(t) = a$（定数）

$$F(s) = \int_0^\infty e^{-st} a \, dt = -\frac{a}{s}\left[e^{-st}\right]_0^\infty = \frac{a}{s}$$

③ $f(t) = e^{-at}$

$$F(s) = \int_0^\infty e^{-st} \cdot e^{-at} \, dt = \int_0^\infty e^{-(s+a)t} \, dt = -\frac{1}{s+a}\left[e^{-(s+a)t}\right]_0^\infty = \frac{1}{s+a}$$

この式で，a の代わりに $-a$ を代入すれば $\mathcal{L} e^{at} = \dfrac{1}{s-a}$ の公式が得られます．

④ $f(t) = \cos \omega t$

$$\cos \omega t = \frac{1}{2}(e^{j\omega t} + e^{-j\omega t})$$

$$\therefore F(s) = \frac{1}{2}\left(\frac{1}{s-j\omega} + \frac{1}{s+j\omega}\right) = \frac{1}{2}\left\{\frac{s+j\omega+s-j\omega}{(s-j\omega)(s+j\omega)}\right\}$$

$$= \frac{s}{s^2+\omega^2}$$

⑤ $f(t) = t$

$$F(s) = \int_0^\infty e^{-st} t\, dt$$

この式の計算には，部分積分の公式（第 5 章第 8 節）

$$\int_a^b f(t)g'(t)dt = \left[f(t)g(t)\right]_a^b - \int_a^b f'(t)g(t)dt$$

を用います．$f(t) = t$，$g'(t) = e^{-st}$ とすれば，

$$F(s) = \left[t\cdot\left(-\frac{1}{s}e^{-st}\right)\right]_0^\infty - \int_0^\infty \left(-\frac{1}{s}e^{-st}\right)dt = 0 + \frac{1}{s}\left(-\frac{1}{s}\right)\left[e^{-st}\right]_0^\infty$$

$$= -\frac{1}{s^2}(0-1) = \frac{1}{s^2}$$

⑥ $f(t) = \dfrac{di(t)}{dt}$

$$F(s) = \int_0^\infty e^{-st}\frac{di(t)}{dt}dt$$

この式にも部分積分の公式を用いて，

$$F(s) = \left[e^{-st}\cdot i(t)\right]_0^\infty - \int_0^\infty (-s e^{-st})i(t)\,dt$$

$$= e^{-\infty}\cdot i(t=\infty) - e^0 i(t=0) + s\int_0^\infty e^{-st}i(t)\,dt$$

$$= sI - i_0$$

I は $i(t)$ のラプラス変換です．$i_0 = i(t=0)$ は $t=0$ における i の値で，i の初期値と呼びます．

以上が主だった関数のラプラス変換ですが，2 種で覚えておかなければならない公式を次表に示します．これらを一度に覚えることは大変ですが，自分で導いたり，使ったりするうちに自然に身に付いてくるものです．

第7-1表　2種で必要なラプラス変換表

$f(t)$	$F(s)$	$f(t)$	$F(s)$
1	$\dfrac{1}{s}$	$\sin\omega t$	$\dfrac{\omega}{s^2+\omega^2}$
a	$\dfrac{a}{s}$	$\cos\omega t$	$\dfrac{s}{s^2+\omega^2}$
e^{-at}	$\dfrac{1}{s+a}$	t	$\dfrac{1}{s^2}$
e^{at}	$\dfrac{1}{s-a}$	$\dfrac{di}{dt}$	$sI-i_0$　〔$i_0=i(t=0)$〕

この表は全て覚えておかないと

【問7-3-1】　次の式を証明せよ．

① $\mathcal{L}\,e^{at}=\dfrac{1}{s-a}$　　② $\mathcal{L}\sin\omega t=\dfrac{\omega}{s^2+\omega^2}$

4 ● なぜラプラス変換が必要なのか

Q1：ラプラス変換は，微分方程式を解くために必要とのことですが，従来の方法による解き方とラプラス変換による解き方とを，比較して示してください．

　最も基礎的な微分方程式 $E=L\dfrac{di}{dt}+Ri$ について，i の初期値を0として，従来の解き方と，ラプラス変換の解き方とを比較してみます．ラプラス変換の学習が一通り終わった段階でもう一度読み直せば，ラプラス変換による方法がいかに簡単かつスピーディかがいっそう分かることになります．

従来の方法

まず，次のように式を変形します．

$$\frac{di}{dt} = -\frac{R}{L}\left(i - \frac{E}{R}\right) \quad (1)$$

$i - \dfrac{E}{R} = u$ とすれば，

$$di = du$$

これを(1)式に代入して，

$$\frac{du}{dt} = -\frac{R}{L}u \quad (2)$$

$$\frac{1}{u}\frac{du}{dt} = -\frac{R}{L}$$

$$\frac{1}{u}du = -\frac{R}{L}dt \quad (3)$$

(3)式の両辺を積分すると，

$$\log u = -\frac{R}{L}t + C$$

（C：積分定数）

$$\therefore u = e^{-\frac{R}{L}t + C} = e^C e^{-\frac{R}{L}t}$$

したがって，(2)式の一般解は，

$$u = C_1 e^{-\frac{R}{L}t} \quad (4)$$

(4)式に $u = i - \dfrac{E}{R}$ を代入し，$t=0$ で $i=0$ の初期条件を入れると，

$$i = \frac{E}{R} + C_1 e^{-\frac{R}{L}t}$$

$t=0$ では，

$$0 = \frac{E}{R} + C_1$$

$$\therefore C_1 = -\frac{E}{R}$$

よって，$i = \dfrac{E}{R}\left(1 - e^{-\frac{R}{L}t}\right)$ （答）

ラプラス変換

未知数 i のラプラス変換を I で表し，両辺をラプラス変換すると，

$$\frac{E}{s} = LsI + RI$$

$$\therefore I = \frac{E}{s} \cdot \frac{1}{R + Ls}$$

$$= \frac{E}{L} \cdot \frac{1}{s} \cdot \frac{1}{s + R/L} \quad (1)$$

(1)式を部分分数展開して，

$$I = \frac{E}{R}\left(\frac{1}{s} - \frac{1}{s + R/L}\right) \quad (2)$$

(2)式を逆ラプラス変換して，

$$i = \frac{E}{R}\left(1 - e^{-\frac{R}{L}t}\right) \quad （答）$$

5 ● 逆ラプラス変換とは何か

Q1：逆ラプラス変換とはどのような計算をすることでしょうか．

逆ラプラス変換には計算はありません．ラプラス変換の公式を逆に用いるだけです．例えば，$F(s) = \dfrac{1}{s+a}$ については，e^{-at} のラプラス変換が $\dfrac{1}{s+a}$ であるので，この結果を使って $\mathcal{L}^{-1}\dfrac{1}{s+a} = e^{-at}$ とするだけのことです．したがって，ラプラス変換ができれば，逆ラプラス変換もできることになります．

〈ラプラス変換〉
$$F(s) = \int_b^\infty e^{-st} \cdot e^{-at} dt$$
$$= \frac{1}{s+a}$$

⇒

〈ラプラス変換〉
$$\mathcal{L}^{-1}\frac{1}{s+a} = e^{-at}$$

では，$F(s) = \dfrac{1}{s(s+a)}$ のような式で表される場合はどうでしょうか．

この式は，前掲の変換表には載っていないので逆ラプラス変換できないように思われた方もいるかもしれませんが，この $F(s)$ は次のような式に変形することができます．

$$F(s) = \frac{1}{s(s+a)} \quad (1)$$

$$= \frac{1}{a}\left(\frac{1}{s} - \frac{1}{s+a}\right) \quad (2)$$

最初に(2)式で与えられれば，$\mathcal{L}^{-1}F(s) = \dfrac{1}{a}(1 - e^{-at})$ と逆ラプラス変換できることに気がついたでしょう．

一般に微分方程式を解くと，(1)式のようなパターンの解が出てきます．したがって，基礎的な関数のラプラス変換を覚えた後に，(1)式から(2)式へ変形する計算のテクニックを学習することによって初めてラプラス変換を使いこなすことができます．このための学習が次に述べる部分分数展開です．

> **Q2**：部分分数展開とは何ですか？また，その目的と重要なパターンを例に，展開の要領について説明してください．

(1) 部分分数展開とは

分数式をいくつかの簡単な分数式の和の形に表すことを部分分数展開といい，展開の一般的方針は次のとおりです．

(a) 分母が異なる一次因数のときは，各因数を分母にもつ分数に展開します．

$$\frac{1}{s(s-\alpha)(s-\beta)} = \frac{A_1}{s} + \frac{A_2}{s-\alpha} + \frac{A_3}{s-\beta} \quad (\alpha, \beta : 定数)$$

(b) 分母が一次の因数のベキをもつときは，各次のベキをもつ分数に展開します．

$$\frac{s}{(s+\alpha)^3} = \frac{A_1}{s+\alpha} + \frac{A_2}{(s+\alpha)^2} + \frac{A_3}{(s+\alpha)^3} \quad (\alpha : 定数)$$

ここで，$A_1 \sim A_3$ は定数で，左辺と右辺が恒等的に等しくなくてはならないことより，未定係数法によってその値が求まります．

(2) 部分分数展開の目的は

部分分数展開の目的は，ラプラス変換できる形へ式を変形することです．

2種では，部分分数展開によって導く特に重要なパターンは，$1/s$ と $1/(s\pm\alpha)$ の二つです．なお，これらは，逆ラプラス変換すると，1 および $e^{\mp at}$ となります．

(3) 展開の要領

2種で重要な展開前の式のパターンは次の2式です．

① $\dfrac{1}{s(s+a)}$ (a：定数)　　② $\dfrac{1}{s^2+as+b}$ (a, b：定数)

①式の展開

$$\frac{1}{s(s+a)} = \frac{A_1}{s} + \frac{A_2}{s+a} \tag{1}$$

と置き，(1)式の両辺に $s(s+a)$ を掛けて分母をはらうと，

$$1 = A_1(s+a) + A_2 s \tag{2}$$

(2)式は，s のどんな値についても成立しなければならないので，

$$\begin{cases} s=0 \text{ のとき } & 1 = A_1 a & \therefore \quad A_1 = 1/a \\ s=-a \text{ のとき } & 1 = -A_2 a & \therefore \quad A_2 = (-1)/a \end{cases}$$

これらを(1)式に代入して，部分分数展開すると，

$$\frac{1}{s(s+a)} = \frac{\dfrac{1}{a}}{s} + \frac{-\dfrac{1}{a}}{s+a} = \frac{1}{a}\left(\frac{1}{s} - \frac{1}{s+a}\right) \tag{3}$$

(3)式は逆ラプラス変換すると次式のようになります．これは R と L，または R と C の直列回路の過渡現象で出てくるパターンです．

$$\mathcal{L}^{-1}\left\{\frac{1}{s(s+a)}\right\} = \frac{1}{a}(1 - e^{-at})$$

②式の展開は，次のように単根か，重根かによって展開の式が変わります．

$$\frac{1}{s^2 + as + b} = \frac{1}{(s-\alpha)(s-\beta)} \tag{4}$$

$$\left(\text{ただし, } \alpha, \beta = \frac{-a \pm \sqrt{a^2 - 4b}}{2}\right)$$

(i) (4)式の分母が単根すなわち $\alpha \neq \beta$ $(a^2 - 4b \neq 0)$ のとき，

$$\frac{1}{(s-\alpha)(s-\beta)} = \frac{A_1}{s-\alpha} + \frac{A_2}{s-\beta} \tag{5}$$

と置き，両辺に $(s-\alpha)(s-\beta)$ を掛けると，

$$1 = A_1(s-\beta) + A_2(s-\alpha) \tag{6}$$

$$\begin{cases} s=\alpha \text{ のとき } & 1 = A_1(\alpha-\beta) & \therefore \quad A_1 = \dfrac{1}{\alpha-\beta} \\ s=\beta \text{ のとき } & 1 = A_2(\beta-\alpha) & \therefore \quad A_2 = -\dfrac{1}{\alpha-\beta} \end{cases}$$

$$\therefore \quad \frac{1}{(s-\alpha)(s-\beta)} = \frac{1}{\alpha-\beta}\left(\frac{1}{s-\alpha} - \frac{1}{s-\beta}\right)$$

この式を逆ラプラス変換すると次式となります．

$$\mathcal{L}^{-1}\left\{\frac{1}{(s-\alpha)(s-\beta)}\right\} = \frac{1}{\alpha-\beta}(e^{\alpha t} - e^{\beta t})$$

$$\left(\text{ただし，}\alpha,\ \beta = \frac{-a \pm \sqrt{a^2 - 4b}}{2}\right)$$

(ii) (4)式の分母が重根，すなわち $\alpha = \beta\ (a^2 - 4b = 0)$ のとき，

$$\frac{1}{s^2 + as + b} = \frac{1}{(s-\alpha)^2} \quad \text{ここで，}\alpha = -\frac{a}{2}$$

となった場合には，次のように逆ラプラス変換されます．

$$\mathcal{L}^{-1}\left\{\frac{1}{(s-\alpha)^2}\right\} = te^{\alpha t} \tag{7}$$

なお，(4)式は，R–L–C の直列回路の過渡現象で出てくるパターンです．

(注) t, $\sin\omega t$, $\cos\omega t$ などのラプラス変換が分かっていれば，これらの関数に $e^{\alpha t}$ を乗じた $te^{\alpha t}$，$\sin\omega t \cdot e^{\alpha t}$，$\cos\omega t \cdot e^{\alpha t}$ などのラプラス変換は，おのおののラプラス変換の s の代わりに $s - \alpha$ を代入することにより容易に求められます．これを変位定理といいます．

$$\mathcal{L} t = \frac{1}{s^2} \longrightarrow \mathcal{L} te^{\alpha t} = \frac{1}{(s-\alpha)^2}$$

$$\mathcal{L} \sin\omega t = \frac{\omega}{s^2 + \omega^2} \longrightarrow \mathcal{L} \sin\omega t \cdot e^{\alpha t} = \frac{\omega}{(s-\alpha)^2 + \omega^2}$$

$$\mathcal{L} \cos\omega t = \frac{s}{s^2 + \omega^2} \longrightarrow \mathcal{L} \cos\omega t \cdot e^{\alpha t} = \frac{s-\alpha}{(s-\alpha)^2 + \omega^2}$$

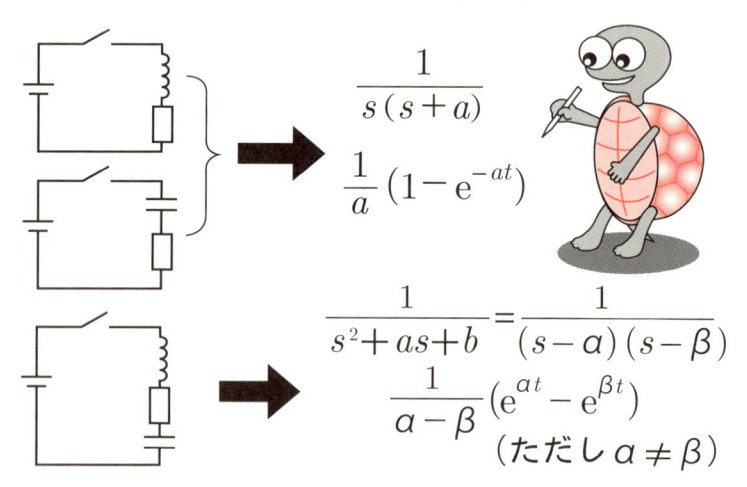

$$\frac{1}{s(s+a)}$$

$$\frac{1}{a}(1 - e^{-at})$$

$$\frac{1}{s^2 + as + b} = \frac{1}{(s-\alpha)(s-\beta)}$$

$$\frac{1}{\alpha - \beta}(e^{\alpha t} - e^{\beta t})$$

(ただし $\alpha \neq \beta$)

【問7-5-1】 次の式を部分分数展開した後,逆ラプラス変換せよ.

① $\dfrac{1}{s(s+2)}$ ② $\dfrac{E}{Ls\left(s+\dfrac{R}{L}\right)}$ ③ $\dfrac{1}{s^2+4}$

6 ● 三角関数のラプラス変換はどのようにして導かれるのか

Q1:$\sin\omega t$ と $\cos\omega t$ のラプラス変換はどのようにすれば求まるのですか？

(1) $e^{\alpha t}$ のラプラス変換が $1/(s-\alpha)$ となることを覚えておけば,次のようにして導出することができます.

いま,α の代わりに $j\omega$ を代入すると,

$$\mathcal{L}e^{j\omega t}=\frac{1}{s-j\omega}=\frac{s+j\omega}{s^2+\omega^2}=\frac{s}{s^2+\omega^2}+j\frac{\omega}{s^2+\omega^2} \tag{1}$$

一方,オイラーの公式より $e^{j\omega t}=\cos\omega t+j\sin\omega t$

$$\therefore\quad \mathcal{L}e^{j\omega t}=\mathcal{L}\cos\omega t+j\mathcal{L}\sin\omega t \tag{2}$$

(1)式と(2)式の実数部同士,虚数部同士が等しいとして,次式が求まります.

$$\boxed{\mathcal{L}\cos\omega t+\frac{s}{s^2+\omega^2},\qquad \mathcal{L}\sin\omega t=\frac{\omega}{s^2+\omega^2}}$$

(2) $e^{j\omega t}=\cos\omega t+j\sin\omega t$,$e^{-j\omega t}=\cos\omega t-j\sin\omega t$ より,次のようにして求めることもできます.

$$\mathcal{L}\cos\omega t=\mathcal{L}\left(\frac{e^{j\omega t}+e^{-j\omega t}}{2}\right)=\frac{1}{2}\left(\frac{1}{s-j\omega}+\frac{1}{s+j\omega}\right)$$

$$=\frac{1}{2}\cdot\frac{2s}{s^2+\omega^2}=\frac{s}{s^2+\omega^2}$$

$$\mathcal{L}\sin\omega t=\mathcal{L}\left(\frac{e^{j\omega t}-e^{-j\omega t}}{2j}\right)=\frac{1}{2j}\left(\frac{1}{s-j\omega}-\frac{1}{s+j\omega}\right)$$

$$=\frac{1}{2j}\cdot\frac{2j\omega}{s^2+\omega^2}=\frac{\omega}{s^2+\omega^2}$$

7. ラプラス変換を使って微分方程式を解くと

Q1：例題をあげて，ラプラス変換を使って微分方程式を解く要領について説明してください．

<例題>

右図の回路で $t=0$ でスイッチSを閉じたとき，回路に流れる電流を表す式を求めよ．

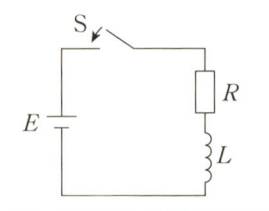

いよいよ，微分方程式の立て方と，ラプラス変換の知識を使って，微分方程式を解くことになります．まず，上の例題をもとに，微分方程式を解く要領について学習してみましょう．

```
微分方程式
```

〔まず，微分方程式を立てます．〕

$$E = L\frac{di}{dt} + Ri$$

初期条件
```
ラプラス変換
```

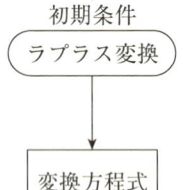

〔未知数 i について $\mathcal{L}i = I$ の記号とし，変換表を使って，変換方程式を立てます．この際，初期条件を入れます．〕

```
変換方程式
```

$$\frac{E}{s} = L(sI - i_0) + RI$$
$$= LsI + RI$$
$$(\because\ i_0 = 0) \quad (1)$$

第7-2表　ラプラス変換表
　　　　　　　a, ω は定数

$f(t)$	$F(s)$
1	$\dfrac{1}{s}$
a	$\dfrac{a}{s}$
e^{-at}	$\dfrac{1}{s+a}$
e^{at}	$\dfrac{1}{s-a}$
$\sin\omega t$	$\dfrac{\omega}{s^2+\omega^2}$
$\cos\omega t$	$\dfrac{s}{s^2+\omega^2}$
t	$\dfrac{1}{s^2}$
$\dfrac{di}{dt}$	$sI - i_0$ $(i_0 = [i]_{t=0})$

（注）この表の式は全て暗記または導出できるようにしておく必要があります．

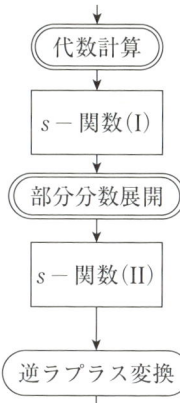

```
代数計算
  ↓
s-関数(I)
  ↓
部分分数展開
  ↓
s-関数(II)
  ↓
逆ラプラス変換
  ↓
解答
```

〔(1)式の I を代数計算で求めます．〕

$$I = \frac{E}{s(R+Ls)} \tag{2}$$

〔逆ラプラス変換できるよう部分分数展開を使って(2)式を変形します．〕

$$I = \frac{E}{L} \cdot \frac{1}{s\left(s+\dfrac{R}{L}\right)} = \frac{E}{R}\left(\frac{1}{s} - \frac{1}{s+\dfrac{R}{L}}\right)$$

〔I を逆ラプラス変換して i の時間関数を求めます．〕

$$\mathcal{L}^{-1}I = i = \frac{E}{R}\left(1 - e^{-\frac{R}{L}t}\right) \quad \text{(答)}$$

Q2：R, L の直列回路の解き方は分かりました．次に，R, C の直列回路の解き方についても示してください．また，過渡現象のグラフの描き方についてもあわせて説明してください．

第2節で学習したように，第7-9図の R, C の直列回路では，コンデンサの電荷を q として，次の微分方程式を立てることができます．

$$E = R\frac{dq}{dt} + \frac{q}{C} \tag{1}$$

$\mathcal{L}q = Q$ として，(1)式の両辺をラプラス変換すると，q の初期値が0のときは，

$$\frac{E}{s} = RsQ + \frac{Q}{C}$$

$$\therefore Q = \frac{E}{s} \cdot \frac{1}{Rs + \dfrac{1}{C}} = \frac{E}{R} \cdot \frac{1}{s} \cdot \frac{1}{s + \dfrac{1}{RC}} = CE\left(\frac{1}{s} - \frac{1}{s+\dfrac{1}{RC}}\right) \tag{2}$$

(2)式を逆ラプラス変換すると，

第7-9図

7 ● ラプラス変換を使って微分方程式を解くと

$$q = CE\left(1 - e^{-\frac{1}{RC}t}\right) \tag{3}$$

(3)式を時間 t で微分すると，電流 i が次のように求まります．

$$i = \frac{dq}{dt} = CE\left(\frac{1}{RC}e^{-\frac{1}{RC}t}\right) = \frac{E}{R}e^{-\frac{1}{RC}t} \tag{4}$$

では，次に(3)，(4)式を使って，いろいろなグラフを描いてみましょう．まず，(3)式で表される電荷 q は，$\lim_{t=0} e^{-\frac{1}{RC}t} = e^0 = 1$，$\lim_{t=\infty} e^{-\frac{1}{RC}t} = \frac{1}{e^\infty} = 0$ となることより，$t = 0$ で $q = 0$，$t = \infty$ で $q = CE$ となる第7-10図のグラフで表されます．なお，この式でeの指数が -1 となる時間 $T = RC$ を，この回路の時定数といいます．このときの q は，(3)式に $t = RC$ を代入して，

$$q = CE(1 - e^{-1}) = 0.632CE$$

となります．つまり，q が最終値 CE の0.632倍に達するまでの時間が時定数です．

次に電流 i は，$t = 0$ で $i = \frac{E}{R}$，$t = \infty$ で $i = 0$ となる第7-11図のグラフで表されます．

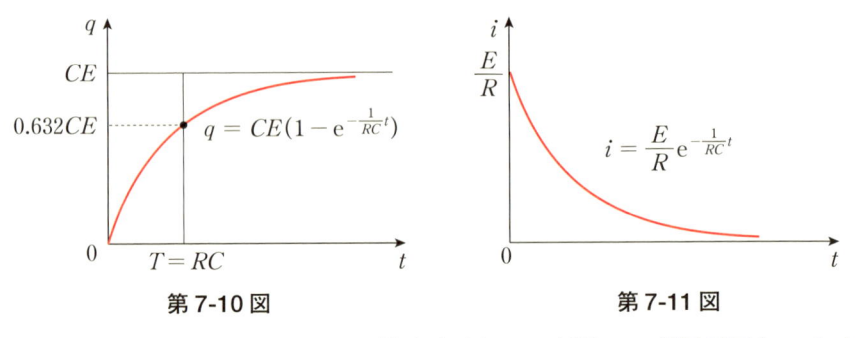

第7-10図

第7-11図

電圧については，コンデンサの端子電圧を v_C，抵抗 R の端子電圧を v_R とすると，v_C，v_R はおのおの次の式で表されます．

$$v_C = \frac{q}{C} = E\left(1 - e^{-\frac{1}{RC}t}\right) \tag{5}$$

$$v_R = Ri = Ee^{-\frac{1}{RC}t} \tag{6}$$

また，両者の間には，

$$v_C + v_R = E\left(1 - e^{-\frac{1}{RC}t}\right) + Ee^{-\frac{1}{RC}t} = E$$

となる関係式が成り立ちます．したがって，これらの電圧については，第7-12図のグラフを描くことができます．

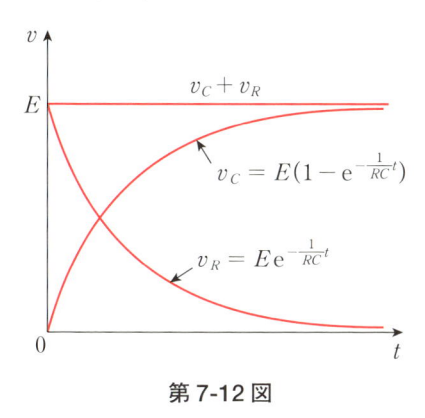

第 7-12 図

8 この章をまとめると

(1) **微分方程式とは**

$$E = L\frac{di}{dt} + Ri$$

のように，導関数を含む方程式を微分方程式といい，微分方程式を満足する関数を求めることを，その微分方程式を解くという．また，解いて得た関数を微分方程式の解という．

(2) **微分方程式の立て方**

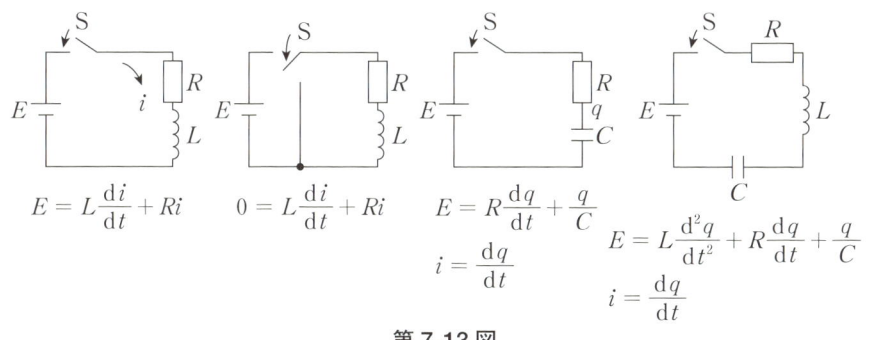

$$E = L\frac{di}{dt} + Ri \qquad 0 = L\frac{di}{dt} + Ri \qquad E = R\frac{dq}{dt} + \frac{q}{C} \qquad E = L\frac{d^2q}{dt^2} + R\frac{dq}{dt} + \frac{q}{C}$$

$$i = \frac{dq}{dt} \qquad\qquad i = \frac{dq}{dt}$$

第 7-13 図

(3) ラプラス変換とは

① 時間 t の関数 $f(t)$ のラプラス変換 $F(s)$ は次式で求められる．

$$F(s) = \int_b^\infty e^{-st} f(t) \, dt$$

② ラプラス変換を $\mathcal{L}$ などの記号を用いて次のように表す．

$$\mathcal{L} f(t) = F(s)$$

例えば，

$$\mathcal{L} e^{-at} = \frac{1}{s+a}$$

③ 2種で覚えておかなければならないラプラス変換の公式を第7-3表に示す．

第7-3表　2種で必要なラプラス変換表

$f(t)$	$F(s)$	$f(t)$	$F(s)$
1	$\dfrac{1}{s}$	$\sin \omega t$	$\dfrac{\omega}{s^2 + \omega^2}$
a	$\dfrac{a}{s}$	$\cos \omega t$	$\dfrac{s}{s^2 + \omega^2}$
e^{-at}	$\dfrac{1}{s+a}$	t	$\dfrac{1}{s^2}$
e^{at}	$\dfrac{1}{s-a}$	$\dfrac{di}{dt}$	$sI - i_0$ $[i_0 = i(t=0)]$

(4) 逆ラプラス変換とは

① $F(s)$ を時間 t の関数に戻すことを逆ラプラス変換といい，$\mathcal{L}^{-1}$ などの記号を用いて次のように表す．

$$\mathcal{L}^{-1} F(s) = f(t), \quad \text{例えば，} \quad \mathcal{L}^{-1} \frac{1}{s+a} = e^{-at}$$

② 逆ラプラス変換をするためには，しばしば部分分数展開することが必要となる．

③ 部分分数展開の一般的方針は次のとおりである．

(ア) 分母が異なる一次因数のとき

$$\frac{1}{s(s-\alpha)(s-\beta)} = \frac{A_1}{s} + \frac{A_2}{s-\alpha} + \frac{A_3}{s-\beta}$$

(イ) 分母が一次の因数のベキであるとき

$$\frac{s}{(s+\alpha)^3} = \frac{A_1}{s+\alpha} + \frac{A_2}{(s+\alpha)^2} + \frac{A_3}{(s+\alpha)^3}$$

④ これらの $A_1 \sim A_3$ の係数は，未定係数法によってその値が定まる．

(5) 三角関数のラプラス変換

$\sin\omega t$, $\cos\omega t$ のラプラス変換は，次の二つの方法で導き出すことができる．

(ア) $\mathcal{L}e^{j\omega t} = \mathcal{L}\cos\omega t + j\mathcal{L}\sin\omega t = \dfrac{s}{s^2+\omega^2} + j\dfrac{\omega}{s^2+\omega^2}$

(イ) $\mathcal{L}\cos\omega t = \mathcal{L}\left(\dfrac{e^{j\omega t}+e^{-j\omega t}}{2}\right)$, $\mathcal{L}\sin\omega t = \mathcal{L}\left(\dfrac{e^{j\omega t}-e^{-j\omega t}}{2j}\right)$

(6) ラプラス変換を使って微分方程式を解く一般手順

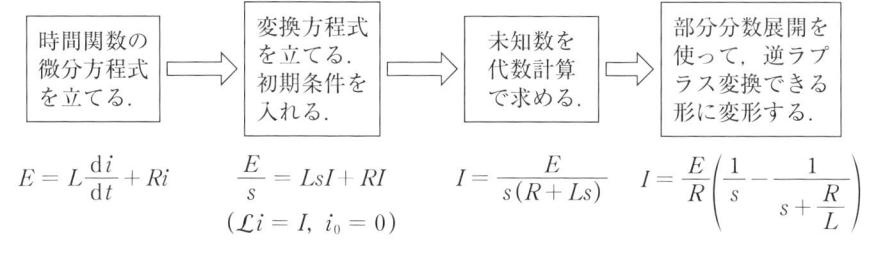

| 時間関数の微分方程式を立てる． | ⇒ | 変換方程式を立てる．初期条件を入れる． | ⇒ | 未知数を代数計算で求める． | ⇒ | 部分分数展開を使って，逆ラプラス変換できる形に変形する． |

$E = L\dfrac{di}{dt} + Ri$ 　　 $\dfrac{E}{s} = LsI + RI$ 　　 $I = \dfrac{E}{s(R+Ls)}$ 　　 $I = \dfrac{E}{R}\left(\dfrac{1}{s} - \dfrac{1}{s+\dfrac{R}{L}}\right)$

$(\mathcal{L}i = I,\ i_0 = 0)$

⇒ 逆ラプラス変換を使って，未知数の時間関数を求める．

$i = \mathcal{L}^{-1}I = \dfrac{E}{R}(1 - e^{-at})$

【問 7-2-1】の解答

$$E = L\dfrac{di}{dt} + Ri + \dfrac{q}{C}$$

ここで $i = \dfrac{dq}{dt}$ より，

$$E = L\dfrac{d^2q}{dt^2} + R\dfrac{dq}{dt} + \dfrac{q}{C}$$

【問 7-3-1】の解答

① $\mathcal{L}e^{at} = \displaystyle\int_0^\infty e^{-st}e^{at}dt = \int_0^\infty e^{-(s-a)t}dt = -\dfrac{1}{(s-a)}\left[e^{-(s-a)t}\right]_0^\infty$

$= -\dfrac{1}{s-a}[e^{-\infty} - e^0] = -\dfrac{1}{s-a}(0-1) = \dfrac{1}{s-a}$

② $\mathcal{L}\sin\omega t = \mathcal{L}\left\{\dfrac{1}{2\mathrm{j}}(\mathrm{e}^{\mathrm{j}\omega t} - \mathrm{e}^{-\mathrm{j}\omega t})\right\} = \dfrac{1}{2\mathrm{j}}\left(\dfrac{1}{s-\mathrm{j}\omega} - \dfrac{1}{s+\mathrm{j}\omega}\right)$

$= \dfrac{1}{2\mathrm{j}} \cdot \dfrac{2\mathrm{j}\omega}{(s-\mathrm{j}\omega)(s+\mathrm{j}\omega)} = \dfrac{\omega}{s^2+\omega^2}$

【問 7-5-1】の解答

① 与式 $= \dfrac{1}{2}\left(\dfrac{1}{s} - \dfrac{1}{s+2}\right), \quad \dfrac{1}{2}(1-\mathrm{e}^{-2t})$

② 与式 $= \dfrac{E}{L} \cdot \dfrac{1}{s\left(s+\dfrac{R}{L}\right)} = \dfrac{E}{L} \cdot \dfrac{L}{R}\left(\dfrac{1}{s} - \dfrac{1}{s+\dfrac{R}{L}}\right) = \dfrac{E}{R}\left(\dfrac{1}{s} - \dfrac{1}{s+\dfrac{R}{L}}\right)$,

$\dfrac{E}{R}\left(1-\mathrm{e}^{-\frac{R}{L}t}\right)$

③ 与式 $= \dfrac{1}{(s-\mathrm{j}2)(s+\mathrm{j}2)} = \dfrac{1}{\mathrm{j}4}\left(\dfrac{1}{s-\mathrm{j}2} - \dfrac{1}{s+\mathrm{j}2}\right)$,

$\dfrac{1}{\mathrm{j}4}(\mathrm{e}^{\mathrm{j}2t} - \mathrm{e}^{-\mathrm{j}2t}) = \dfrac{1}{\mathrm{j}4}(2\mathrm{j}\sin 2t) = \dfrac{1}{2}\sin 2t$

9 ● 基本問題（数学問題）

【問題1】 次のラプラス変換を求めよ．

(1) E（定数） (2) $E_\mathrm{m}\cos\omega t$ (3) $I_0 \mathrm{e}^{-at}$ (4) $\sin(\omega t + \theta)$

【問題2】 次の逆ラプラス変換を求めよ．

(1) $\dfrac{1}{s}$ (2) $\dfrac{1}{s+2}$ (3) $\dfrac{2}{3s-6}$ (4) $\dfrac{8}{s^2+4^2}$

【問題3】 次の式を部分分数展開した後，逆ラプラス変換せよ．

(1) $\dfrac{1}{s(s+a)}$ (2) $\dfrac{1}{(s+a)(s+b)}$ (3) $\dfrac{s}{(s+a)(s+b)}$

【問題4】 $a\dfrac{\mathrm{d}i}{\mathrm{d}t} + bi = 0$ をラプラス変換により解け．ただし，a, b は定数とする．また，i の初期値は i_0 とする．

【問題5】 $a\dfrac{\mathrm{d}i}{\mathrm{d}t}+bi=c$ をラプラス変換により解け．ただし，a, b, c は定数とする．また，i の初期値は 0 とする．

【問題6】 次の □ の中に適当な答を記入せよ．
図のような抵抗 R，インダクタンス L の直列回路において，スイッチ S を閉じ，電圧 E を加えた瞬時から時間 t 後の電流を i とすると，
$$Ri+\boxed{(1)}=E$$
この微分方程式を解くと，
$$i=\boxed{(2)}\,(1-\mathrm{e}^{\boxed{(3)}})$$
となる．ただし，$\boxed{(4)}$ 定数 $T=\boxed{(5)}$ である．

● 基本問題の解答
【問題1】
(1) $\dfrac{E}{s}$ (2) $\dfrac{E_\mathrm{m}s}{s^2+\omega^2}$ (3) $\dfrac{I_0}{s+a}$

(4) $\sin(\omega t+\theta)=\dfrac{1}{2\mathrm{j}}(\mathrm{e}^{\mathrm{j}(\omega t+\theta)}-\mathrm{e}^{-\mathrm{j}(\omega t+\theta)})=\dfrac{\mathrm{e}^{\mathrm{j}\theta}}{2\mathrm{j}}\mathrm{e}^{\mathrm{j}\omega t}-\dfrac{\mathrm{e}^{-\mathrm{j}\theta}}{2\mathrm{j}}\mathrm{e}^{-\mathrm{j}\omega t}$

$$\mathcal{L}\sin(\omega t+\theta)=\dfrac{\mathrm{e}^{\mathrm{j}\theta}}{2\mathrm{j}}\cdot\dfrac{1}{s-\mathrm{j}\omega}-\dfrac{\mathrm{e}^{-\mathrm{j}\theta}}{2\mathrm{j}}\cdot\dfrac{1}{s+\mathrm{j}\omega}$$
$$=\dfrac{1}{2\mathrm{j}}\left(\dfrac{\cos\theta+\mathrm{j}\sin\theta}{s-\mathrm{j}\omega}-\dfrac{\cos\theta-\mathrm{j}\sin\theta}{s+\mathrm{j}\omega}\right)$$
$$=\dfrac{s\sin\theta+\omega\cos\theta}{s^2+\omega^2}$$

【問題2】
(1) 1   (2) e^{-2t} (3) $\dfrac{2}{3}\mathrm{e}^{-2t}$ (4) $2\sin 4t$

【問題3】
(1) $\dfrac{1}{s(s+a)}=\dfrac{1}{a}\left(\dfrac{1}{s}-\dfrac{1}{s+a}\right)$, $\dfrac{1}{a}(1-\mathrm{e}^{-at})$

(2) $\dfrac{1}{(s+a)(s+b)} = \dfrac{1}{b-a}\left(\dfrac{1}{s+a} - \dfrac{1}{s+b}\right)$, $\dfrac{1}{b-a}(\mathrm{e}^{-at} - \mathrm{e}^{-bt})$

(3) $\dfrac{s}{(s+a)(s+b)} = \dfrac{1}{a-b}\left(\dfrac{a}{s+a} - \dfrac{b}{s+b}\right)$, $\dfrac{1}{a-b}(a\mathrm{e}^{-at} - b\mathrm{e}^{-bt})$

【問題 4】

$\mathcal{L}i = I$ として両辺をラプラス変換すると，

$$a(sI - i_0) + bI = 0$$

$$I = \dfrac{ai_0}{as+b} = \dfrac{i_0}{s + \dfrac{b}{a}}$$

$$\therefore\ i = i_0 \mathrm{e}^{-\frac{b}{a}t}$$

【問題 5】

$$asI + bI = \dfrac{c}{s}$$

$$I = \dfrac{c}{s} \cdot \dfrac{1}{as+b} = \dfrac{c}{a} \cdot \dfrac{1}{s(s+b/a)} = \dfrac{c}{b} \cdot \left(\dfrac{1}{s} - \dfrac{1}{s+b/a}\right)$$

$$\therefore\ i = \dfrac{c}{b}\left(1 - \mathrm{e}^{-\frac{b}{a}t}\right)$$

【問題 6】

(1) $L\dfrac{\mathrm{d}i}{\mathrm{d}t}$ 　(2) $\dfrac{E}{R}$ 　(3) $-\dfrac{t}{T}$ 　(4) 時 　(5) $\dfrac{L}{R}$

第8章

ラプラス変換の応用は
どこまで学習するのか

第8章 ラプラス変換の応用はどこまで学習するのか

1. 過渡現象をラプラス変換を使って解くと

Q1：第7章で基本的な回路の微分方程式の立て方と，その解き方が理解できましたが，補助回路を使うとさらに簡単に微分方程式を立てることができると聞いています．補助回路とは何か，またその描き方について説明してください．

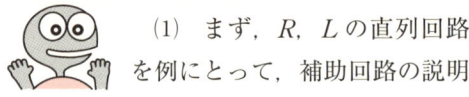

(1) まず，R，Lの直列回路を例にとって，補助回路の説明をしましょう．第8-1図のように，R，Lの直列回路に直流電圧Eを急に加えた場合の過渡電流をiとすれば，

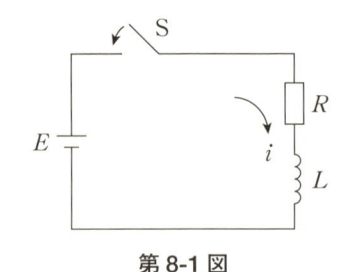

$$E = L\frac{di}{dt} + Ri \quad (1)$$

第8-1図

この場合，iの初期値，つまり$t=0$のときの電流をi_0とすれば，(1)式は，$\mathcal{L}i = I$として，

$$\frac{E}{s} = LsI - Li_0 + RI$$

$$\therefore \quad \frac{E}{s} + Li_0 = (R + sL)I \quad (2)$$

となります．

ここで，次の約束をすると，(2)式は機械的に求まります．

① 抵抗 R は R, インダクタンス L を sL とし，共に抵抗の要素の図とする．
② 直流電圧 E は $\dfrac{E}{s}$ とする．
③ i_0 がある場合には，sL に直列に大きさ Li_0 の直流起電力が i_0 を流す方向にあるものとする．
④ 電流 i は I とする．

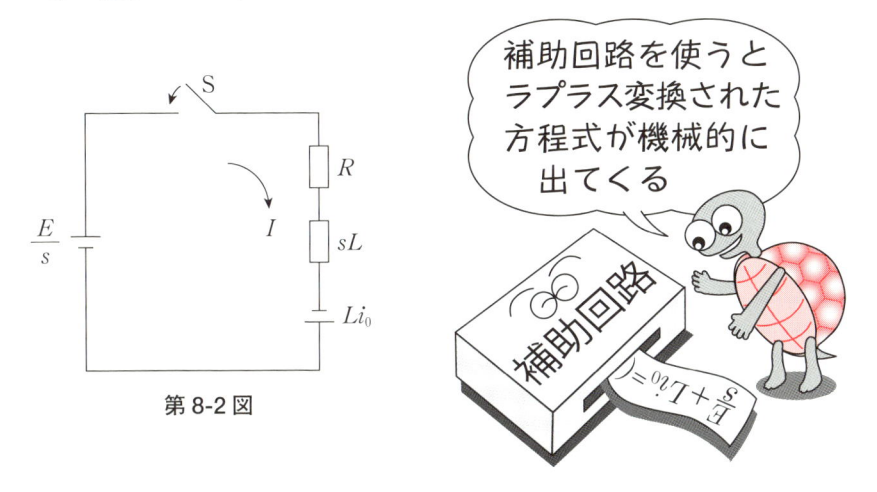

第8-2図

> 補助回路を使うとラプラス変換された方程式が機械的に出てくる

以上の取り決めに従って，第8-1図を描き換えると，第8-2図となり，この回路に通常の回路方程式を立てる方法を用いると，

$$\frac{E}{s} + Li_0 = (R + sL)I$$

となり(2)式を直接導き出すことができます．第8-2図を第8-1図の補助回路といいます．

(2) 次に，R, C 回路について考えてみます．

第8-3図で過渡電流を i，C の端子電圧を v_C，電荷を q とすれば，次の式が成り立ちます．

$$\begin{cases} E = Ri + \dfrac{q}{C} & \quad (3) \\ i = \dfrac{dq}{dt} & \quad (4) \end{cases}$$

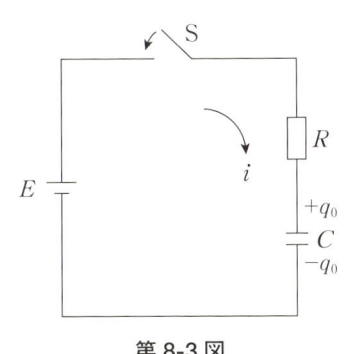

第8-3図

$t=0$ のときの C の電荷を q_0 とし，(4)式の両辺をラプラス変換すると，$\mathcal{L}i = I$, $\mathcal{L}q = Q$ として，

$$I = sQ - q_0$$

$$\therefore \quad Q = \frac{I}{s} + \frac{q_0}{s} \tag{5}$$

(3)式をラプラス変換し，(5)式を代入すると，

$$\frac{E}{s} = RI + \frac{Q}{C} = RI + \frac{I}{sC} + \frac{q_0}{sC}$$

$$\therefore \quad \frac{E}{s} - \frac{q_0}{sC} = \left(R + \frac{1}{sC}\right)I \tag{6}$$

(6)式を機械的に書きおろすには，

① 抵抗 R は R，静電容量 C は $\frac{1}{sC}$ とし，共に抵抗の要素の図とする．

② 直流電圧 E は $\frac{E}{s}$ とする．

③ コンデンサに初期電荷 q_0 がある場合は，q_0 と同方向に大きさ q_0/sC の直流起電力が接続されているものとする．

④ 電流 i は I とする．

とします．この取り決めに基づいて第8-3図の補助回路を描くと第8-4図となりスピーディに回路方程式を立てることができるようになります．なお，上述の補助回路を描くときの約束はどのような回路についても適用でき，直ちに補助回路を描くことができます．

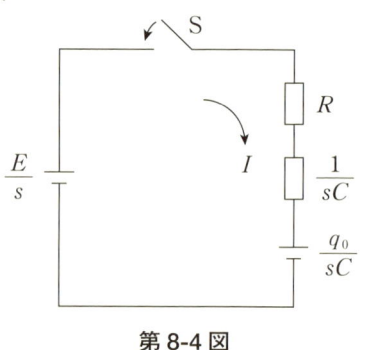

第8-4図

第8-1表

回路要素	直流電源 E	抵抗 i R	インダクタンス L ($\to i_0$ 初期値)	静電容量 $+q_0$ $-q_0$（初期値） i C
補助回路	$\frac{E}{s}$	I R	I sL Li_0	I $\frac{1}{sC}$ $\frac{q_0}{sC}$

Q2：微分方程式を用いる例題を示し，その解き方について説明してください．

<例題>

静電容量 C_1, C_2 の 2 個の導体が，十分離れて存在する．それぞれの導体に電荷 Q_1 および Q_2 を与え，$t=0$ で両導体を抵抗 R の導線で結ぶとき，次の問に答えよ．

(1) 抵抗 R を流れる電流を求めよ．
(2) 無限大時間後の静電エネルギーの減少が，抵抗で消費された損失に等しいことを証明せよ．

(1) 題意を図に表すと，第 8-5 図のようになり，この等価回路は第 8-6 図となります．

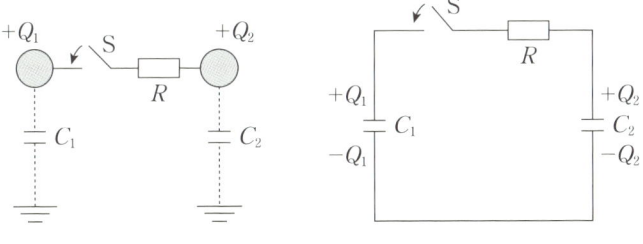

第 8-5 図   第 8-6 図

第 8-6 図を，前述の取り決めに従って描き換えると第 8-7 図の補助回路が得られ，

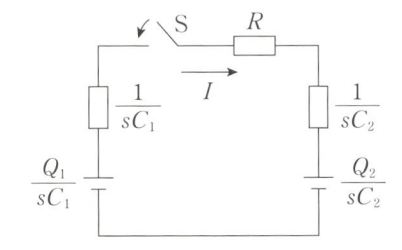

第 8-7 図

$$\frac{Q_1}{sC_1} - \frac{Q_2}{sC_2} = \left(R + \frac{1}{sC_1} + \frac{1}{sC_2}\right)I \tag{1}$$

1 ● 過渡現象をラプラス変換を使って解くと

の方程式を立てることができます．

(1)式より，I を求めると，

$$I = \frac{\frac{1}{s}\left(\frac{Q_1}{C_1} - \frac{Q_2}{C_2}\right)}{R + \frac{1}{s}\left(\frac{1}{C_1} + \frac{1}{C_2}\right)} = \frac{\frac{Q_1}{C_1} - \frac{Q_2}{C_2}}{R\left(s + \frac{\frac{1}{C_1} + \frac{1}{C_2}}{R}\right)}$$

$$= \frac{\frac{Q_1}{C_1} - \frac{Q_2}{C_2}}{R} \cdot \frac{1}{s + \frac{\frac{1}{C_1} + \frac{1}{C_2}}{R}} \tag{2}$$

(2)式を逆ラプラス変換すると，$\frac{1}{C} = \frac{1}{C_1} + \frac{1}{C_2}$ として，抵抗 R を流れる電流 i が，次のように求まります．

$$i = \frac{\frac{Q_1}{C_1} - \frac{Q_2}{C_2}}{R} \cdot e^{-\frac{1}{RC}t} \tag{3}$$

(2) 無限大時間後までに抵抗 R で消費されるエネルギー W_R は，

$$W_R = \int_b^\infty i^2 R \, dt \tag{4}$$

となります．

(4)式に(3)式を代入し，W_R を求めると，

$$W_R = \int_0^\infty \left(\frac{\frac{Q_1}{C_1} - \frac{Q_2}{C_2}}{R}\right)^2 e^{-\frac{2}{RC}t} \cdot R \, dt$$

$$= \frac{1}{R}\left(\frac{Q_1}{C_1} - \frac{Q_2}{C_2}\right)^2 \int_0^\infty e^{-\frac{2}{RC}t} dt$$

$$= \frac{1}{R}\left(\frac{Q_1}{C_1} - \frac{Q_2}{C_2}\right)^2 \cdot \left(-\frac{RC}{2}\right)\left[e^{-\frac{2}{RC}t}\right]_0^\infty$$

$(a^n)^m = a^{nm}$
$\therefore \left(e^{-\frac{1}{RC}t}\right)^2 = e^{-\frac{2}{RC}t}$

$\int_0^\infty e^{\alpha t} dt = \frac{1}{\alpha}\left[e^{\alpha t}\right]_0^\infty$
$\therefore \int_0^\infty e^{-\frac{2}{RC}t} dt = \frac{1}{\left(-\frac{2}{RC}\right)}\left[e^{-\frac{2}{RC}t}\right]_0^\infty$

$$= \frac{1}{2}\left(\frac{Q_1}{C_1} - \frac{Q_2}{C_2}\right)^2 C \tag{5}$$

一方，無限大時間後は，C_1 と C_2 の並列回路に電荷 $(Q_1 + Q_2)$ が蓄えられた状態となり，共通電位 V は，

$$V = \frac{Q_1 + Q_2}{C_1 + C_2}$$

となるので，無限大時間後の静電エネルギーの減少量 W_C は，$W = \frac{1}{2}CV^2$ の公式より，

$$\begin{aligned}
W_C &= \frac{1}{2}C_1 \cdot \left(\frac{Q_1}{C_1}\right)^2 + \frac{1}{2}C_2\left(\frac{Q_2}{C_2}\right)^2 - \frac{1}{2}(C_1 + C_2)V^2 \\
&= \frac{1}{2}\left\{\frac{Q_1^2}{C_1} + \frac{Q_2^2}{C_2} - \frac{(Q_1 + Q_2)^2}{C_1 + C_2}\right\} \\
&= \frac{1}{2} \cdot \frac{1}{C_1 + C_2}\left\{\frac{C_2}{C_1}Q_1^2 + \frac{C_1}{C_2}Q_2^2 - 2Q_1 Q_2\right\}
\end{aligned} \tag{6}$$

ここで，(5)式に，

$$\frac{1}{C} = \frac{1}{C_1} + \frac{1}{C_2}$$
$$\therefore \quad C = \frac{C_1 C_2}{C_1 + C_2}$$

を代入すると，

$$\begin{aligned}
W_R &= \frac{1}{2}\left(\frac{Q_1}{C_1} - \frac{Q_2}{C_2}\right)^2 \frac{C_1 C_2}{C_1 + C_2} \\
&= \frac{1}{2}\left\{\left(\frac{Q_1}{C_1}\right)^2 + \left(\frac{Q_2}{C_2}\right)^2 - 2\frac{Q_1 Q_2}{C_1 C_2}\right\}\left(\frac{C_1 C_2}{C_1 + C_2}\right) \\
&= \frac{1}{2} \cdot \frac{1}{C_1 + C_2}\left\{\frac{C_2}{C_1}Q_1^2 + \frac{C_1}{C_2}Q_2^2 - 2Q_1 Q_2\right\}
\end{aligned} \tag{7}$$

となり，(6)式と一致することが分かります．

したがって，無限大時間後の静電エネルギーの減少が抵抗で消費された損失に等しくなることが証明されます．

2. 伝達関数とラプラス変換とは

Q1：自動制御ではラプラス変換がどのように用いられるかを示してください．

2種で学習する自動制御はラプラス変換を基礎とした科目で，ラプラス変換の知識なしではマスターすることができません．これは，自動制御では，制御系の特性を入力信号に対してどのような出力信号を生ずるかという信号の伝達特性としてとらえ，この入出力の関係を表す伝達関数が次の定義となっていることに基づきます．

> 伝達関数とは，全ての初期値を0としたときの出力信号のラプラス変換と入力信号のラプラス変換の比と定義する．

このように書かれると何か難しい感じがするかもしれませんが，i_0 や，q_0 などの初期値がないので，いままで学習した内容と比べてかえって簡単化されます．例えば，第8-8図の回路は，ただちに第8-9図の補助回路に描き換えられます．

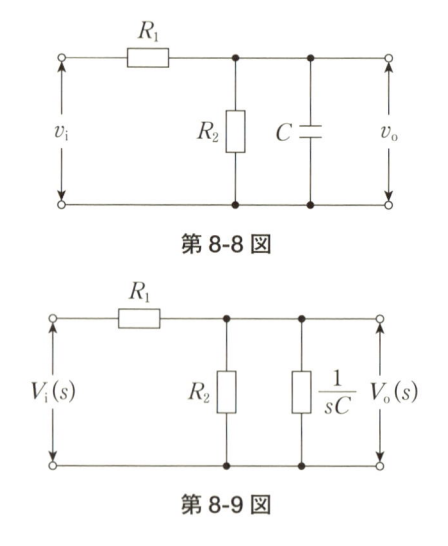

第8-8図

第8-9図

自動制御では初期値を考えなくてもよい

ここで，$V_i(s)$ および $V_o(s)$ は $\mathcal{L}v_i$ および $\mathcal{L}v_o$ を表しています．

第 8-9 図の回路から，入出力電圧間の伝達関数は，通常の直流回路の分圧の考え方により，

$$G(s) = \frac{V_o(s)}{V_i(s)} = \frac{1}{R_1 + \frac{\frac{R_2}{sC}}{R_2 + \frac{1}{sC}}} \times \frac{\frac{R_2}{sC}}{R_2 + \frac{1}{sC}} = \frac{\frac{R_2}{sC}}{R_1\left(R_2 + \frac{1}{sC}\right) + \frac{R_2}{sC}}$$

$$= \frac{R_2}{R_1 + R_2 + sCR_1R_2}$$

と求まります．

Q2：自動制御の例題をあげて，ラプラス変換の使い方を説明してください．

<例題>
伝達関数が $\frac{5}{1+2s}$ の系に単位ステップ入力を加えた場合，その出力を時間関数の形で表し，かつ，2 秒後の出力を計算せよ．また，この場合のインディシャル応答を表す略図を描け．

題意より，伝達関数 $G(s)$ は，

$$G(s) = \frac{V_o(s)}{V_i(s)} = \frac{5}{1+2s} \tag{1}$$

となるので，出力信号のラプラス変換は，

$$V_o(s) = \frac{5}{1+2s} V_i(s) \tag{2}$$

となります．ここで，自動制御では，大きさ 1 の入力信号を単位ステップ入力と呼び，このときの出力信号をインディシャル応答といいます．

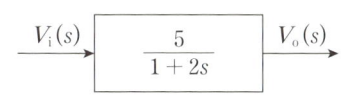

第 8-10 図

したがって，$V_i(s)$ は第 8-11 図のように，大きさ 1 の直流電圧をラプラス変

換した $1/s$ となり，$V_o(s)$ は，(2)式に $V_i(s) = 1/s$ を代入して，

$$V_o(s) = \frac{5}{1+2s} \cdot \frac{1}{s} \quad (3)$$

となります．そして，次のように，(3)式を部分分数展開した後に逆ラプラス変換すると，出力の時間関数 $v_o(t)$ が得られます．

$$V_o(s) = \frac{1}{s} \cdot \frac{\frac{5}{2}}{s+\frac{1}{2}}$$

$$= 5\left(\frac{1}{s} - \frac{1}{s+\frac{1}{2}}\right)$$

$$\therefore \quad v_o(t) = 5\left(1 - e^{-\frac{1}{2}t}\right) \quad (4)$$

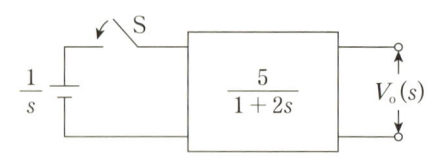

第 8-11 図

したがって，インディシャル応答を示す略図は第 8-12 図となり，2 秒後の出力は(4)式に $t=2$ を代入して，

$$v_o(2) = 5\left(1 - \frac{1}{e}\right) = 3.16 \text{ となります．}$$

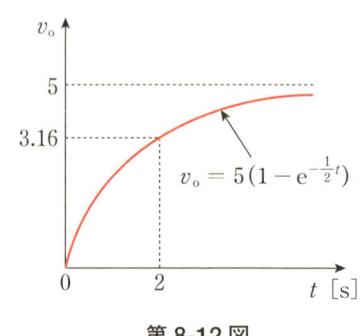

第 8-12 図

3 初期値定理と最終値定理とは

Q1：ラプラス変換の初期値定理と最終値定理について説明してください．また，その使い方について簡単な例で説明してください．

(1) 初期値定理

時間関数 $f(t)$ のラプラス変換を $F(s)$ とすると，$t=0$ のときの $f(t)$ の値は(1)式で求めることができます．これを初期値定理と呼んでいます．

$$f(t=0) = \lim_{s \to \infty} sF(s) \quad (1)$$

時間関数 $f(t)$ が分かっている場合は，その式に $t=0$ を代入すれば $f(t)$ の初期値が求まります．そのためには $F(s)$ を逆ラプラス変換して $f(t)$ を求めることが必要になりますが，初期値定理を使えば逆ラプラス変換しなくても計算することができます．

例えば，前節の例題の出力のラプラス変換は，

$$V_\mathrm{o}(s) = \frac{1}{s} \cdot \frac{\frac{5}{2}}{s+\frac{1}{2}}$$

であるので，初期値は次のように求めることができます．

$$v_\mathrm{o}(t=0) = \lim_{s\to\infty} sV_\mathrm{o}(s) = \lim_{s\to\infty} s \cdot \frac{1}{s} \cdot \frac{\frac{5}{2}}{s+\frac{1}{2}} = \lim_{s\to\infty} \frac{5}{2s+1} = 0$$

(2) 最終値定理

時間関数 $f(t)$ のラプラス変換を $F(s)$ とすると，$t=\infty$ のときの $f(t)$ の値は(2)式で求めることができます．これを最終値定理と呼んでいます．

$$f(t=\infty) = \lim_{s\to 0} sF(s) \tag{2}$$

最終値定理を使えば，逆ラプラス変換しなくても時間関数 $f(t)$ の最終値を計算することができます．

例えば，前節の例題の出力の最終値は次のようになります．

$$v_0(t=\infty) = \lim_{s\to 0} sV_0(s) = \lim_{s\to 0} s \cdot \frac{1}{s} \cdot \frac{\frac{5}{2}}{s+\frac{1}{2}} = \lim_{s\to 0} \frac{5}{2s+1} = 5$$

Q2：これらの定理はどのような問題で用いられますか．例題をあげて解説してください．

自動制御の定常偏差を求める問題で最終値定理が用いられます．

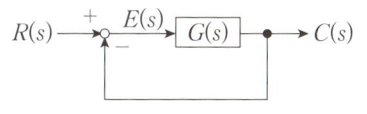

第 8-13 図

3 ● 初期値定理と最終値定理とは

第 8-13 図のブロック図で偏差は $E(s)$ で表されますが，目標値の変化や外乱に対して十分時間が経過した定常状態で残っている偏差を定常偏差といいます．最終値定理を使えば，定常偏差は(3)式で計算することができます．

$$e(t=\infty) = \lim_{s \to 0} sE(s) \tag{3}$$

では，例題について定常偏差を求めてみましょう．

<例題>

図のブロック図で示される制御系について，単位ステップ入力を加えた場合の定常偏差（定常位置偏差）はいくらになるか．

$$R(s) \xrightarrow{+} \underset{-}{\bigcirc} \xrightarrow{E(s)} \boxed{G(s) = \frac{1}{s^2+6s+8}} \longrightarrow C(s)$$

信号の関係は，

$$E(s) = R(s) - C(s) \tag{4}$$

$$C(s) = G(s) \cdot E(s) \tag{5}$$

(4), (5)式より，

$$E(s) = R(s) \cdot \frac{1}{1+G(s)} \tag{6}$$

単位ステップ入力のラプラス変換は $R(s) = \dfrac{1}{s}$ であるから，

$$E(s) = \frac{1}{s} \cdot \frac{1}{1+G(s)}$$

最終値定理を使って定常偏差を求めると次のようになります．

$$\begin{aligned}
e(t=\infty) &= \lim_{s \to 0} sE(s) \\
&= \lim_{s \to 0} s \cdot \frac{1}{s} \cdot \frac{1}{1 + \dfrac{1}{s^2+6s+8}} \\
&= \lim_{s \to 0} \frac{s^2+6s+8}{s^2+6s+9} \\
&= \frac{8}{9}
\end{aligned}$$

なお，定常偏差は目標値 $R(s)$ の形で異なってきます．

単位ステップ入力（$R(s) = 1/s$）のときの定常偏差を定常位置偏差またはオフセット，ランプ入力（$R(s) = 1/s^2$）のときの定常偏差を定常速度偏差と呼んでいます．

4. この章をまとめると

(1) 補助回路

(a) 第8-2表の取り決めに従って回路を描き直すと補助回路を描くことができます．

例えば，第8-14図の補助回路は第8-15図となります．

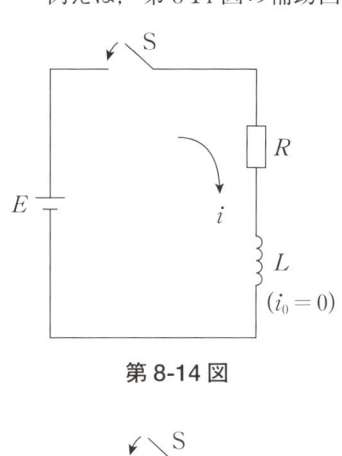

第8-14図

第8-15図

第8-2表

回路要素	補助回路
直流電源 E	$\dfrac{E}{s}$
抵抗 $\xrightarrow{i}$ R	$\xrightarrow{I}$ R
インダクタンス $\xrightarrow{i} \xrightarrow{i_0}$ L （i_0：初期値）	$\xrightarrow{I}$ sL $\;\; Li_0$
静電容量 $\xrightarrow{i}$ $+q_0 \;\; -q_0$ C （q_0：初期値）	$\xrightarrow{I}$ $\dfrac{1}{sC}$ $\;\; \dfrac{q_0}{sC}$

(b) 補助回路を用いると機械的にラプラス変換された微分方程式を立てることができます．例えば，第8-15図の回路では，次式となります．

$$\frac{E}{s} = (R + sL)I$$

(2) ラプラス変換の自動制御への応用

(a) 伝達関数 $G(s)$ は，全ての初期値を0としたときの出力信号のラプラス変換［$V_o(s)$］と入力信号のラプラス変換［$V_i(s)$］の比と定義されます．

$$G(s) = \frac{V_o(s)}{V_i(s)}$$

(b) 大きさ1の入力信号を単位ステップ入力と呼び，このときの出力信号をインディシャル応答といいます．単位ステップ入力のラプラス変換は $1/s$ となります．

(c) 例えば，$G(s) = 5/(1+2s)$ 制御系のインディシャル応答は，次式を逆ラプラス変換して求めることができます．

$$V_o(s) = V_i(s)G(s) = \frac{1}{s} \cdot \frac{5}{1+2s}$$

(3) 初期値定理と最終値定理

① 初期値定理 $f(t=0) = \lim_{s \to \infty} sF(s)$

② 最終値定理 $f(t=\infty) = \lim_{s \to 0} sF(s)$

5 ● 応用問題

【問題1】 間隔の小さい平行平板コンデンサの両電極板の間が誘電率 ε，導電率 σ の等方等質の媒体で満たされている．いま，両電極板間に電圧 V_0 が加えられ，定常状態に達しているものとする．加えていた電圧を切ってから電圧が $V(<V_0)$ に下がるまでの時間を求めよ．

【問題2】 図において，回路が定常状態にあるとき，時刻 $t=0$ においてスイッチSを閉じた．次の問に答えよ．

(1) $t>0$ においてインダクタンスを

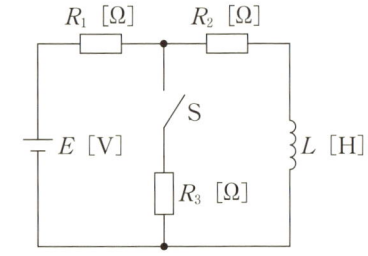

流れる電流を求めよ．
ただし，$R_1R_2 + R_2R_3 + R_3R_1 = K$ とする．
(2) (1)の電流の過渡項の時定数はいくらか．
(3) 有限の R_3 に対して，(1)の電流がスイッチ S を閉じても時間に対して変化しない条件を求めよ．

【問題3】 図に示すような RC 回路を2段接続した回路がある．この回路において，ab 端子と cd 端子間の伝達関数 $G(s) = E_2(s)/E_1(s)$ を求めよ．ただし，$R_1C_1 = T_1$, $R_2C_2 = T_2$, $R_1C_2 = T_{12}$ とせよ．

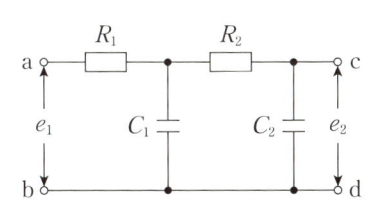

【問題4】 図のようなブロック線図で表される制御系がある．次の問に答えよ．
(1) 閉路伝達関数 $W(s) = C(s)/R(s)$ を求めよ．
(2) $N = 1$ なる場合に対して $R(s) = 1/s$ なるステップ入力を加えたときの応答 $C(t)$ を求めよ．
(3) $N = 0$ および $N = 1$ とした場合について，$E(s)$ の定常位置偏差および定常速度偏差を求めよ．

● 応用問題の解答

【問題1】 このコンデンサの等価回路は，第1図のように静電容量 C と抵抗 R の並列回路で表すことができる．定常状態では，コンデンサには $q_0 = CV_0$ の電荷が蓄えられているが，加えていた電圧を切ると，抵抗 R を通じて自己放電し C の端子電圧は徐々に低下する．

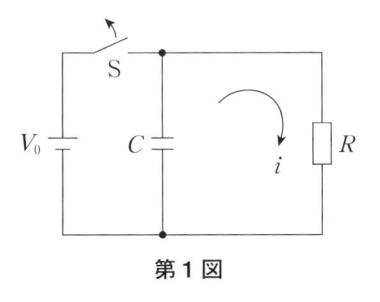

第1図

放電電流 i のラプラス変換を I として，補助回路を描くと第 2 図となるので，回路方程式は，

$$\frac{V_0}{s} = \left(R + \frac{1}{sC}\right)I$$

$$\therefore \quad I = \frac{V_0}{s} \cdot \frac{1}{R + \frac{1}{sC}}$$

$$= \frac{V_0}{R} \cdot \frac{1}{s + \frac{1}{RC}} \qquad (1)$$

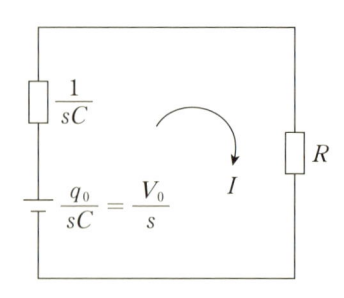

第 2 図

(1)式を逆ラプラス変換して，

$$i = \frac{V_0}{R} e^{-\frac{1}{RC}t}$$

C の端子電圧 v は，R の端子電圧に等しいので，

$$v = Ri = V_0 e^{-\frac{1}{RC}t} \qquad (2)$$

ここで，$RC = \varepsilon\rho = \varepsilon/\sigma$ の関係式より，(2)式は次式となる．

$$v = V_0 e^{-\frac{\sigma}{\varepsilon}t} \qquad (3)$$

第 3 図

$v = V$ になるまでの時間を T とすると，(3)式より，

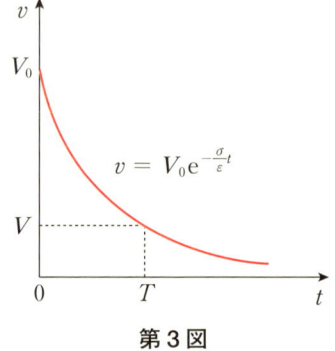

$$V = V_0 e^{-\frac{\sigma}{\varepsilon}T}$$

$$\therefore \quad \frac{V}{V_0} = e^{-\frac{\sigma}{\varepsilon}T} \qquad (4)$$

(4)式の両辺の自然対数をとると，

$$\log \frac{V}{V_0} = -\frac{\sigma}{\varepsilon}T$$

したがって，求める時間 T は次式で表される．

$$T = -\frac{\varepsilon}{\sigma} \log \frac{V}{V_0}$$

(注) $\frac{V_0}{V} = e^{\frac{\sigma}{\varepsilon}T}$ $\therefore$ $\log \frac{V_0}{V} = \frac{\sigma}{\varepsilon}T$ より，$T = -\frac{\varepsilon}{\sigma} \log \frac{V}{V_0}$ と表すこともできる．

【問題 2】 (1) 定常状態でインダクタンスを流れる電流は,

$$I_0 = \frac{E}{R_1 + R_2} \,[\text{A}]$$

であるので, スイッチ S を閉じたときの補助回路は第 4 図のようになる.

回路方程式は,

$$\frac{E}{s} = R_1(I_2 + I_3) + R_3 I_3 \qquad (1)$$

$$R_3 I_3 = R_2 I_2 + sL I_2 - L I_0 \qquad (2)$$

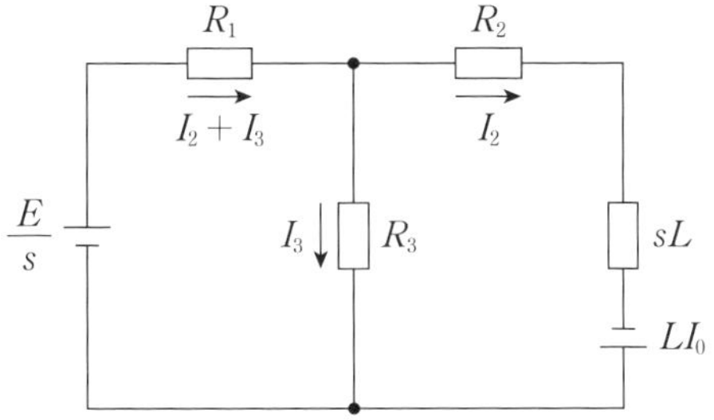

(2)式より,

$$I_3 = \frac{R_2 + sL}{R_3} I_2 - \frac{L}{R_3} I_0 \qquad (3)$$

第 4 図

(3)式を(1)式に代入して,

$$\frac{E}{s} = \frac{R_1 R_2 + R_2 R_3 + R_3 R_1 + L(R_1 + R_3)s}{R_3} I_2 - \frac{L(R_1 + R_3)}{R_3} I_0$$

$$\therefore \quad I_2 = \frac{E}{s} \cdot \frac{R_3}{K + L(R_1 + R_3)s} + \frac{L(R_1 + R_3)}{K + L(R_1 + R_3)s} I_0$$

上式右辺の第 1 項を部分分数に展開し, 第 2 項の分母・分子を $L(R_1 + R_3)$ で割って,

$$I_2 = \frac{R_3 E}{K} \left(\frac{1}{s} - \frac{1}{s + \dfrac{K}{L(R_1 + R_3)}} \right) + \frac{1}{s + \dfrac{K}{L(R_1 + R_3)}} I_0 \qquad (4)$$

(4)式を逆ラプラス変換して i_2 を求めると, $\alpha = \dfrac{K}{L(R_1 + R_3)}$ として,

$$i_2 = \frac{R_3 E}{K}(1 - e^{-\alpha t}) + I_0 e^{-\alpha t}$$

$$= \frac{R_3 E}{K} + \left(I_0 - \frac{R_3 E}{K} \right) e^{-\alpha t}$$

$$= \frac{R_3 E}{K} + \left(\frac{1}{R_1 + R_2} - \frac{R_3}{K} \right) E e^{-\alpha t}$$

$$= \frac{R_3}{K} E + \frac{R_1 R_2}{K(R_1 + R_2)} E e^{-\alpha t} \,[\text{A}] \quad \left(\text{ただし, } \alpha = \frac{K}{L(R_1 + R_3)} \right)$$

(2) 過渡項は $\dfrac{R_1 R_2}{K(R_1 + R_2)} E e^{-\alpha t}$ であるから, 時定数は次の値になる.

$$T = \frac{1}{\alpha} = \frac{L(R_1+R_3)}{K} \, [秒]$$

(3) 過渡項の係数は $\dfrac{R_1R_2}{K(R_1+R_2)}E$ であるから，$R_1=0$ または $R_2=0$ のときに，時間に対して変化しない電流になる．

【問題3】 $\mathcal{L}e_1 = E_1(s)$, $\mathcal{L}e_2 = E_2(s)$ とし，系の初期値を0とすると，補助回路は第5図のようになる．

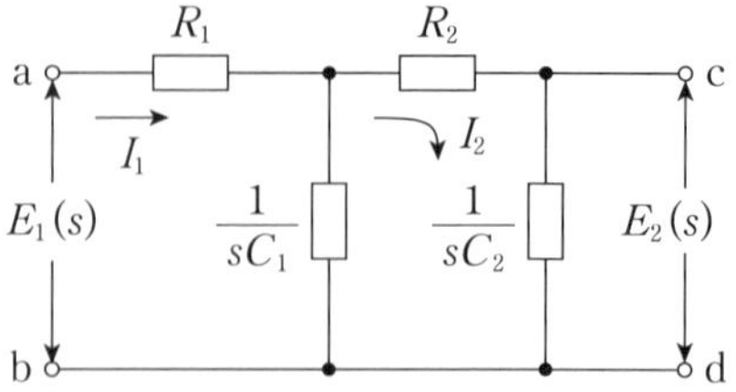

第5図

$$I_1 = \cfrac{E_1(s)}{R_1 + \cfrac{\dfrac{1}{sC_1}\left(R_2+\dfrac{1}{sC_2}\right)}{\dfrac{1}{sC_1}+R_2+\dfrac{1}{sC_2}}}$$

$$I_2 = I_1 \times \cfrac{\dfrac{1}{sC_1}}{\dfrac{1}{sC_1}+R_2+\dfrac{1}{sC_2}}$$

$$= \cfrac{E_1(s)}{R_1 + \cfrac{\dfrac{1}{sC_1}\left(R_2+\dfrac{1}{sC_2}\right)}{\dfrac{1}{sC_1}+R_2+\dfrac{1}{sC_2}}} \cdot \cfrac{\dfrac{1}{sC_1}}{\dfrac{1}{sC_1}+R_2+\dfrac{1}{sC_2}}$$

$$= \cfrac{E_1(s)/sC_1}{\dfrac{R_1}{sC_1}+R_1R_2+\dfrac{R_1}{sC_2}+\dfrac{R_2}{sC_1}+\dfrac{1}{s^2C_1C_2}}$$

$$\therefore \quad E_2(s) = \frac{I_2}{sC_2}$$

$$= \cfrac{E_1(s)}{s^2C_1C_2\left(\dfrac{R_1}{sC_1}+R_1R_2+\dfrac{R_1}{sC_2}+\dfrac{R_2}{sC_1}+\dfrac{1}{s^2C_1C_2}\right)}$$

$$= \frac{E_1(s)}{R_1R_2C_1C_2s^2 + (R_1C_1+R_1C_2+R_2C_2)s + 1}$$

$$= \frac{E_1(s)}{T_1T_2s^2 + (T_1+T_{12}+T_2)s + 1}$$

以上より，伝達関数 $G(s)$ は次式となる．

$$G(s) = \frac{E_2(s)}{E_1(s)} = \frac{1}{T_1 T_2 s^2 + (T_1 + T_{12} + T_2)s + 1}$$

【問題4】 (1)　$E(s) = R(s) - C(s)$

∴ $\{R(s) - C(s) - sC(s)\}\dfrac{5}{s^N(1+s)} = C(s)$

$R(s) - C(s)(1+s) = C(s)\dfrac{s^N(1+s)}{5}$ (1)

(1)式より閉路伝達関数 $W(s)$ は，

$$W(s) = \frac{C(s)}{R(s)} = \frac{1}{1 + s + \dfrac{s^N(1+s)}{5}} = \frac{5}{s^{N+1} + s^N + 5s + 5}$$

(2)　$N=1$ の場合に $R(s) = 1/s$ を加えたときの $C(s)$ は，

$C(s) = W(s)R(s)$

$= \dfrac{1}{s} \cdot \dfrac{5}{s^2 + 6s + 5} = \dfrac{5}{s(s+1)(s+5)}$ (2)

(2)式を部分分数展開すると，

$$C(s) = \frac{A}{s} + \frac{B}{s+1} + \frac{C}{s+5}$$

と置いて，

$A(s+1)(s+5) + Bs(s+5) + Cs(s+1) = 5$

① $s = 0$ のとき， $5A = 5$ ∴ $A = 1$

② $s = -1$ のとき， $-4B = 5$ ∴ $B = -5/4$

③ $s = -5$ のとき， $20C = 5$ ∴ $C = 1/4$

以上より，

$$C(s) = \frac{1}{s} - \frac{5}{4} \cdot \frac{1}{s+1} + \frac{1}{4} \cdot \frac{1}{s+5}$$ (3)

したがって，応答 $C(t)$ は(3)式を逆ラプラス変換して，

$$C(t) = 1 - \frac{5}{4}e^{-t} + \frac{1}{4}e^{-5t}$$

(3) 目標値の変化や外乱に対して，十分時間が経過した定常状態で残っている偏差を定常偏差といい，ステップ入力（$1/s$）に対する定常偏差を定常位置偏差，ランプ入力（$1/s^2$）に対する定常偏差を定常速度偏差という．

(ア) 定常位置偏差

① 偏差 $E(s)$ は，

$$E(s) = R(s) - C(s) = R(s) - W(s) \cdot R(s)$$
$$= \left(1 - \frac{5}{s^{N+1} + s^N + 5s + 5}\right) R(s) \tag{4}$$

となるので，$N=0$，$R(s)=1/s$ とすると，

$$E(s) = \left(1 - \frac{5}{6s+6}\right)\frac{1}{s} = \frac{1}{s} \cdot \frac{6s+1}{6s+6}$$
$$\therefore\ e(t=\infty) = \lim_{s \to 0} s \cdot \frac{1}{s} \cdot \frac{6s+1}{6s+6}$$
$$= \lim_{s \to 0} \frac{6s+1}{6s+6}$$
$$= \frac{1}{6}$$

よって，$N=0$ のときの定常位置偏差は $1/6$ となる．

② $N=1$ のときは，

$$E(s) = \left(1 - \frac{5}{s^2+6s+5}\right)\frac{1}{s} = \frac{1}{s} \cdot \frac{s^2+6s}{s^2+6s+5}$$
$$\therefore\ e(t=\infty) = \lim_{s \to 0} s \cdot \frac{1}{s} \cdot \frac{s^2+6s}{s^2+6s+5}$$
$$= \lim_{s \to 0} \frac{s^2+6s}{s^2+6s+5}$$
$$= 0$$

よって，$N=1$ のときの定常位置偏差は 0 となる．

(イ) 定常速度偏差

① $N=0$，$R(s)=1/s^2$ のときの $E(s)$ は，

$$E(s) = \left(1 - \frac{5}{6s+6}\right)\frac{1}{s^2}$$

$$\therefore\ e(t=\infty) = \lim_{s \to 0} s \cdot \frac{1}{s^2} \cdot \frac{6s+1}{6s+6}$$
$$= \lim_{s \to 0} \frac{1}{s} \cdot \frac{6s+1}{6s+6} = \infty$$

よって，$N=0$ のときの定常速度偏差は ∞ となる．

② $N=1$ のときは，

$$E(s) = \frac{s^2+6s}{s^2+6s+5} \cdot \frac{1}{s^2}$$

$$\therefore\ e(t=\infty) = \lim_{s \to 0} s \cdot \frac{1}{s^2} \cdot \frac{s^2+6s}{s^2+6s+5}$$
$$= \lim_{s \to 0} \frac{s+6}{s^2+6s+5}$$
$$= \frac{6}{5}$$

よって，$N=1$ のときの定常速度偏差は $6/5$ となる．

第9章

その他の数学

第9章 その他の数学

1. 行列と四端子定数

Q1：理論と送配電で次の形の式が出てきました．この式の意味を示してください．また，行列はどの程度まで学習しておけばよいのでしょうか．

$$\begin{pmatrix} \dot{E}_s \\ \dot{I}_s \end{pmatrix} = \begin{pmatrix} \dot{A} & \dot{B} \\ \dot{C} & \dot{D} \end{pmatrix} \begin{pmatrix} \dot{E}_r \\ \dot{I}_r \end{pmatrix} \tag{1}$$

質問の右辺の行列の乗法は次の計算をすることを表しています．

$$\begin{pmatrix} \dot{A} & \dot{B} \\ \dot{C} & \dot{D} \end{pmatrix} \begin{pmatrix} \dot{E}_r \\ \dot{I}_r \end{pmatrix} = \begin{pmatrix} \dot{A}\dot{E}_r + \dot{B}\dot{I}_r \\ \dot{C}\dot{E}_r + \dot{D}\dot{I}_r \end{pmatrix} \tag{2}$$

右辺の第1行は，左辺の初めの行列の第1列 $\dot{A}$ と2番目の行列の第1行 $\dot{E}_r$ の積と，初めの行列の第2列 $\dot{B}$ と2番目の行列の第2行 $\dot{I}_r$ の積の和となります．同様に，右辺の第2行は $\dot{C}$ と $\dot{E}_r$ の積と $\dot{D}$ と $\dot{I}_r$ の積の和となります．

したがって，質問の式は次の二つの方程式を意味しています．

$$\begin{cases} \dot{E}_s = \dot{A}\dot{E}_r + \dot{B}\dot{I}_r & (3) \\ \dot{I}_s = \dot{C}\dot{E}_r + \dot{D}\dot{I}_r & (4) \end{cases}$$

これらの $\dot{A}\sim\dot{D}$ を四端子定数と呼びますが，2種の範囲で行列の知識が特に必要となるのはこの項目のみです．また(1)式が(3)，(4)式を意味することを知ってさえいれば，四端子定数に関する問題は複素数の知識だけで解くことができ，このほかに特別な学習は必要ありません．

なお，一次方程式の解き方に行列式を使う方法があります．この方法を使うと連立方程式の解が機械的に得られますが，これについても通常の代数計算による解法をマスターしていれば，特に学習する必要はありません．

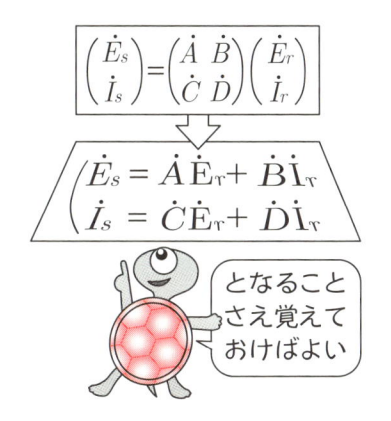

$$\begin{pmatrix} \dot{E}_s \\ \dot{I}_s \end{pmatrix} = \begin{pmatrix} \dot{A} & \dot{B} \\ \dot{C} & \dot{D} \end{pmatrix} \begin{pmatrix} \dot{E}_r \\ \dot{I}_r \end{pmatrix}$$

$$\dot{E}_s = \dot{A}\dot{E}_r + \dot{B}\dot{I}_r$$
$$\dot{I}_s = \dot{C}\dot{E}_r + \dot{D}\dot{I}_r$$

となることさえ覚えておけばよい

Q2：四端子定数とはどのようなものですか．また，四端子定数の求め方について簡単な回路の例をあげて説明してください．

(1) 四端子定数とは

第 9-1 図のような四端子回路で入力・出力の関係を問題にするとき，☐の中の回路がどのような構成であっても，次の $\dot{A}$ ～ $\dot{D}$ が分かれば，入出力の関係を知ることができます．

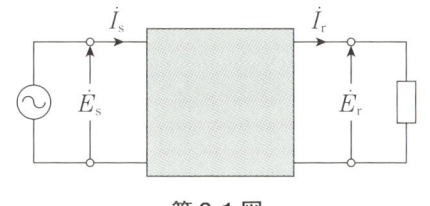

第 9-1 図

$$\begin{cases} \dot{E}_s = \dot{A}\dot{E}_r + \dot{B}\dot{I}_r & \quad (1) \\ \dot{I}_s = \dot{C}\dot{E}_r + \dot{D}\dot{I}_r & \quad (2) \end{cases}$$

これら $\dot{A}$ ～ $\dot{D}$ の四端子回路を特徴づけることができる四つの定数を四端子定数といいます．この 4 定数の間には，

$$\dot{A}\dot{D} - \dot{B}\dot{C} = 1$$

という関係があり，$\dot{A}$ ～ $\dot{D}$ のうち 3 個が独立なパラメータとなっています．また，回路が対称（入力側から見た回路と，出力側から見た回路が同一であること）であれば $\dot{A} = \dot{D}$ となります．

(2) 四端子定数の求め方

では，第9-2図のインピーダンス $\dot{Z}_1$ と $\dot{Z}_2$ で構成された四端子回路について，具体的に四端子定数を求めてみましょう．

回路が(1)，(2)式で表されるとき，出力側が開放された状態では，$\dot{I}_r = 0$ となるので，$\dot{I}_r = 0$ を(1)，(2)式に代入して，

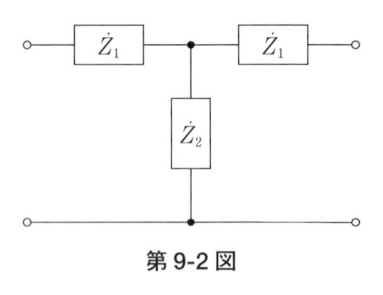

$$\begin{cases} \dot{E}_s = \dot{A}\dot{E}_r & (3) \\ \dot{I}_s = \dot{C}\dot{E}_r & (4) \end{cases}$$

となります．

第9-2図

したがって，次のように第9-3図の $\dot{E}_s$ と $\dot{E}_r$ の関係から $\dot{A}$ を，また $\dot{I}_s$ と $\dot{E}_r$ の関係から $\dot{C}$ を求めることができます．

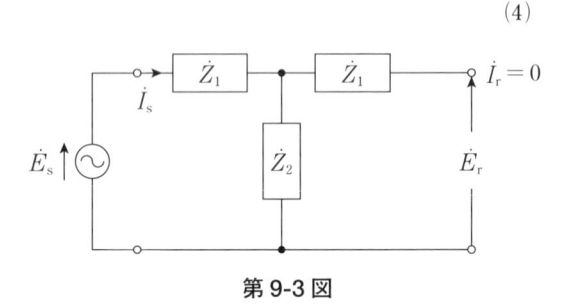

第9-3図

$$\dot{E}_r = \frac{\dot{Z}_2}{\dot{Z}_1 + \dot{Z}_2}\dot{E}_s \quad \therefore \dot{E}_s = \frac{\dot{Z}_1 + \dot{Z}_2}{\dot{Z}_2}\dot{E}_r \longrightarrow \dot{A} = \frac{\dot{Z}_1 + \dot{Z}_2}{\dot{Z}_2}$$

$$\dot{E}_r = \dot{Z}_2 \dot{I}_s \quad \therefore \dot{I}_s = \frac{1}{\dot{Z}_2}\dot{E}_r \longrightarrow \dot{C} = \frac{1}{\dot{Z}_2}$$

次に，出力側を短絡した状態を考えると，$\dot{E}_r = 0$ となるので，

$$\begin{cases} \dot{E}_s = \dot{B}\dot{I}_r & (5) \\ \dot{I}_s = \dot{D}\dot{I}_r & (6) \end{cases}$$

となります．したがって，第9-4図から，

第9-4図

$$\dot{I}_r = \frac{\dot{Z}_2}{\dot{Z}_1 + \dot{Z}_2}\dot{I}_s$$

$$\therefore \dot{I}_s = \frac{\dot{Z}_1 + \dot{Z}_2}{\dot{Z}_2}\dot{I}_r \longrightarrow \dot{D} = \frac{\dot{Z}_1 + \dot{Z}_2}{\dot{Z}_2}$$

$$\dot{E}_s = \dot{Z}_1 \dot{I}_s + \dot{Z}_1 \dot{I}_r = \left\{ \frac{\dot{Z}_1(\dot{Z}_1 + \dot{Z}_2)}{\dot{Z}_2} + \dot{Z}_1 \right\} \dot{I}_r \longrightarrow \dot{B} = 2\dot{Z}_1 + \frac{\dot{Z}_1{}^2}{\dot{Z}_2}$$

が得られます．以上より四端子定数は次の値となります．

$$\dot{A} = \dot{D} = \frac{\dot{Z}_1 + \dot{Z}_2}{\dot{Z}_2}, \quad \dot{B} = 2\dot{Z}_1 + \frac{\dot{Z}_1{}^2}{\dot{Z}_2}, \quad \dot{C} = \frac{1}{\dot{Z}_2}$$

第 9-2 図は，回路が対称であるので，$\dot{A} = \dot{D}$ の関係が成り立っています．また，$\dot{A}\dot{D} - \dot{B}\dot{C} = 1$ が成り立つことは，次のようにして確かめることができます．

$$\dot{A}\dot{D} - \dot{B}\dot{C} = \left(\frac{\dot{Z}_1 + \dot{Z}_2}{\dot{Z}_2} \right)^2 - \left(2\dot{Z}_1 + \frac{\dot{Z}_1{}^2}{\dot{Z}_2} \right) \frac{1}{\dot{Z}_2}$$

$$= \frac{\dot{Z}_1{}^2 + 2\dot{Z}_1\dot{Z}_2 + \dot{Z}_2{}^2}{\dot{Z}_2{}^2} - \frac{2\dot{Z}_1}{\dot{Z}_2} - \frac{\dot{Z}_1{}^2}{\dot{Z}_2{}^2}$$

$$= \frac{\dot{Z}_2{}^2}{\dot{Z}_2{}^2} = 1$$

2● 二項定理と近似値

Q1：二項定理とはどのような定理ですか．また，どのような場合に応用するのですか．

(1) 二項定理とは

> m を任意の実数とし，$|x| < 1$ とすると，
> $$(1+x)^m = 1 + mx + \frac{m(m-1)}{2!}x^2 + \cdots$$
> $$+ \frac{m(m-1)\cdots(m-n+1)}{n!}x^n + \cdots \quad (1)$$

と展開されます．これを二項定理といいます．

(2) 二項定理の応用

例えば，$m = 3$ のときに(1)式がどのように表されるか考えてみましょう．

$m = 3$ を(1)式に代入すると，

$$(1+x)^3 = 1 + 3x + \frac{3(3-1)}{2!}x^2 + \frac{3(3-1)(3-2)}{3!}x^3$$
$$= 1 + 3x + 3x^2 + x^3 \quad (2)$$

となります．ここで，$|x| \ll 1$ であれば，$3x$ に比べ $3x^2$，x^3 の項は無視できるような数となります．したがって，次のような近似値を得ることができます．

$$(1+x)^3 \fallingdotseq 1 + 3x$$

なお，$|x| \ll 1$ であれば m がどんな実数であっても，

$$(1+x)^m \fallingdotseq 1 + mx$$

と近似できます．

> 1から始まる n 個の整数の積
> $$1 \cdot 2 \cdot 3 \cdots (n-1) \cdot n$$
> を $n!$ と表し，n の階乗と呼びます．
> (例) $3! = 1 \cdot 2 \cdot 3 = 6$

例えば，$\sqrt{1+x}$ については，次の近似式が成り立ちます．

$$\sqrt{1+x} = (1+x)^{\frac{1}{2}} \fallingdotseq 1 + \frac{1}{2}x$$

Q2：近似値を求める計算はどのような場合に用いられるのですか．例をあげて説明してください．

第9-5図の回路で負荷の力率角を θ（遅れ）とするとき，3種では第9-6図のベクトル図を描き，$|\dot{E}_s| \fallingdotseq \overline{\text{OP}}$ の関係から電圧降下 e を

$$e \fallingdotseq I(R\cos\theta + X\sin\theta) \quad (1)$$

と導きましたが，(1)式は次のようにして数式で導き出すことができます．いま，$\dot{E}_r$ を基準ベクトルとすると，

$$\dot{I} = Ie^{-j\theta} = I(\cos\theta - j\sin\theta)$$

となるので，

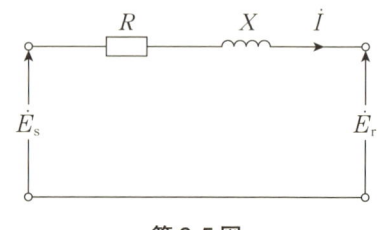

第9-5図

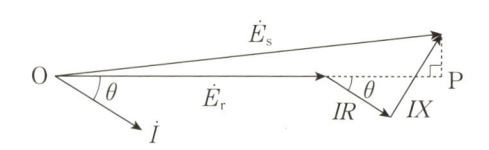

第9-6図

250　第9章　その他の数学

$$\dot{E}_\mathrm{s} = (R + \mathrm{j}X)\dot{I} + E_\mathrm{r}$$
$$= I(R + \mathrm{j}X)(\cos\theta - \mathrm{j}\sin\theta) + E_\mathrm{r}$$
$$= (E_\mathrm{r} + IR\cos\theta + IX\sin\theta) + \mathrm{j}(IX\cos\theta - IR\sin\theta)$$
$$\therefore\ |\dot{E}_\mathrm{s}| = \sqrt{(E_\mathrm{r} + IR\cos\theta + IX\sin\theta)^2 + (IX\cos\theta - IR\sin\theta)^2}$$
$$= E_\mathrm{r}\sqrt{1 + \frac{2I(R\cos\theta + X\sin\theta)}{E_\mathrm{r}} + \frac{I^2\{(R\cos\theta + X\sin\theta)^2 + (X\cos\theta - R\sin\theta)^2\}}{E_\mathrm{r}^2}}$$

ここで，電圧降下は E_r に比べて非常に小さいと考えられるので，$\sqrt{}$ の中の第3項は無視できます．

$$\therefore\ |\dot{E}_\mathrm{s}| \fallingdotseq E_\mathrm{r}\sqrt{1 + \frac{2I(R\cos\theta + X\sin\theta)}{E_\mathrm{r}}}$$

この式に $(1+x)^{1/2} \fallingdotseq 1 + \dfrac{1}{2}x$ を適用すると，$x = \dfrac{2I(R\cos\theta + X\sin\theta)}{E_\mathrm{r}}$ と考えて，

$$|\dot{E}_\mathrm{s}| \fallingdotseq E_\mathrm{r}\left\{1 + \frac{I(R\cos\theta + X\sin\theta)}{E_\mathrm{r}}\right\} = E_\mathrm{r} + I(R\cos\theta + X\sin\theta)$$

したがって，電圧降下は次式で近似されます．

$$e = |\dot{E}_\mathrm{s}| - |\dot{E}_\mathrm{r}| \fallingdotseq I(R\cos\theta + X\sin\theta)$$

3 図形と方程式

Q1：2種に必要な図形を表す方程式について示してください．

2種では，特に直線と円を表す方程式について学習しておくことが必要です．まず，直線の方程式は x，y 座標では，一般に次式で表されます．

$$y = ax + b \tag{1}$$

(1)式で a は直線の傾き $\tan\theta$ を表し，

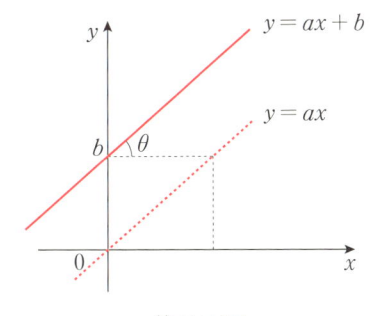

第9-7図

$a>0$ であれば第 9-7 図のような右上がりの直線となり，$a<0$ であれば，逆に右下がりの直線となります．また，$a=0$ であれば x 軸に平行な直線です．

b は，$x=0$ のときの y の値，つまり，直線と y 軸との交点の値です．

また，(1)式の直線は，$y=ax$ を y 軸方向に b だけ平行移動した直線ということもできます．

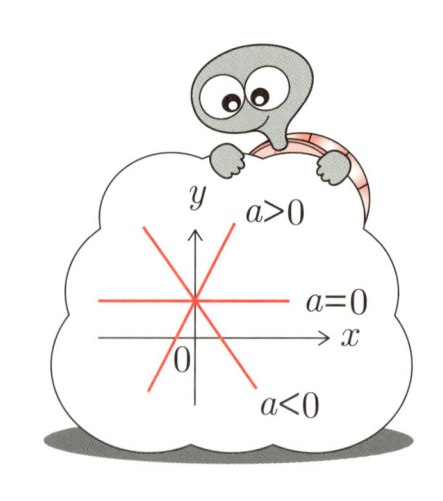

次に，半径 a の円は，どのような式で表されるかについて考えてみましょう．第 9-8 図のように，点 O を中心とする円の円周上に任意の点 P をとると，

$$\begin{cases} x = a\cos\theta & \quad(2) \\ y = a\sin\theta & \quad(3) \end{cases}$$

となります．(2)，(3)式をおのおの 2 乗して加えると，

$$x^2 + y^2 = a^2(\cos^2\theta + \sin^2\theta) = a^2$$

$$(\because \quad \sin^2\theta + \cos^2\theta = 1)$$

となります．

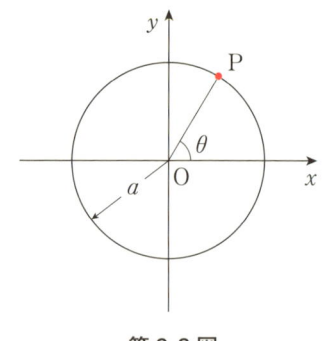

したがって，$x^2 + y^2 = a^2$ が，点 O を中心とする半径 a の円を表す方程式となります．

第 9-8 図

Q2：座標の原点を中心とする円の方程式が $x^2+y^2=a^2$ になることは分かりました．では，中心がほかにあるときの円の方程式はどのような式になるのですか．

第 9-9 図のように，点 (α, β) を中心とする半径 a の円の方程式がどのような式で表されるかについて考えてみましょう．

この円周上に，任意の点 P をとると，

$$\begin{cases} x = \alpha + a\cos\theta & (1) \\ y = \beta + a\sin\theta & (2) \end{cases}$$

と表されます．したがって，

$$\begin{cases} x - \alpha = a\cos\theta & (1)' \\ y - \beta = a\sin\theta & (2)' \end{cases}$$

となり，次の方程式を導くことができます．

$$(x-\alpha)^2 + (y-\beta)^2 = a^2 \qquad (3)$$

(3)式が点 (α, β) を中心とする半径 a の円を表す方程式となります．

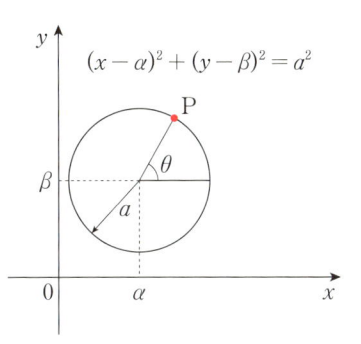

第 9-9 図

この応用例として，a, b が実数で a を定数，b を変数として，

$$x = \frac{a}{a^2+b^2} \qquad (4)$$

$$y = -\frac{b}{a^2+b^2} \qquad (5)$$

の関係があるとき，この x, y を満たす点はどのような図形になるかを考えてみましょう．

(4), (5)式から，b を消去するため次の要領で式を変形します．

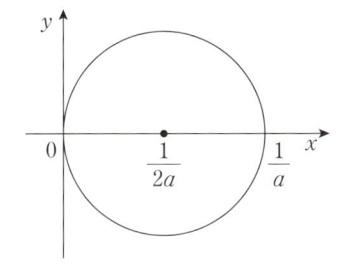

第 9-10 図

$$x^2 + y^2 = \frac{a^2+b^2}{(a^2+b^2)^2} = \frac{1}{a^2+b^2} = \frac{x}{a}$$

$$x^2 - \frac{x}{a} + y^2 = \left(x - \frac{1}{2a}\right)^2 - \left(\frac{1}{2a}\right)^2 + y^2 = 0$$

$$\therefore \ \left(x - \frac{1}{2a}\right)^2 + y^2 = \left(\frac{1}{2a}\right)^2 \qquad (6)$$

(6)式から，求める図形は，第 9-10 図に示す $\left(\dfrac{1}{2a}, 0\right)$ を中心とする半径 $\dfrac{1}{2a}$ の円となります．

3 ● 図形と方程式

4 ベクトル軌跡とは

Q1：ベクトル軌跡とは何ですか．また，その描き方について簡単な例をあげて説明してください．

(1) ベクトル軌跡とは

回路の状況の変化に伴って起電力，電圧，電流，インピーダンス，アドミタンスなどを表すベクトルの先端が複素平面上で描く軌跡をベクトル軌跡といいます．

> **＜例題＞**
> LR 直列回路で，リアクタンスが一定に保たれ抵抗だけが変化するとき，インピーダンスの軌跡はどのようになるか．また，回路に一定の電流を流すのに必要な起電力の軌跡を求めよ．

(2) ベクトル軌跡の描き方

回路のインピーダンスは，

$$\dot{Z} = R + jX_L$$

となります．ここで，実軸に x 軸を，虚軸に y 軸を対応させて考えると，

$$\begin{cases} x = R \text{（変数）} & (1) \\ y = X_L \text{（定数）} & (2) \end{cases}$$

となり，x が変化しても y が一定な直線，つまり，第 9-11 図の実軸（x 軸）に平行な直線となります．

次に，このインピーダンスに一定の電流を流す場合，電流ベクトルを基準として起電力 $\dot{E}$ は，

$$\dot{E} = \dot{Z}I = IR + jIX_L$$

同様に，x，y 軸に対応させると，

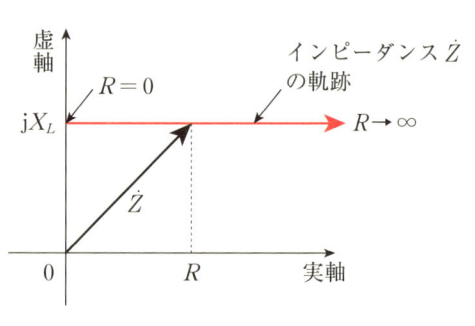

第 9-11 図

$$\begin{cases} x = IR & \text{(変数)} \\ y = IX_L & \text{(定数)} \end{cases}$$

となり，$\dot{E}$ の軌跡も第 9-12 図のように R の変化に伴い実軸に平行に走る直線になります．

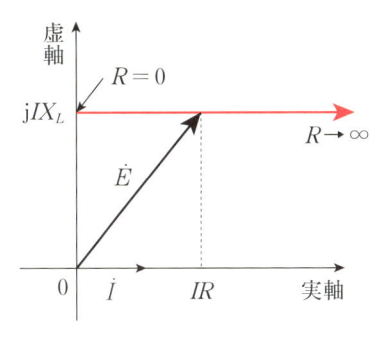

第 9-12 図

Q2：ベクトル軌跡について，例題をあげてもう少し詳しく説明してください．

<例題>

LR 直列回路で抵抗とインダクタンスが一定に保たれ，周波数が $0 \to \infty$ まで変化するとき，インピーダンスの軌跡はどうなるか．また，アドミタンスの軌跡についても求めよ．

インピーダンス $\dot{Z}$ は，
$$\dot{Z} = R + j\omega L \tag{1}$$
で，角周波数 ω が変化したとき，

$$\begin{cases} x = R & \text{(定数)} \\ y = \omega L & \text{(変数)} \end{cases}$$

となります．したがって，$\dot{Z}$ のベクトル軌跡は第 9-13 図のような虚軸（y 軸）に平行な直線となります．

次に，アドミタンス $\dot{Y}$ は，
$$\dot{Y} = \frac{1}{\dot{Z}} = \frac{1}{R + j\omega L}$$
$$= \frac{R}{R^2 + (\omega L)^2} - j\frac{\omega L}{R^2 + (\omega L)^2} \tag{2}$$

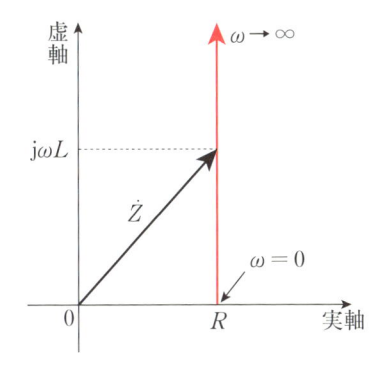

第 9-13 図

4 ● ベクトル軌跡とは

となり，

$$x = \frac{R}{R^2 + (\omega L)^2}$$
$$y = -\frac{\omega L}{R^2 + (\omega L)^2}$$

と対応させると，第 3 節の Q2 の(6)式と同一パターンとなり，$a = R$, $b = \omega L$ として，

$$\left(x - \frac{1}{2R}\right)^2 + y^2 = \left(\frac{1}{2R}\right)^2$$

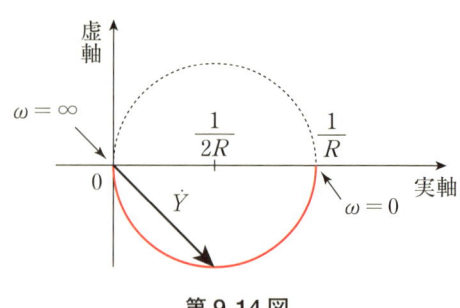

第 9-14 図

となります．ここで，ω が $0 \to \infty$ まで変化するときは，(2)式の虚数部はマイナスとなるので，$\dot{Y}$ のベクトル軌跡は，第 9-14 図に示す $\left(\dfrac{1}{2R}, 0\right)$ を中心とする半径 $\dfrac{1}{2R}$ の円の下半分となります．なお，$\dot{Z}$ に対して，その逆数 $1/\dot{Z} = \dot{Y}$ の描く軌跡を逆図形と呼び，この例から分かるように，あるベクトルの軌跡が虚軸に平行な直線であるならば，その逆図形は中心が実軸上にあって原点を通る円となります．

5. この章をまとめると

(1) 行列と四端子定数

(a)

$$\begin{pmatrix} \dot{E}_s \\ \dot{I}_s \end{pmatrix} = \begin{pmatrix} \dot{A} & \dot{B} \\ \dot{C} & \dot{D} \end{pmatrix} \begin{pmatrix} \dot{E}_r \\ \dot{I}_r \end{pmatrix} \text{ は } \begin{cases} \dot{E}_s = \dot{A}\dot{E}_r + \dot{B}\dot{I}_r \\ \dot{I}_s = \dot{C}\dot{E}_r + \dot{D}\dot{I}_r \end{cases} \text{ の二つの式を意味している．}$$

(b) $\dot{A} \sim \dot{D}$ を四端子定数といい，$\dot{A}\dot{D} - \dot{B}\dot{C} = 1$ となる関係がある．

(c) 対称な回路では $\dot{A} = \dot{D}$ となる．

(d) 回路の四端子定数は，

① 出力側開放

$$(\dot{I}_r = 0) \longrightarrow \begin{cases} \dot{E}_s = \dot{A}\dot{E}_r \\ \dot{I}_s = \dot{C}\dot{E}_r \end{cases} \text{ より，} \dot{A} \text{ と } \dot{C} \text{ が求められる．}$$

② 出力側短絡

$$(\dot{E}_{\mathrm{r}} = 0) \longrightarrow \begin{cases} \dot{E}_{\mathrm{s}} = \dot{B}\dot{I}_{\mathrm{r}} \\ \dot{I}_{\mathrm{s}} = \dot{D}\dot{I}_{\mathrm{r}} \end{cases} \text{より } \dot{B} \text{ と } \dot{D} \text{ が求められる.}$$

(2) 二項定理と近似値

(a) m を任意の実数とし，$|x| < 1$ とすると，

$$(1+x)^m = 1 + mx + \frac{m(m-1)}{2!}x^2 + \cdots + \frac{m(m-1)\cdots(m-n+1)}{n!}x^n + \cdots$$

と展開される．これを二項定理という．

(b) $|x| \ll 1$ であれば，次の近似式が成り立つ．

$$(1+x)^m \fallingdotseq 1 + mx$$

(例) $\sqrt{1+x} = (1+x)^{\frac{1}{2}} \fallingdotseq 1 + \frac{1}{2}x$

(3) 図形と方程式

(a) 第 9-15 図に示す直線は次の方程式で表される．

$$y = ax + b$$

ここで，$a = \tan\theta$ で直線の傾きを表す．

(b) (α, β) を中心とする半径 a の円を表す方程式は，次式となる（第 9-16 図）．

$$(x-\alpha)^2 + (y-\beta)^2 = a^2$$

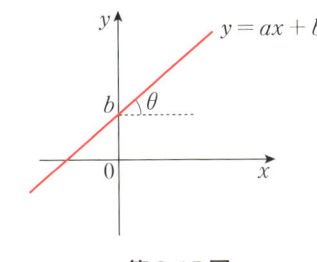

第 9-15 図 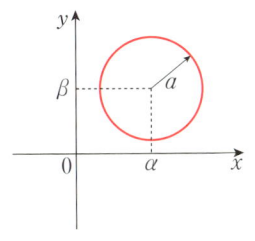   第 9-16 図

(4) ベクトル軌跡

(a) 回路の状況の変化に伴って，起電力，電圧，インピーダンス，アドミタンスなどを表すベクトルの先端が複素平面上で描く軌跡をベクトル軌跡という．

(b) $\dot{Z} = R + \mathrm{j}\omega L$ で角周波数 ω が変化したときの $\dot{Z}$ のベクトル軌跡は第 9-17 図のような虚軸に平行な直線となる.

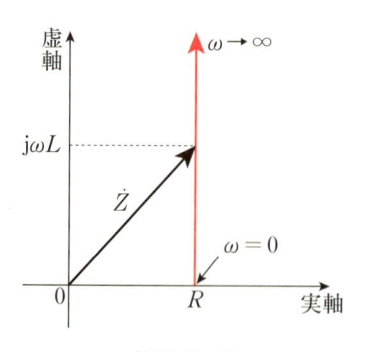

第 9-17 図

(c) $\dot{Y} = \dfrac{1}{\dot{Z}} = \dfrac{1}{R + \mathrm{j}\omega L}$ で角周波数 ω が変化したときの $\dot{Y}$ のベクトル軌跡は,

$$\dot{Y} = \frac{R}{R^2 + (\omega L)^2} - \mathrm{j}\frac{\omega L}{R^2 + (\omega L)^2}$$

で, $x = \dfrac{R}{R^2 + (\omega L)^2}$, $y = -\dfrac{\omega L}{R^2 + (\omega L)^2}$ と対応させると,

$$\left(x - \frac{1}{2R}\right)^2 + y^2 = \left(\frac{1}{2R}\right)^2$$

の関係式が成り立つ. また, $y < 0$ であるので, $\dot{Y}$ のベクトル軌跡は第 9-18 図に示すように $\left(\dfrac{1}{2R},\ 0\right)$ を中心とする半径 $\dfrac{1}{2R}$ の下半円となる.

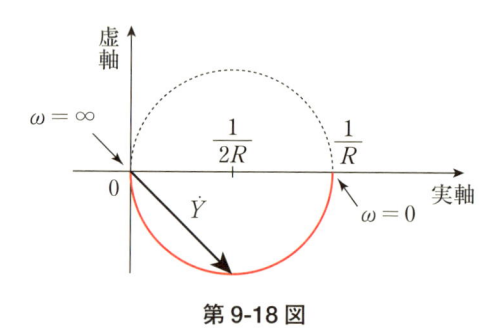

第 9-18 図

(d) $\dot{Z}$ に対して, その逆数 $1/\dot{Z}$ の描く軌跡を逆図形という.

(e) あるベクトル軌跡が虚軸に平行な直線である場合, その逆図形は, 中心

が実軸上にあって原点を通る円となる．

6 応用問題

【問題 1】 次の〔　〕の中に適当な答を記入せよ．

(1) 図 1 の送電線の等価回路の四端子定数は

$\dot{A} = \dot{D} = 1 + $ ①

$\dot{B} = $ ②

$\dot{C} = $ ③ $\times (1 + $ ④ $)$

で表され，$\dot{A}\dot{D} - \dot{B}\dot{C} = $ ⑤ の関係がある．

$\dot{Z}$：電線 1 条の全インピーダンス
$\dot{Y}$：電線 1 条の全並列アドミタンス

図 1

(2) 図 2 の回路において，入力側の電圧，電流および出力側の電圧，電流をそれぞれ $\dot{V}_1$，$\dot{I}_1$ および $\dot{V}_2$，$\dot{I}_2$ とし，電圧，電流の向きを図のようにとり，$\dot{V}_1$，$\dot{I}_1$ を次式のように表した場合，この $\dot{A}$，$\dot{B}$，$\dot{C}$ および $\dot{D}$ を ① 定数という．

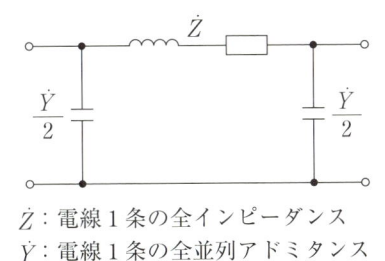

$$\begin{cases} \dot{V}_1 = \dot{A}\dot{V}_2 + \dot{B}\dot{I}_2 \\ \dot{I}_1 = \dot{C}\dot{V}_2 + \dot{D}\dot{I}_2 \end{cases}$$

図 2

一般には，② － ③ ＝ 1 の関係が成立し，また，回路が対称なときには，④ ＝ ⑤ である．

【問題 2】 よくねん架された三相送電線 1 回線がある．無負荷時に送電端に電圧 154 kV を加えたところ，受電端電圧および送電端電流はそれぞれ 160.4 kV および 139.8 A（進み）であった．この送電線の四端子定数を求めよ．ただし，抵抗分は無視するものとする．

【問題 3】 ある基準温度における温度係数 α_1 の抵抗 R_1 と温度係数 α_2 の抵抗 R_2 を図のように並列に

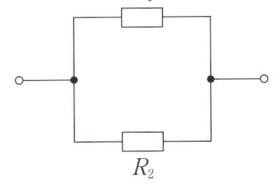

接続したときに，同一の基準温度における合成の温度係数 α が次式で近似されることを証明せよ．

$$\alpha \fallingdotseq \frac{\alpha_1 R_2 + \alpha_2 R_1}{R_1 + R_2}$$

【問題4】 電機子1相の抵抗および同期リアクタンスがそれぞれ r_a および x_s で，相電圧が V，定格電流が I なる円筒形三相同期発電機のベクトル図を描き，電圧変動率の式を誘導せよ．

【問題5】 RC 直列回路に一定の交流電圧 $\dot{E}$ を加え，C を変化させたとき，回路に流れる電流のベクトル軌跡を求めよ．

【問題6】 図のような R と C の並列回路で，ωC が一定で R が変化する場合，この回路の合成インピーダンスのベクトル軌跡を求めよ．

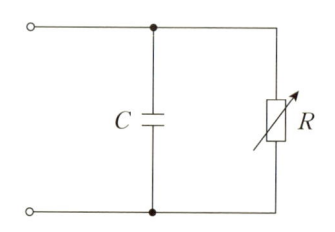

● 応用問題の解答

【問題1】

(1) $\begin{cases} \dot{E}_s = \dot{A}\dot{E}_r + \dot{B}\dot{I}_r & \quad (1) \\ \dot{I}_s = \dot{C}\dot{E}_r + \dot{D}\dot{I}_r & \quad (2) \end{cases}$

(ア) 出力端を開放すると，$\dot{I}_r = 0$ となるので，(1), (2)式は

$\begin{cases} \dot{E}_s = \dot{A}\dot{E}_r & \therefore \quad \dot{A} = \dfrac{\dot{E}_s}{\dot{E}_r} \\ \dot{I}_s = \dot{C}\dot{E}_r & \therefore \quad \dot{C} = \dfrac{\dot{I}_s}{\dot{E}_r} \end{cases}$

ここで，第2図でアドミタンス $\dot{Y}/2$ のインピーダンスは $2/\dot{Y}$ となるので，

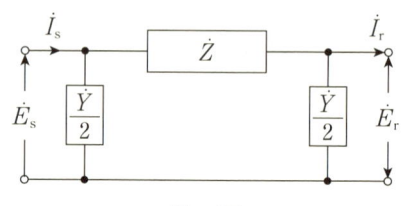

第1図

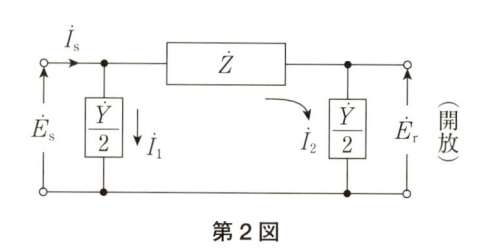

第2図

$$\dot{E}_\mathrm{r} = \frac{\dfrac{2}{\dot{Y}}}{\dot{Z}+\dfrac{2}{\dot{Y}}}\dot{E}_\mathrm{s} = \frac{2}{2+\dot{Y}\dot{Z}}\dot{E}_\mathrm{s}$$

$$\therefore\quad \dot{A} = \frac{\dot{E}_\mathrm{s}}{\dot{E}_\mathrm{r}} = \frac{2+\dot{Y}\dot{Z}}{2} = 1+\frac{\dot{Y}\dot{Z}}{2} \tag{3}$$

また，回路は対称なので $\dot{A} = \dot{D}$ となる．

次に，

$$\dot{I}_\mathrm{s} = \frac{\dot{Y}}{2}\dot{E}_\mathrm{s} + \frac{\dot{Y}}{2}\dot{E}_\mathrm{r} = \frac{\dot{Y}}{2}\cdot\frac{2+\dot{Y}\dot{Z}}{2}\dot{E}_\mathrm{r} + \frac{\dot{Y}}{2}\dot{E}_\mathrm{r}$$

$$= \frac{\dot{Y}}{2}\left(\frac{2+\dot{Y}\dot{Z}}{2}+1\right)\dot{E}_\mathrm{r}$$

$$= \dot{Y}\left(1+\frac{\dot{Y}\dot{Z}}{4}\right)\dot{E}_\mathrm{r}$$

$$\therefore\quad \dot{C} = \frac{\dot{I}_\mathrm{s}}{\dot{E}_\mathrm{r}} = \dot{Y}\left(1+\frac{\dot{Y}\dot{Z}}{4}\right) \tag{4}$$

(ｲ) 出力側を短絡すると，$\dot{E}_\mathrm{r}=0$ となるので，(1)，(2)式は，

$$\begin{cases}\dot{E}_\mathrm{s} = \dot{B}\dot{I}_\mathrm{r} \\ \dot{I}_\mathrm{s} = \dot{D}\dot{I}_\mathrm{r}\end{cases}$$

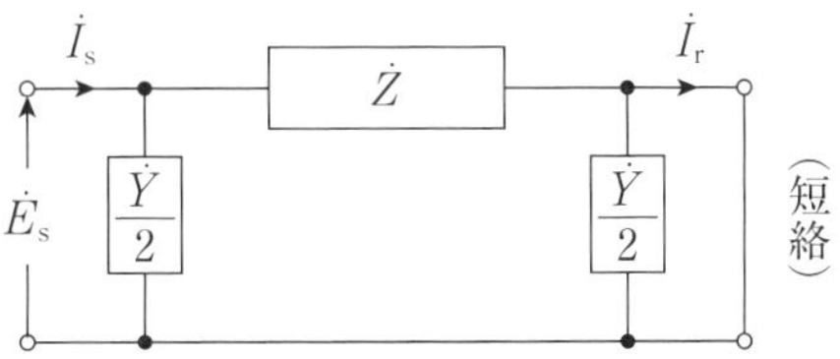

第3図より，

$$\dot{E}_\mathrm{s} = \dot{Z}\dot{I}_\mathrm{r}$$

$$\therefore\quad \dot{B} = \frac{\dot{E}_\mathrm{s}}{\dot{I}_\mathrm{r}} = \dot{Z} \tag{5}$$

第3図

以上の(3)～(5)式より，答は次の値となる．

① $\dfrac{\dot{Y}\dot{Z}}{2}$　② $\dot{Z}$　③ $\dot{Y}$　④ $\dfrac{\dot{Y}\dot{Z}}{4}$　⑤ 1

(2) ① 四端子　② $\dot{A}\dot{D}$　③ $\dot{B}\dot{C}$　④ $\dot{A}$　⑤ $\dot{D}$　(④と⑤は入れ代わってもよい)

【問題2】　送電端および受電端の相電圧を $\dot{E}_\mathrm{s}$，$\dot{E}_\mathrm{r}$，電流を $\dot{I}_\mathrm{s}$，$\dot{I}_\mathrm{r}$ とすれば，

$$\begin{cases}\dot{E}_\mathrm{s} = \dot{A}\dot{E}_\mathrm{r} + \dot{B}\dot{I}_\mathrm{r} & (1)\\ \dot{I}_\mathrm{s} = \dot{C}\dot{E}_\mathrm{r} + \dot{D}\dot{I}_\mathrm{r} & (2)\end{cases}$$

無負荷時は，(1), (2)式に $\dot{I}_r = 0$ を代入して，

$$\begin{cases} \dot{E}_s = \dot{A}\dot{E}_r & (3) \\ \dot{I}_s = \dot{C}\dot{E}_r & (4) \end{cases}$$

題意より，送電線の線路定数は抵抗分を無視するので，$\dot{E}_s$ と $\dot{E}_r$ は同相となる．したがって，

$$\dot{A} = \frac{\dot{E}_s}{\dot{E}_r} = \frac{E_s}{E_r} = \frac{\frac{154}{\sqrt{3}}}{\frac{160.4}{\sqrt{3}}} = 0.960 \tag{5}$$

また，送電線は送受電端のいずれから見ても対称であるので，

$$\dot{D} = \dot{A} = 0.960 \tag{6}$$

次に，$\dot{I}_s$ が $\dot{E}_s$ より $\pi/2$ 進むので，

$$\dot{C} = \frac{\dot{I}_s}{\dot{E}_r} = \frac{j139.8}{\frac{160.4 \times 10^3}{\sqrt{3}}} = j1.51 \times 10^{-3} \text{ S} \tag{7}$$

四端子定数については，$\dot{A}\dot{D} - \dot{B}\dot{C} = 1$ の関係が成り立つので，

$$\dot{B} = \frac{\dot{A}\dot{D} - 1}{\dot{C}} = \frac{0.96^2 - 1}{j1.51 \times 10^{-3}} = j51.9 \text{ Ω} \tag{8}$$

(5)〜(8)式より，四端子定数は次の値となる．

$\dot{A} = \dot{D} = 0.960$, $\dot{B} = j51.9$ Ω, $\dot{C} = j1.51 \times 10^{-3}$ S

【問題3】 基準温度 θ [℃] における温度係数 α は，

$$\alpha = \frac{R_{(\theta+1)} - R_{(\theta)}}{R_{(\theta)}}$$

ただし，$R_{(\theta+1)}$：温度 $(\theta+1)$ [℃] のときの抵抗

R_θ：温度 θ [℃] のときの抵抗

で求めることができる．

ここで，基準温度 θ [℃] での合成抵抗 $R_{(\theta)}$ は，

$$R_{(\theta)} = \frac{R_1 R_2}{R_1 + R_2}$$

$(\theta+1)$ [℃] のときの合成抵抗 $R_{(\theta+1)}$ は，

$$R_{(\theta+1)} = \frac{R_1 R_2 (1+a_1)(1+a_2)}{R_1(1+a_1) + R_2(1+a_2)}$$

したがって，合成の温度係数は，

$$\alpha = \frac{R_{(\theta+1)}}{R_{(\theta)}} - 1 = \frac{R_1 + R_2}{R_1 R_2} \cdot \frac{R_1 R_2 (1+\alpha_1)(1+\alpha_2)}{R_1 + R_2 + R_1\alpha_1 + R_2\alpha_2} - 1$$

$$= \frac{(1+\alpha_1)(1+\alpha_2)}{1 + \dfrac{R_1\alpha_1 + R_2\alpha_2}{R_1 + R_2}} - 1 \tag{1}$$

ここで，$1 \gg \dfrac{R_1\alpha_1 + R_2\alpha_2}{R_1 + R_2}$ であるので，

$$\frac{1}{1 + \dfrac{R_1\alpha_1 + R_2\alpha_2}{R_1 + R_2}} = \left(1 + \frac{R_1\alpha_1 + R_2\alpha_2}{R_1 + R_2}\right)^{-1}$$

$$\fallingdotseq 1 - \frac{R_1\alpha_1 + R_2\alpha_2}{R_1 + R_2} \tag{2}$$

(1)式に(2)式を代入して，

$$\alpha \fallingdotseq (1+\alpha_1)(1+\alpha_2)(1-\beta) - 1$$
$$= \alpha_1 + \alpha_2 + \alpha_1\alpha_2 - \beta - \beta(\alpha_1 + \alpha_2 + \alpha_1\alpha_2)$$

ただし，$\beta = \dfrac{R_1\alpha_1 + R_2\alpha_2}{R_1 + R_2}$

二次以上の微小項を無視すると，

$$\alpha \fallingdotseq \alpha_1 + \alpha_2 - \beta = \alpha_1 + \alpha_2 - \frac{R_1\alpha_1 + R_2\alpha_2}{R_1 + R_2} = \frac{\alpha_1 R_2 + \alpha_2 R_1}{R_1 + R_2}$$

となる．

【問題4】 負荷の力率角を φ，無負荷誘導起電力（相電圧）を E_0 とすれば，ベクトル図は第4図のようになる．

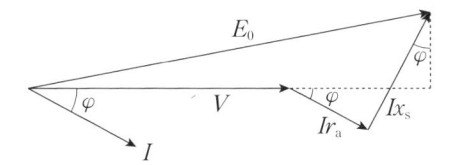

第4図

ベクトル図より，
$$E_0{}^2 = (V + Ir_a\cos\varphi + Ix_s\sin\varphi)^2 + (Ix_s\cos\varphi - Ir_a\sin\varphi)^2$$
となるので，
$$E_0 = \sqrt{V^2 + 2V(Ir_a\cos\varphi + Ix_s\sin\varphi) + (Ir_a\cos\varphi + Ix_s\sin\varphi)^2 + (Ix_s\cos\varphi - Ir_a\sin\varphi)^2}$$

$\sqrt{}$ の中の第 3, 4 項は第 1, 2 項に比べて無視できるので，
$$E_0 \fallingdotseq \sqrt{V^2 + 2V(Ir_a\cos\varphi + Ix_s\sin\varphi)}$$
$$= V\left\{1 + \frac{2}{V}(Ir_a\cos\varphi + Ix_s\sin\varphi)\right\}^{\frac{1}{2}}$$

ここで，$1 \gg \dfrac{2}{V}(Ir_a\cos\varphi + Ix_s\sin\varphi)$ と考えられるので，
$$E_0 \fallingdotseq V\left\{1 + \frac{1}{2V}\cdot 2(Ir_a\cos\varphi + Ix_s\sin\varphi)\right\}$$
$$= V + (Ir_a\cos\varphi + Ix_s\sin\varphi) \tag{1}$$

電圧変動率 ε は，
$$\varepsilon = \frac{E_0 - V}{V} \times 100\ \% \tag{2}$$

であるので，(2)式に(1)式を代入して，
$$\varepsilon = \frac{Ir_a\cos\varphi + Ix_s\sin\varphi}{V} \times 100\ \%$$

となる．

【問題 5】 電圧を基準ベクトルとすると，電流 $\dot{I}$ は，
$$\dot{I} = \frac{E}{R + \dfrac{1}{j\omega C}} = \frac{E\left(R + j\dfrac{1}{\omega C}\right)}{R^2 + \left(\dfrac{1}{\omega C}\right)^2} = \frac{ER}{R^2 + \left(\dfrac{1}{\omega C}\right)^2} + j\frac{E\dfrac{1}{\omega C}}{R^2 + \left(\dfrac{1}{\omega C}\right)^2}$$

$$x = \frac{ER}{R^2 + \left(\dfrac{1}{\omega C}\right)^2}, \quad y = \frac{E\dfrac{1}{\omega C}}{R^2 + \left(\dfrac{1}{\omega C}\right)^2}$$

と対応させると，

$$\left(x-\frac{E}{2R}\right)^2+y^2=\left(\frac{E}{2R}\right)^2$$

の関係式が得られ，$\left(\dfrac{E}{2R},\ 0\right)$ を中心とする半径 $E/2R$ の円を表す方程式が得られる．

ここで，C が $0 \to \infty$ まで変化したときの $\dot{I}$ の虚数部は正符号であるので，$\dot{I}$ のベクトル軌跡は第5図に示すように円の上半分となる．

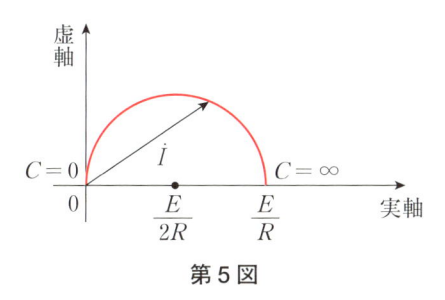

第5図

【問題6】 合成インピーダンス $\dot{Z}$ は，

$$\dot{Z}=\frac{1}{\mathrm{j}\omega C+\dfrac{1}{R}}=\frac{\dfrac{1}{R}-\mathrm{j}\omega C}{\left(\dfrac{1}{R}\right)^2+(\omega C)^2}$$

$$=\frac{\dfrac{1}{R}}{\left(\dfrac{1}{R}\right)^2+(\omega C)^2}-\mathrm{j}\frac{\omega C}{\left(\dfrac{1}{R}\right)^2+(\omega C)^2}$$

$$x=\frac{\dfrac{1}{R}}{\left(\dfrac{1}{R}\right)^2+(\omega C)^2},\qquad y=\frac{-\omega C}{\left(\dfrac{1}{R}\right)^2+(\omega C)^2}$$

とすると，

$$x^2+\left(y+\frac{1}{2\omega C}\right)^2=\left(\frac{1}{2\omega C}\right)^2$$

となり，$\left(0,\ -\dfrac{1}{2\omega C}\right)$ を中心とする半径 $\dfrac{1}{2\omega C}$ の円となることが分かる．

なお，R が $0 \to \infty$ まで変化したときの $\dot{Z}$ の実数部の符号は正であるので，

6 ● 応用問題

$\dot{Z}$ のベクトル軌跡は第 6 図に示すように円の右半分となる．

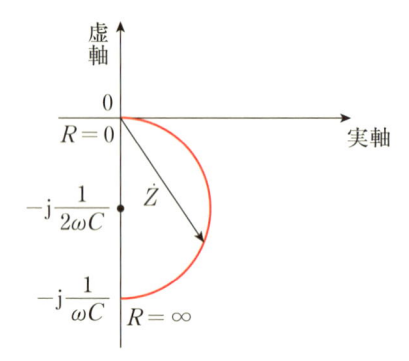

第 6 図

〈数学公式〉

1. 代　数

(1) 乗法公式

① $(a \pm b)^2 = a^2 \pm 2ab + b^2$

② $(a+b)(a-b) = a^2 - b^2$

③ $(x+a)(x+b) = x^2 + (a+b)x + ab$

④ $(a+b+c)^2 = a^2 + b^2 + c^2 + 2ab + 2bc + 2ca$

⑤ $(a \pm b)^3 = a^3 \pm 3a^2 b + 3ab^2 \pm b^3$

⑥ $(a \pm b)(a^2 \mp ab + b^2) = a^3 \pm b^3$

⑦ $(x+a)(x+b)(x+c) = x^3 + (a+b+c)x^2 + (ab+bc+ca)x + abc$

(2) 平方根

$a>0$, $b>0$, $k>0$ のとき,

$$\sqrt{a}\sqrt{b} = \sqrt{ab}, \quad \frac{\sqrt{a}}{\sqrt{b}} = \sqrt{\frac{a}{b}}, \quad \sqrt{k^2 a} = k\sqrt{a}, \quad \sqrt{\frac{a}{k^2}} = \frac{\sqrt{a}}{k}$$

(3) 指　数

$a>0$, $b>0$ で m, n が有理数のとき,

$$a^m a^n = a^{m+n}, \quad \frac{a^m}{b^n} = a^{m-n}, \quad (a^m)^n = a^{mn}, \quad (ab)^n = a^n b^n$$

$$\left(\frac{a}{b}\right)^n = \frac{a^n}{b^n}, \quad a^0 = 1, \quad \frac{1}{a^n} = a^{-n}, \quad \sqrt[n]{a} = a^{1/n}$$

(4) 対　数

① $a>0$, $a \neq 1$, $N>0$ のとき, $a^m = N \Longleftrightarrow m = \log_a N$

② $\log_a xy = \log_a x + \log_a y \qquad \log_a \frac{x}{y} = \log_a x - \log_a y$

$\log_a x^n = n \log_a x \qquad \log_a \sqrt[n]{x} = \frac{1}{n} \log_a x$

$\log_b a = \frac{\log_c a}{\log_c b} \qquad \log_b a \log_a b = 1$

$\log_{10} e = 0.4343 \qquad \log_{10} x = 0.4343 \log_e x$

$\log_e 10 = 2.3026 \qquad \log_e x = 2.3026 \log_{10} x$

$(e = 2.71828)$

(5) 二次方程式 $ax^2+bx+c=0$ の根

$$x = \frac{-b \pm \sqrt{b^2-4ac}}{2a} = -\frac{b}{2a} \pm \sqrt{\left(\frac{b}{2a}\right)^2 - \frac{c}{a}}$$

(6) 行列式

$$\begin{vmatrix} a_1 & a_2 \\ b_1 & b_2 \end{vmatrix} = a_1 b_2 - a_2 b_1$$

$$\begin{vmatrix} a_{11} & a_{12} & a_{13} \\ a_{21} & a_{22} & a_{23} \\ a_{31} & a_{32} & a_{33} \end{vmatrix} = a_{11}a_{22}a_{33} + a_{12}a_{23}a_{31} + a_{13}a_{21}a_{32} \\ - a_{13}a_{22}a_{31} - a_{11}a_{23}a_{32} - a_{12}a_{21}a_{33}$$

(7) 連立2元一次方程式の根

$$\begin{cases} a_1 x + b_1 y + c_1 = 0 \\ a_2 x + b_2 y + c_2 = 0 \end{cases}$$

$$D = \begin{vmatrix} a_1 & b_1 \\ a_2 & b_2 \end{vmatrix} \quad x = \frac{1}{D}\begin{vmatrix} b_1 & c_1 \\ b_2 & c_2 \end{vmatrix} \quad y = \frac{1}{D}\begin{vmatrix} c_1 & a_1 \\ c_2 & a_2 \end{vmatrix}$$

(8) 連立3元一次方程式の根

$$\begin{cases} a_1 x + b_1 y + c_1 z + d_1 = 0 \\ a_2 x + b_2 y + c_2 z + d_2 = 0 \\ a_3 x + b_3 y + c_3 z + d_3 = 0 \end{cases}$$

$$D = \begin{vmatrix} a_1 & b_1 & c_1 \\ a_2 & b_2 & c_2 \\ a_3 & b_3 & c_3 \end{vmatrix} \quad x = -\frac{1}{D}\begin{vmatrix} d_1 & b_1 & c_1 \\ d_2 & b_2 & c_2 \\ d_3 & b_3 & c_3 \end{vmatrix}$$

$$y = -\frac{1}{D}\begin{vmatrix} d_1 & c_1 & a_1 \\ d_2 & c_2 & a_2 \\ d_3 & c_3 & a_3 \end{vmatrix}$$

$$z = -\frac{1}{D}\begin{vmatrix} d_1 & a_1 & b_1 \\ d_2 & a_2 & b_2 \\ d_3 & a_3 & b_3 \end{vmatrix}$$

(9) 級数の和

$$1 + r + r^2 + \cdots\cdots + r^n = \frac{1+r^{n+1}}{1-r}$$

(10) 展開式

$$e^x = 1 + \frac{x}{1} + \frac{x^2}{1 \cdot 2} + \frac{x^3}{1 \cdot 2 \cdot 3} + \cdots\cdots$$

$$(1+x)^n = 1 + nx + \frac{n(n-1)}{1 \cdot 2}x^2 + \frac{n(n-1)(n-2)}{1 \cdot 2 \cdot 3}x^3 + \cdots\cdots$$

$$\sin x = x - \frac{x^3}{1 \cdot 2 \cdot 3} + \frac{x^5}{1 \cdot 2 \cdot 3 \cdot 4 \cdot 5} - \cdots\cdots$$

$$\cos x = 1 - \frac{x^2}{1 \cdot 2} + \frac{x^4}{1 \cdot 2 \cdot 3 \cdot 4} - \cdots\cdots$$

2. 三角関数

(1) 角度 $\theta = \dfrac{\pi}{180}x$ [rad]

(θ はある角の弧度，x はその 60 分法の角度)

(2) 基本公式

① $\sin(-\theta) = -\sin\theta, \quad \cos(-\theta) = \cos\theta, \quad \tan(-\theta) = -\tan\theta$

② $\sin\left(\dfrac{\pi}{2} + \theta\right) = \cos\theta, \quad \cos\left(\dfrac{\pi}{2} + \theta\right) = -\sin\theta, \quad \tan\left(\dfrac{\pi}{2} + \theta\right) = -\cot\theta$

③ $\sin(\pi + \theta) = -\sin\theta, \quad \cos(\pi + \theta) = -\cos\theta, \quad \tan(\pi + \theta) = \tan\theta$

(3) 加法定理とそれから導かれる諸公式

① $\begin{cases} \sin(\alpha \pm \beta) = \sin\alpha\cos\beta \pm \cos\alpha\sin\beta \\ \cos(\alpha \pm \beta) = \cos\alpha\cos\beta \mp \sin\alpha\sin\beta \end{cases}$

② $\begin{cases} \sin 2\alpha = 2\sin\alpha\cos\alpha \\ \cos 2\alpha = \cos^2\alpha - \sin^2\alpha = 2\cos^2\alpha - 1 = 1 - 2\sin^2\alpha \end{cases}$

③ $\begin{cases} \sin^2\alpha = \dfrac{1 - \cos 2\alpha}{2} \\ \cos^2\alpha = \dfrac{1 + \cos 2\alpha}{2} \end{cases}$

④ $\begin{cases} \sin\alpha\cos\beta = \dfrac{1}{2}\{\sin(\alpha+\beta) + \sin(\alpha-\beta)\} \\ \cos\alpha\sin\beta = \dfrac{1}{2}\{\sin(\alpha+\beta) - \sin(\alpha-\beta)\} \\ \cos\alpha\cos\beta = \dfrac{1}{2}\{\cos(\alpha+\beta) + \cos(\alpha-\beta)\} \\ \sin\alpha\sin\beta = \dfrac{1}{2}\{-\cos(\alpha+\beta) + \cos(\alpha-\beta)\} \end{cases}$

⑤ $\begin{cases} \sin\alpha + \sin\beta = 2\sin\left(\dfrac{\alpha+\beta}{2}\right)\cos\left(\dfrac{\alpha-\beta}{2}\right) \\ \sin\alpha - \sin\beta = 2\cos\left(\dfrac{\alpha+\beta}{2}\right)\sin\left(\dfrac{\alpha-\beta}{2}\right) \\ \cos\alpha + \cos\beta = 2\cos\left(\dfrac{\alpha+\beta}{2}\right)\cos\left(\dfrac{\alpha-\beta}{2}\right) \\ \cos\alpha - \cos\beta = -2\sin\left(\dfrac{\alpha+\beta}{2}\right)\sin\left(\dfrac{\alpha-\beta}{2}\right) \end{cases}$

⑥ $a\sin\theta + b\cos\theta = \sqrt{a^2+b^2}\sin\left(\theta + \tan^{-1}\dfrac{b}{a}\right)$
$= \sqrt{a^2+b^2}\cos\left(\theta - \tan^{-1}\dfrac{a}{b}\right)$

⑦ $\tan\dfrac{x}{2} = t$ と置けば,
$\sin x = \dfrac{2t}{1+t^2}, \quad \cos x = \dfrac{1-t^2}{1+t^2}, \quad \tan x = \dfrac{2t}{1-t^2}$

(4) 三角関数と複素数

$\sin\theta = \dfrac{e^{j\theta} - e^{-j\theta}}{2j}, \quad \cos\theta = \dfrac{e^{j\theta} + e^{-j\theta}}{2j}$

3. 複素数

(1) $j^2 = -1, \quad j = e^{j\frac{\pi}{2}} = \sqrt{-1}$

(2) $\dot{Z} = a + jb = \gamma(\cos\theta + j\sin\theta) = \gamma e^{j\theta} = \gamma \angle \theta$

(3) $\overline{\dot{Z}} = a - jb = \gamma(\cos\theta - j\sin\theta) = \gamma e^{-j\theta} = \gamma \angle (-\theta)$

(4) $a + jb = c + jd \iff a = c, \ b = d$

(5) $\dfrac{1}{\dot{Z}} = \dfrac{1}{\gamma} e^{-j\theta} = \dfrac{1}{\gamma}(\cos\theta - j\sin\theta)$

(6) $\dot{Z}_1 \pm \dot{Z}_2 = (a_1 + jb_1) \pm (a_2 + jb_2) = (a_1 \pm a_2) + j(b_1 \pm b_2)$

(7) $\dot{Z}_1\dot{Z}_2 = \gamma_1 e^{j\theta_1}\gamma_2 e^{j\theta_2} = \gamma_1\gamma_2 e^{j(\theta_1+\theta_2)} = \gamma_1\gamma_2\{\cos(\theta_1+\theta_2) + j\sin(\theta_1+\theta_2)\}$

(8) $\dot{Z}^n = \gamma^n(\cos\theta + j\sin\theta)^n = \gamma^n(\cos n\theta + j\sin n\theta) \quad (n;整数)$

(9) $\dfrac{\dot{Z}_1}{\dot{Z}_2} = \dfrac{\gamma_1}{\gamma_2} e^{j(\theta_1-\theta_2)} = \dfrac{\gamma_1}{\gamma_2}\{\cos(\theta_1-\theta_2) + j\sin(\theta_1-\theta_2)\}$

(10) $|\dot{Z}| = \sqrt{a^2+b^2} = \gamma, \quad \dot{Z}\overline{\dot{Z}} = a^2 + b^2 = \gamma^2$

$$|\dot{Z}_1\dot{Z}_2|=|\dot{Z}_1||\dot{Z}_2|=\gamma_1\gamma_2, \quad \left|\frac{\dot{Z}_1}{\dot{Z}_2}\right|=\frac{|\dot{Z}_1|}{|\dot{Z}_2|}=\frac{\gamma_1}{\gamma_2}$$

$$|e^{j\theta}|=\sqrt{\cos^2\theta+\sin^2\theta}=1$$

(11) $\dot{Z}^3=1$ の根は，

$$1, \quad a=\cos\frac{2}{3}\pi+j\sin\frac{2}{3}\pi=\frac{-1+j\sqrt{3}}{2},$$

$$a^2=\cos\frac{4}{3}\pi+j\sin\frac{4}{3}\pi=\frac{-1-j\sqrt{3}}{2}$$

このとき，$1+a+a^2=0$

4. 微　分

$$(uv)'=uv'+vu', \quad \left(\frac{u}{v}\right)'=\frac{vu'-uv'}{v^2}, \quad \frac{dy}{dx}=\frac{dy}{dt}\cdot\frac{dt}{dx}$$

$$\frac{dx^n}{dx}=nx^{n-1} \qquad \frac{d\sin x}{dx}=\cos x$$

$$\frac{d\cos x}{dx}=-\sin x \qquad \frac{d\tan x}{dx}=\sec^2 x$$

$$\frac{d\cot x}{dx}=-\mathrm{cosec}^2 x \qquad \frac{d\sec x}{dx}=\tan x\sec x$$

$$\frac{d\,\mathrm{cosec}\,x}{dx}=-\cot x\,\mathrm{cosec}\,x \qquad \frac{de^x}{dx}=e^x \qquad \frac{d\log_e x}{dx}=\frac{1}{x}$$

5. 積　分（積分定数は省略）

$$\int uv'dx=uv-\int u'v\,dx \qquad \int x^n dx=\frac{x^{n-1}}{n+1} \quad (n\neq -1)$$

$$\int\frac{dx}{x}=\log_e|x| \qquad \int\frac{dx}{x\pm a}=\log_e|x\pm a|$$

$$\int\log_e x\,dx=x\log_e x-x \qquad \int e^x dx=e^x \qquad \int e^{ax}dx=\frac{e^{ax}}{a}$$

$$\int\sin x\,dx=-\cos x \qquad \int\cos x\,dx=\sin x$$

$$\int\sin ax\,dx=-\frac{\cos ax}{a} \qquad \int\cos ax\,dx=\frac{\sin ax}{a}$$

$$\int \sin^2 x \, dx = \frac{x}{2} - \frac{\sin 2x}{4} \qquad \int \cos^2 x \, dx = \frac{x}{2} + \frac{\sin 2x}{4}$$

$$\int \sin^3 x \, dx = -\frac{1}{3}\cos x(\sin^2 x + 2) \qquad \int \cos^3 x \, dx = \frac{1}{3}\sin x(\sin^2 x + 2)$$

6. ラプラス変換

$\mathcal{L}\delta(t) = 1 \quad (\delta(t) ; 単位インパルス関数), \quad \mathcal{L}1 = \dfrac{1}{s}$

$\mathcal{L}a = \dfrac{a}{s}, \quad \mathcal{L}e^{-at} = \dfrac{1}{s+a}, \quad \mathcal{L}e^{at} = \dfrac{1}{s-a}, \quad \mathcal{L}\sin\omega t = \dfrac{\omega}{s^2+\omega^2}$

$\mathcal{L}\cos\omega t = \dfrac{s}{s^2+\omega^2}, \quad \mathcal{L}\sin(\omega t + \theta) = \dfrac{s\sin\theta + \omega\cos\theta}{s^2+\omega^2}$

$\mathcal{L}\cos(\omega t + \theta) = \dfrac{s\cos\theta + \omega\sin\theta}{s^2+\omega^2}, \quad \mathcal{L}t = \dfrac{1}{s^2}, \quad \mathcal{L}\dfrac{di}{dt} = sI - i_0 \quad (i_0 = i_{(t=0)})$

7. 部分分数展開

(1) $\dfrac{1}{(s-a_1)(s-a_2)\cdots(s-a_n)} = \dfrac{A_1}{s-a_1} + \dfrac{A_2}{s-a_2} + \cdots + \dfrac{A_n}{s-a_n}$

(2) $\dfrac{1}{(s-a_1)^m(s-a_2)\cdots(s-a_n)} = \dfrac{A_{11}}{(s-a_1)^m} + \dfrac{A_{12}}{(s-a_1)^{m-1}} + \cdots + \dfrac{A_{1m}}{(s-a_1)}$
$\qquad\qquad + \dfrac{A_2}{s-a_2} + \cdots + \dfrac{A_n}{s-a_n}$

8. 図形と方程式

(1) 直線の方程式
  ① x軸に平行な直線　$y = k$
  ② y軸に平行な直線　$x = h$
  ③ 勾配m，y軸上の切片b；　$y = mx + b$
  ④ 点(x_1, y_1)を通り勾配m；　$y - y_1 = m(x - x_1)$
  ⑤ 2点$A(x_1, y_1)$，$B(x_2, y_2)$を通る直線；　$y - y_1 = \dfrac{y_2 - y_1}{x_2 - x_1}(x - x_1)$

(2) 円の方程式
  中心(α, β)，半径aの円；$(x - \alpha)^2 + (y - \beta)^2 = a^2$
  中心が原点，半径aの円；　$x^2 + y^2 = a^2$

索 引

アルファベット

L
lim ・・・・・・・・・・・・・・・・・・・・・・ 77

かな

あ
アンペアの周回積分の法則 175, 187

い
位相の遅れ，進み ・・・・・・・・・・ 22, 34
インディシャル応答 ・・・・・・ 231, 236

お
オイラーの公式 ・・・・・・・・・・・・・・ 26

か
解 ・・・・・・・・・・・・・・・・・・・・ 199, 217
ガウス平面 ・・・・・・・・・・・・・・・ 48, 59
加法定理 ・・・・・・・・・・・・・・・・・ 25, 35
関数の微分 ・・・・・・・・・・・・・・・・・ 101

き
逆図形 ・・・・・・・・・・・・・・・・・・・・ 258
逆ラプラス変換 ・・・・・・ 204, 209, 218
共役複素数 ・・・・・・・・・・・・・・・ 52, 60
行列 ・・・・・・・・・・・・・・・・・・・・・・ 256
行列の乗法 ・・・・・・・・・・・・・・・・ 246

極限 ・・・・・・・・・・・・・・・ 73, 77, 100
極座標形表示 ・・・・・・・・・・・・・ 49, 59
虚数単位 ・・・・・・・・・・・・・・・・・ 46, 58
虚数部 ・・・・・・・・・・・・・・・・・・・・・ 58
近似値 ・・・・・・・・・・・・・・・・・・・・ 257
近似値を求める計算 ・・・・・・・・・・ 250

け
原始関数 ・・・・・・・・・・・・・・・ 117, 142

こ
合成関数の微分 ・・・・・・・・・・・・・ 101
合成関数の微分公式 ・・・・・・・・・・ 85
弧度法 ・・・・・・・・・・・・・・・・・・ 18, 32

さ
最終値定理 ・・・・・・・・・・・・・・ 233, 236
最小定理 ・・・・・・・・・・・・・・・・・・ 108
三角関数 ・・・・・・・・・・・・・・・・・・・ 20
三角関数形表示 ・・・・・・・・・・・ 49, 59
三角関数の積分公式 ・・・・・・・・・ 129
三角関数の相互関係 ・・・・・・・ 24, 35
三角関数の微分公式 ・・・・・・・・・・ 89
三角関数のラプラス変換 ・・ 213, 219
三角波 ・・・・・・・・・・・・・・・・・・・・ 161

し

指数関数 · 92
指数関数形表示 · · · · · · · · · · · 49, 59
自然対数 · · · · · · · · · · · · · · · · · · · 128
四則の定義 · · · · · · · · · · · · · · · · · · 46
四端子定数 · · · · · · · · 246, 247, 256
実効値 · · · · · · · · · · · · · 137, 163, 184
実数部 · 58
時定数 · 216
常用対数 · · · · · · · · · · · · · · · · · · · 128
初期値定理 · · · · · · · · · · · · · 232, 236
真数 · 128

せ

整関数 · 81
正弦波 · 161
正接の加法定理 · · · · · · · · · · · · · · 27
積・商の絶対値 · · · · · · · · · · · · · · 47
積分 · · · · · · · · · · · · · · · · · · · 116, 142
積分定数 · · · · · · · · · · · · · · · 120, 143
積を和にする公式 · · · · · · · · · 28, 31
絶対値 · 47, 59
全光束 · 187

た

対数 · 128
対数関数 · 93
対数の基本公式 · · · · · · · · · · · · · 128
単位ステップ入力 · · · · · · · 231, 236

ち

置換積分 · · · · · · · · · · · · · · · 134, 143
直交座標形表示 · · · · · · · · · · 49, 59

て

定常位置偏差 · · · · · · · · · · · · 235, 242
定常状態 · 202
定常速度偏差 · · · · · · · · · · · · 235, 242
定常電流 · 202
定常偏差 · · · · · · · · · · · · · · · 234, 242
定積分 · 121
定積分の基本公式 · · · · · · · · 122, 143
電位差 · · · · · · · · · · · · · · · · · 185, 186
電界の強さ · · · · · · · · · · · · · · · · · 185
伝達関数 · · · · · · · · · · · · · · · 230, 236
電流密度 · · · · · · · · · · · · · · · 168, 186
電流密度から電位差を求める · · 169
電力ベクトル · · · · · · · · · · · · · · · · 53

と

導関数 · · · · · · · · · · · · · · 73, 80, 100
導体内外の磁界計算 · · · · · · · · · 177

に

二項式を単項式に変える公式 27, 28
二項定理 · · · · · · · · · · · · · · · 249, 257

ね

ネピアの数 · · · · · · · · · · · · · · · · · · · 92

は

倍角の公式 ･････････････ 28, 30
半角の公式 ･････････････ 28, 30

ひ

ビオ・サバールの法則 ････ 172, 186
等しい複素数 ･･･････････････ 46
微分 ･･･････････････････････ 72
微分係数 ･･･････････ 73, 79, 100
微分公式 ････････････････ 81, 101
微分方程式 ･･･････ 198, 199, 217

ふ

複素数 ･･････････････････ 46, 58
複素数の計算法則 ･･････････ 49
複素平面 ･･･････････････ 48, 59
不定積分 ･･････････････ 120, 143
部分積分 ･･････････････ 140, 144
部分分数展開 ････････････ 210

へ

平均値 ････････････････ 162, 184
ベクトルオペレータ ･･････ 56, 61
ベクトル軌跡 ････････ 254, 257
変位定理 ･････････････････ 212
変数変換 ･･････････････ 135, 143

ほ

補助回路 ･･････････････ 224, 235

む

無端ソレノイド内の磁界計算 ･･ 178
無理関数 ････････････････････ 88
無理数 ･･････････････････････ 87

ゆ

有理数 ･･････････････････････ 87

ら

ラプラス変換 ････････ 203, 218

り

立体角 ･･････････････････ 19, 187

わ

和を積にする公式 ･･････ 28, 32

―― 著者略歴 ――

石橋　千尋（いしばし　ちひろ）
1951 年　静岡県島田市に生まれる
1975 年　東北大学工学部電気工学科卒業
同　年　日本ガイシ㈱入社
1977 年　電験第1種合格
1983 年　技術士（電気電子部門）合格
1998 年　石橋技術士事務所開設．現在に至る．

©Chihiro Ishibashi 2016

いちばんよくわかる
電験2種数学入門帖（改訂3版）

1988 年 10 月 5 日　　第 1 版第 1 刷発行
1998 年 11 月 5 日　　改訂 1 版第 1 刷発行
2001 年 12 月 20 日　　改訂 2 版第 1 刷発行
2016 年 9 月 30 日　　改訂 3 版第 1 刷発行
2024 年 4 月 19 日　　改訂 3 版第 6 刷発行

著　者　　石　橋　千　尋
発行者　　田　中　聡

発　行　所
株式会社　電　気　書　院
ホームページ　https://www.denkishoin.co.jp
（振替口座　00190-5-18837）
〒101-0051　東京都千代田区神田神保町1-3 ミヤタビル2F
電話(03)5259-9160／FAX(03)5259-9162

印刷　株式会社 シナノパブリッシングプレス
Printed in Japan／ISBN 978-4-485-12204-4

- 落丁・乱丁の際は，送料弊社負担にてお取り替えいたします．
- 正誤のお問合せにつきましては，書名・版刷を明記の上，編集部宛に郵送・FAX（03-5259-9162）いただくか，当社ホームページの「お問い合わせ」をご利用ください．電話での質問はお受けできません．また，正誤以外の詳細な解説・受験指導は行っておりません．

JCOPY 〈出版者著作権管理機構 委託出版物〉

本書の無断複写（電子化含む）は著作権法上での例外を除き禁じられています．複写される場合は，そのつど事前に，出版者著作権管理機構（電話：03-5244-5088，FAX：03-5244-5089，e-mail：info@jcopy.or.jp）の許諾を得てください．また本書を代行業者等の第三者に依頼してスキャンやデジタル化することは，たとえ個人や家庭内での利用であっても一切認められません．

ステップアップ方式の学習で短期間に実力アップ！

電験2種 一次試験 これだけシリーズ

　電験2種これだけシリーズは，3種に合格し，これから2種の受験に向けて学習を始めようとする方のための解説書です．短期間で問題を解く実力を養うため，やさしい問題から実践的な問題へ段階的に学習できるよう，出題する例題は2種だけでなく3種の出題からも取りあげています．

電験2種 問題攻略の手順

Step.1　要点
学習項目の要点を簡潔にまとめました．これにより学習の重要事項が短時間で把握できます．

Step.2　基本例題にチャレンジ
基本例題は学習項目に直結する第3種レベルの問題としました．「やさしい解説」で，この比較的簡単な問題を解く学習を通して，具体的な問題を解く基礎力を養成する内容にしました．

Step.3　応用問題にチャレンジ
第2種一次試験に出題される水準の代表的な問題を取りあげ，実践的な問題の解き方を学習する内容にしました．また，基本例題と同様に，できるだけ平易な解き方の解説を加えました．

Step.4　重要ポイントの解説
各項目の重要な考え方，定理や諸公式およびその導き方など，確実に覚えておかなければいけない事項をまとめてあります．

Step.5　演習問題で実力アップ
第2種一次試験に出題される難易度の高い問題を取りあげました．最終的な実力チェックにご活用ください．

これだけシリーズ　電験2種 一次試験　改訂2版　これだけ理論
石橋千尋 著
ISBN978-4-485-10055-4
A5判/592ページ
定価＝本体 4,200 円＋税

これだけシリーズ　電験2種 一次試験　改訂新版　これだけ電力
石橋千尋・井戸隆人 著
ISBN978-4-485-10056-1
A5判/398ページ
定価＝本体 3,400 円＋税

これだけシリーズ　電験2種 一次試験　改訂新版　これだけ機械（発売予定）
石橋千尋・山内章博 著
ISBN978-4-485-10057-8
A5判/480ページ
定価＝本体 4,000 円＋税

これだけシリーズ　電験2種 一次試験　改訂4版　これだけ法規
石橋千尋 著
ISBN978-4-485-10059-5
A5判/355ページ
定価＝本体 3,100 円＋税

発行：電気書院

ステップアップ方式の学習で短期間に実力アップ！

電験2種 二次試験 これだけシリーズ

電験2種二次試験の受験者を対象とし，重要事項をわかりやすく，詳しく解説しています．基本例題，応用問題で問題を解くために必要な知識だけでなく，考え方を解説しているので，基礎力・応用力が身に付け，効率的な学習ができます．

電験2種 問題攻略の手順

Step.1 要点
学習項目の要点を簡潔にまとめました．これにより学習の重要事項が短時間で把握できます．

Step.2 基本問題にチャレンジ
学習項目に直結する基本的な問題を，要点に挙げた重要事項を直接使って解くことで基礎力を養成する内容にしました．試験問題などの実践的な問題に対応できる基礎力を身につけることができます．

Step.3 応用問題にチャレンジ
二次試験に出題される水準の代表的な問題を取りあげ，問題の実践的な問題を用いて要点の理解力をより深め，応用力を養うことができます．

Step.4 ここが重要
要点を補足するもので，公式の導き方，問題を解くうえでのヒントや重要事項などを挙げ，具体的かつ学習内容を深く掘り下げて解説しています．

Step.5 演習問題で実力アップ
過去に二次試験として出題された問題を，学習項目の実力確認の演習問題としてまとめました．

改訂新版 これだけ 電力・管理 計算編
重藤貴也・山田昌平 著
ISBN978-4-485-10063-9
A5判/331ページ
定価=本体3,400円+税

改訂新版 これだけ 電力・管理 論説編
梶川拓也・石川博之・丹羽拓 著
ISBN978-4-485-10064-6
A5判/273ページ
定価=本体2,700円+税

改訂新版 これだけ 機械・制御 計算編
日栄弘孝 著
ISBN978-4-485-10065-3
A5判/374ページ
定価=本体3,700円+税

改訂新版 これだけ 機械・制御 論説編
日栄弘孝 著
ISBN978-4-485-10066-0
A5判/457ページ
定価=本体4,000円+税

発行：電気書院

書籍の正誤について

万一，内容に誤りと思われる箇所がございましたら，以下の方法でご確認いただきますようお願いいたします．

なお，正誤のお問合せ以外の書籍の内容に関する解説や受験指導などは**行っておりません**．このようなお問合せにつきましては，お答えいたしかねますので，予めご了承ください．

正誤表の確認方法

最新の正誤表は，弊社Webページに掲載しております．「キーワード検索」などを用いて，書籍詳細ページをご覧ください．

正誤表があるものに関しましては，書影の下の方に正誤表をダウンロードできるリンクが表示されます．表示されないものに関しましては，正誤表がございません．

弊社Webページアドレス
https://www.denkishoin.co.jp/

正誤のお問合せ方法

正誤表がない場合，あるいは当該箇所が掲載されていない場合は，書名，版刷，発行年月日，お客様のお名前，ご連絡先を明記の上，具体的な記載場所とお問合せの内容を添えて，下記のいずれかの方法でお問合せください．
回答まで，時間がかかる場合もございますので，予めご了承ください．

郵便で問い合わせる　郵送先
〒101-0051
東京都千代田区神田神保町1-3
ミヤタビル2F
㈱電気書院　出版部　正誤問合せ係

FAXで問い合わせる　ファクス番号　**03-5259-9162**

ネットで問い合わせる　弊社Webページ右上の「**お問い合わせ**」から
https://www.denkishoin.co.jp/

お電話でのお問合せは，承れません

（2020年10月現在）